注册建筑师考试用书

一级注册建筑师考试建筑方案设计（作图）

应试十要

倪吉昌　编著

中国建筑工业出版社

图书在版编目（CIP）数据

一级注册建筑师考试建筑方案设计（作图）应试十要/倪吉昌编著. —北京：中国建筑工业出版社，2022.11

注册建筑师考试用书

ISBN 978-7-112-27938-8

Ⅰ. ①一… Ⅱ. ①倪… Ⅲ. ①建筑方案 — 建筑设计 — 资格考试 — 自学参考资料 Ⅳ. ① TU201

中国版本图书馆CIP数据核字（2022）第174337号

责任编辑：李　慧
责任校对：姜小莲

注册建筑师考试用书
一级注册建筑师考试建筑方案设计（作图）应试十要
倪吉昌　编著

*

中国建筑工业出版社出版、发行（北京海淀三里河路9号）
各地新华书店、建筑书店经销
北京点击世代文化传媒有限公司制版
天津翔远印刷有限公司印刷

*

开本：787毫米×1092毫米　1/16　印张：16¼　字数：373千字
2022年11月第一版　2022年11月第一次印刷
定价：**62.00**元

ISBN 978-7-112-27938-8
（39945）

前　言

在全国一级注册建筑师执业资格考试中，“建筑方案设计（作图）”考试是通过率较低的一门科目，究其原因，不是应试者的水平低或专业素质差，而是不会考试，表现为假题真做、纠缠细节、缺少一套以不变应万变的解题方法，加之对考试意图和评分标准缺乏了解，不甘心设计中有瑕疵，不懂得抓大放小。以上种种现象和做法，不仅影响应试者的作题思路，也浪费了大量的考试时间。

本书以应试者在考试时经常遇到的难点和纠结之处为主线，以历年试题答案作为方法验证，给出一套以不变应万变的解题手法。当然方法不是唯一的，也不是万能的。考试时随机应变，局部修改方法的适应性，也是本书所要介绍的。

为了更好地掌握一种考试方法，加强实践是一种必不可少的环节。为此，本书最后给读者留有一些课堂作业，供大家练习之用。

应当说明，本书所有答案都是以考试通过为目标，谈不上标准二字，从专业的角度上看，更是毛病多多，许多地方尚不合规，只能将其看成应试之作而已。

2023 版比 2022 版增加了 2022 年考题及参考答案，对第一章的文字作了修订，替换了 2010、2013、2014、2020、2021 的评分标准，对“课堂作业”章节作了重要调整。除此之外，还对书中一些有瑕疵的插图进行更换。图书自 2017 年出版以来，得到了很多读者的喜爱，很多考生使用了此教材后，通过认真的学习和理解，顺利通过了考试，并且发来了很多感谢信，特此谢谢各位读者的支持，希望此书可以帮助更多人通过应试。

手绘例图是为本书特色，为的是使之更接地气和更好地模拟考试情景。读者可将阅读和学习过程中的疑问、书本内容的改进建议等发邮件至 lihui@cabp.com.cn，作者会一一作答。

最后感谢赵彩梅和孙彦婷二位女士对本书出版所给予作者的帮助。

倪吉昌

目　录

第一章　应试十要

一、考试通过率低的原因

1. 无从准备

题目年年变、变化多端、常爆冷门（如航站楼、大使馆）、无标准答案（不如力学、结构）。考试类型分析见表 1-1。

考试类型分析　　表 1–1

类别	已考题目	可能待考题目
交通类	航站楼、汽车客运站、公共客运枢纽站	中小型火车站、码头
医疗类	门急诊楼、医院病房楼	急救中心、体检中心、妇产医院
文化类	博物馆、图书馆、遗址博物馆	档案馆、文化馆、美术馆
办公类	法院、大使馆、多厅电影院	总部办公基地
商业类	超级市场、旅馆	综合百货商场
体育类	体育俱乐部（厂房改造）	群众体育馆
休闲类		会所
观演类	多厅电影院	电视演播中心、剧场
社服类	老年养护院	幼儿园、社区服务中心
教育类	学生文物活动中心、考试测评综合楼	高校教学综合楼
居住类	城市住宅	
其他		国际会议中心

2. 无法下手

思考时间少，缺少一套解题模式（第一次参加考试者更是如此）。不知从何处入手，头脑空白。

3. 不解要求

不了解出题意图、考点、评分标准。

4. 积“习”难改

将考试看成实务，以假当真、假题真做。

总有创作想法，总想精益求精。常在小问题上纠结，为一些可能仅值 1 分的内容投入大量时间。不怕留有瑕疵，6 小时的考试时间不可能把设计做得完美无缺。

5. 缺少时间观念。要学会科学合理地分配时间，切忌前松后紧。

二、应试指南

1. 以“通过考试”为目的

俗话说：“临阵磨枪，不快也光”。本书所述内容和思路，不涉及理论和素质的提高，仅为应试之作，可能存在不够严谨之处。

2. 以不变应万变

要从思路和做法上重新接受一种方法，将考试程式化。

无论出什么题，只用一种模式去解决。它的前提是考试题是人为设定，场地不会太复杂，面积不会太大，技术要求大于艺术要求。

3. 重视审题

重点是：分区流线、硬性要求、明示和暗示、发现考点；

具体是：建筑控制线、功能分区、疏散路线、遮挡、体育设施、无障碍、保留树木、环境关系、人车分流。

4. 抓大放小

“大”体现在两张平面图中，占分值的 70% ~ 80%；“小”指总图、结构、规范、表达，4 项占分值的 10% ~ 20%。

注意得分多（首层平面）和扣分多（控制线、遮挡）的内容，忽略得分少和扣分少的内容。

保住必得分：不纠缠于费力且分值不高的考核内容（例如个别黑房间的调整，房间之间的安排）。

5. 近年考试趋势

（1）考虑环境因素越来越多；

（2）对功能分区要求越来越严；

（3）评分标准中扣分越来越狠。

历年一级注册建筑师作图考试评分标准，见表 1-2。

历年一级注册建筑师作图考试单项扣分标准，见表 1-3。

同一设计错误历年扣分统计，见表 1-4。

历年一级注册建筑师作图考试评分标准 表 1–2

<table>
<tr><th>试题名称</th><th>一层平面</th><th>二层平面</th><th>总平面</th><th>规范</th><th>结构</th><th>图面</th><th>重点考核</th></tr>
<tr><td>图书馆</td><td>43</td><td>30</td><td>15</td><td>2</td><td>2</td><td>2（单线）</td><td></td></tr>
<tr><td>门、急诊楼</td><td>36</td><td>30</td><td>10</td><td>6</td><td>2 ~ 3</td><td>2 ~ 6（单线）</td><td></td></tr>
<tr><td>大使馆</td><td>47</td><td>26</td><td>15</td><td>4</td><td>3</td><td>1 ~ 5（单线）</td><td></td></tr>
<tr><td>汽车客运站</td><td>40</td><td>30</td><td>15</td><td>7</td><td>3</td><td>1 ~ 5</td><td></td></tr>
<tr><td>厂房改造（体育俱乐部）</td><td colspan="2">82</td><td>8</td><td>5</td><td colspan="2">5</td><td></td></tr>
<tr><td>住宅</td><td colspan="2">80</td><td>15</td><td colspan="3">5</td><td></td></tr>
<tr><td>法院审判楼</td><td colspan="2">74</td><td>10</td><td>5</td><td>6</td><td>5</td><td></td></tr>
</table>

续表

试题名称	一层平面	二层平面	总平面	规范	结构	图面	重点考核
医院病房楼	82		8	10			
航站楼	85		10	5			
博物馆	43	30	15	4	3	5	
超级市场	40	30	15	15（单线 8）			
老年养护院	43	30	15	12（单线 2）			
旅馆	50	34	15			1（单线）	
公交枢纽							
多厅影院	30	40	15	3 ~ 10	10	1 ~ 3	
遗址博物馆	10	10（地下）	10	5			65
学生文体中心	40	30	15	15			

历年一级注册建筑师作图考试单项扣分标准 **表 1–3**

项目	扣分	项目	扣分
缺分区门	5 ~ 15/ 处	缺带星号房间	5/ 间
要求临街的房间未临街	3/ 处	缺扶梯	4
单线作图	0 ~ 2（8）	未考虑无障碍	2（1）
未画门	2（1）	图面潦草	1 ~ 3
未标房间面积、尺寸	2/ 每处（1）	面积明显不符	2
袋形走廊 >20m	10（5）	楼梯间距 >70m	10（5）
首层楼梯距出口 >15m	5	分区不明确	5 ~ 20
结构布置不合理	2 ~ 10	楼梯宽度不够	1 ~ 3/ 每处
停车场未画或车位不足	2 ~ 4	未布置停车场	2
道路不完善	2	房间比例 >1 : 2	1 ~ 3
建筑超控制线	15	缺场馆或主要房间	20 ~ 35
功能路线交叉	5 ~ 20	朝向错误	6 ~ 12

注：表中括号数字仅为 2013 年超市考试要求。

同一设计错误历年扣分统计 **表 1–4**

	2003	2004	2005	2006	2007	2008	2009	2010	2011	2012	2013	2014	2017	2018	2019	2020	2021
	航站楼	病房楼	法院	住宅	厂房改建	客运站	大使馆	门、急诊楼	图书馆	博物馆	超市	老年养护院	旅馆	公交枢纽	多厅影院	遗址博物馆	文体中心
超出控制线			5	不及格	5	10	10	10	15	15	15	15	15		15	10	15
疏散不符合要求		5	5		5	4	4	3	10	5	12	5	2/ 项		10		5/ 项
功能分区不明确	20	18	20		10	10	6	5	20	20	20	5	10		20	15	15
缺带 * 号房间	3	20	5		35		3	5	10	10	3	2	2		5	2	4
缺一般性房间	1	3	2		5	2	1	1	1	1	1	1	1		2	1	2
单线作图	粗糙不清 3	粗糙不清 3	粗糙不清 3	粗糙不清 3	粗糙不清 3	2	3	4	2	5	4	2	1	允许	允许	允许	允许

续表

	2003	2004	2005	2006	2007	2008	2009	2010	2011	2012	2013	2014	2017	2018	2019	2020	2021
	航站楼	病房楼	法院	住宅	厂房改建	客运站	大使馆	门、急诊楼	图书馆	博物馆	超市	老年养护院	旅馆	公交枢纽	多厅影院	遗址博物馆	文体中心
未设无障碍	4		3		2	3	4	5	1	1	2	4			1		
总图与单体不符		3	5	15		5	1	5	5	5	3	2	2			3	2
未标房名、面积	2	2	1				1		2	2	1	1	2/间				
缺图例	2										1				10		
防火分区																5/项	

6. 只求正确不求美观

很多考生出于职业习惯和学校训练，对图面要求精益求精。

评卷时只做减法（扣分），不做加法（添分）。考官不会因卷面干净利落、线条字号搭配得当而加分。再美观的卷子，不正确一样扣分。

卷面以清楚为好（潦草扣 1 ~ 3 分），平面尽量简洁、少节外生枝（如里出外进或作异形平面等）。图是工程师的语言，说清楚即可。

画图是技巧问题，不是考试重点。

“应试指南”只为考试而存在，或许对今后工作有所启发，至于在工作中的设计方案，还应该是精益求精，反复推敲，择优而从。工作和考试是两回事。

三、应试十要

1. 柱网

柱网是设计平面的基础，是考试中第一个要思考的问题。柱网尺寸与下列因素有关：

（1）主要房间面积大小及尺寸特征，比如房间尺寸为 18m × 27m，或面积多为 $32m^2$、$64m^2$，或开间为 3.9m；

（2）设备或车辆对房间尺寸有特殊要求；

（3）场地大小、尺寸；

（4）题目要求考虑地下室停车；

（5）题目给出建议柱网。

当房间没有明显尺寸特征时，可以选用 7.8m（或 8m）作为柱网。理由如下：

（1）房间面积适应性强；

（2）面积好记好算；

（3）所有历年试题均可顺利做出。

当然，7.8m × 7.8m 柱网不可能是万能的，遇有个别不适情况，可以局部调整。应该说一般情况下，凡是 7.8m 能完成的，8m 也能完成。

建议柱网网格是正方形的。

柱网最好是整数跨，也可以有半跨。必要时可以考虑柱网外作悬挑（图 1-1）。

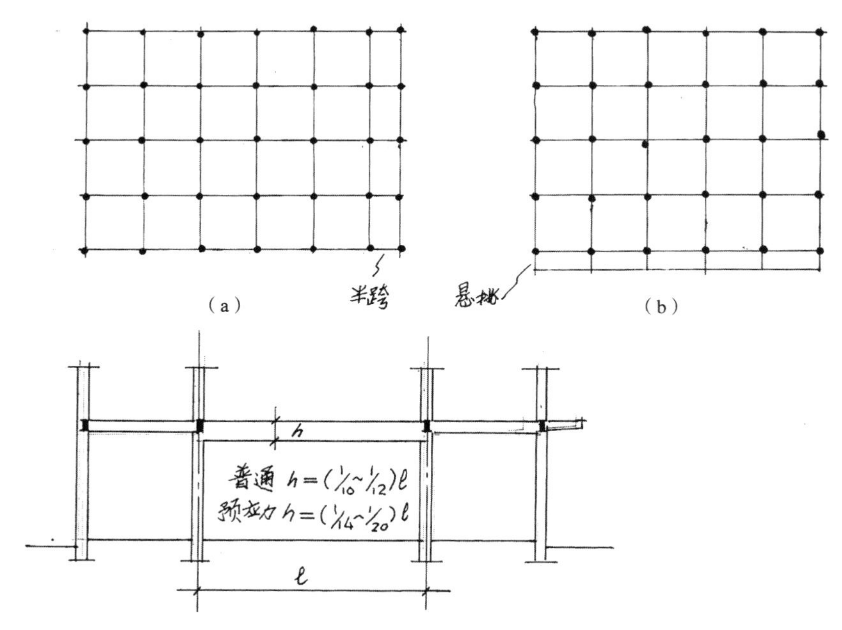

图 1-1　柱网设计

柱网一般最好是等跨，特殊情况可以半跨。

2. 确定平面

设计平面宜与建筑控制线形状相似，尺寸接近。一般建筑控制线不会比建筑平面大太多，如大太多，注意陷阱。

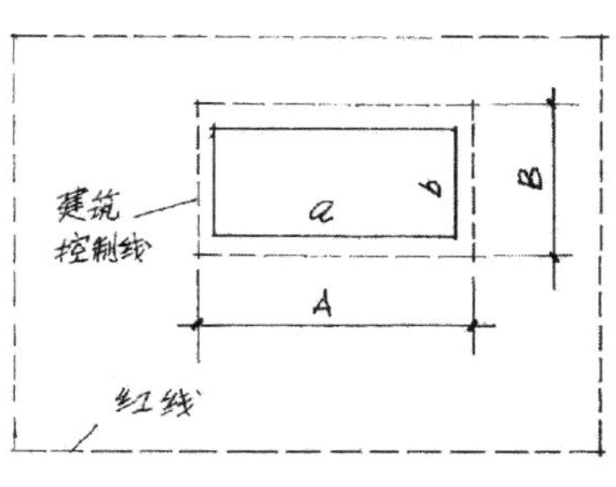

图 1-2　平面无采光要求设计

矩形平面简单，易于功能区安排，适用于所有试题。

（1）无采光要求时（图 1-2）

所需网格数 $S=\dfrac{\text{首层建筑面积}}{W}=\dfrac{\text{网络数}}{(a\times b)}$

式中，分母为所选一个网格的面积，例如：$W=60\text{m}^2$（$7.8\text{m}\times7.8\text{m}$），$64\text{m}^2$（$8\text{m}\times8\text{m}$），$81\text{m}^2$（$9\text{m}\times9\text{m}$）。

一般先将一个主边按 7.8m 或 8m、9m 的整数用满（a'），则另外一边 $b=\dfrac{S}{a'}$。

图 1-2 中所示的红线和建筑控制线，其概念如图 1-3 所示。

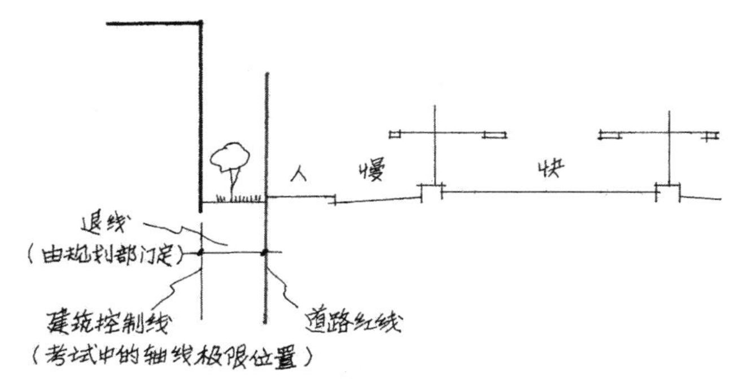

图 1-3　道路红线和建筑控制线绘制

（2）有采光要求时（图 1-4）

尽量按整柱距在不超建筑控制线的原则下，将 A、B 尺寸用满。设柱网面积为 $W=C\times C$ 即 $m=\dfrac{A}{C}$，$n=\dfrac{B}{C}$ 均为去零取整的

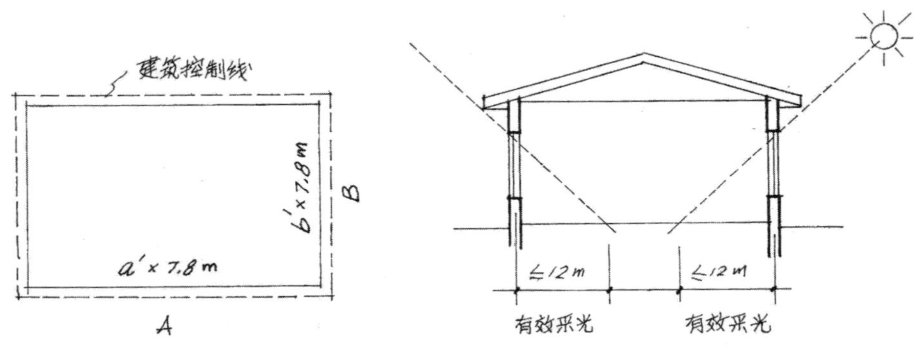

图 1–4　平面有采光要求设计

数。则：

天井面积（T）=（$m \times n$）$\times W$ – 首层面积。

（3）如何开洞

天井怎么挖？挖一个还是几个？这将因题而异（图 1-5）。但是要满足采光要求，太窄的天井，通常认为是不满足要求的（图 1-6）。

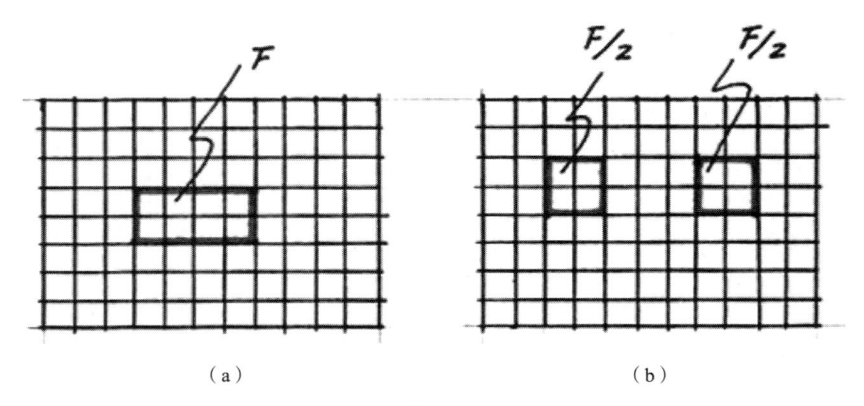

图 1–5

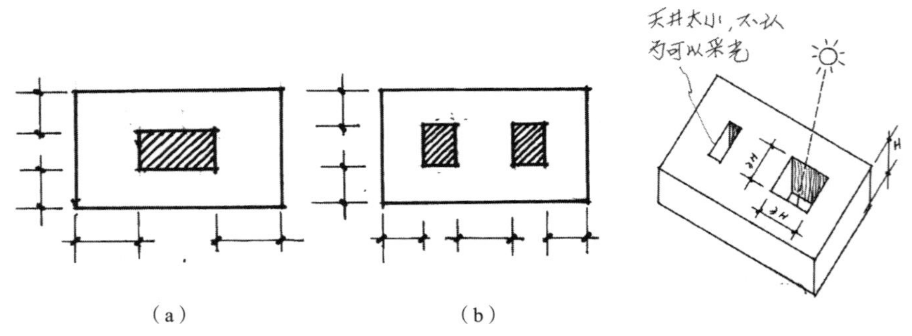

一般留一个柱距，办公区大或有特殊要求时可留多些

图 1–6　天井的画法

（a）均应≤ 24m（或 3 × 7.8m）;（b）均应≤ 24m（或 3 × 7.8m）

一般来说，挖两个小些的天井可比一个大天井得到更多的采光面，也更便于前后联系。具体天井挖在什么位置？主要靠功能关系图和房间表，将出入口或靠外墙的大房间在周边画出，则天井位置即可大概判定。

当一个天井时，如果中间部分需要前后联系，可利用在天井中加廊子来解决。

3. 绘制小草图（图 1-7）——设计成功的基础

绘制小草图用以控制层面积、功能分区、垂直交通、出入口。用以调整层平面的长宽比。用以确定内天井位置是否正确。

绘制小草图的作用在于将房间表中所列各功能分区，落实到已确定的柱网图上。同时，还可初步选择楼梯、电梯、各出入口的位置。

小草图画好了，几乎完成了设计工作的一半，设计不会出现颠覆性的错误。

画小草图无须比例和尺寸，只要网格数对即可，不用画得太大。

绘制小草图时，各功能分区的位置主要依据功能关系图和房间表中各分区之间的前后左右或上下的关系，很容易判定。

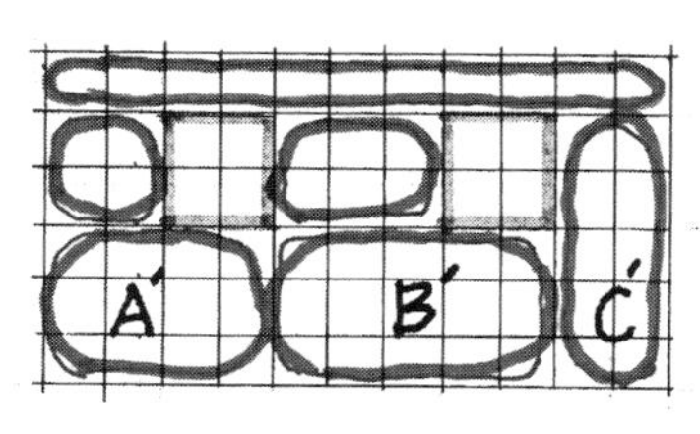

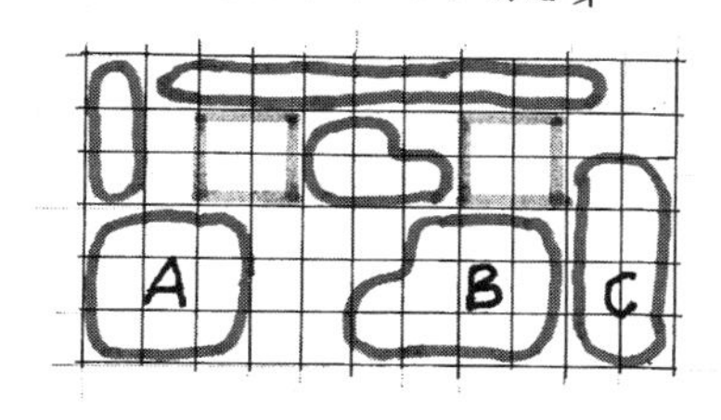

图 1-7 小草图

在房间表中，有其他一项（楼梯、走道等），不属于任何一个功能区，应如何处理呢？

一般有两个方法：

（1）将走道面积分配给各功能区。假设某项目有 A、B、C 三个功能分区，并以 F_1、F_2、F_3 代表各功能区之面积。

其他一项面积以 F_4 记。以走道、楼梯面积占各功能区面积的比值定为“分配系数” K，则有：$K=\frac{F_4}{F_1+F_2+F_3}=\frac{F_4}{F-F_4}$，式中：$F$ 是该层总面积，$F=F_1+F_2+F_3+F_4$

有了分配系数就可将走道和楼梯面积分配给各功能分区。于是面积扩大后的功能分区分别为：$F_1'=F_1(1+K)$；$F_2'=F_2(1+K)$；$F_3'=F_3(1+K)$；此时，$F=F_1'+F_2'+F_3'$

（2）不管走道及楼梯面积大小，只管将各功能分区面积，按功能关系图的逻辑关系画出，所余空白面积即为 F_4。具体走道楼梯布置，待绘制大草图时再进行调整。

图 1-7 为以上两种画法的示意。

4. 绘制大草图（图 1-8）——设计成功的保证

比例与考试要求同（1：200）

将每个功能分区所包括的所有房间及楼、电梯、走道等画入（图 1-8）。

绘制时要先确定楼梯入口位置，然后逐个功能区，本着先大后小、先外后里。先画有面积要求的房间，后画一般房间；优先画出有定位要求和采光要求的房间。

最好走道能够内循环。

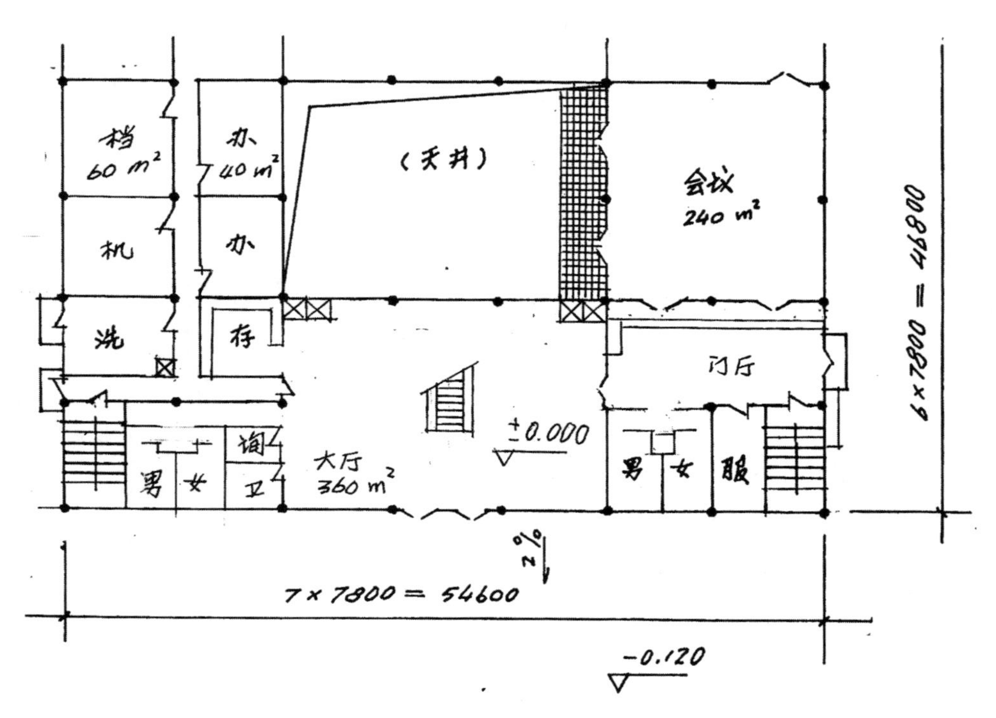

图 1-8　大草图

绘制大草图时图例可以简化（图 1-8）。

有时题目中小房间数量较多，且面积各异。此时，不宜逐间按面积画出，这样做费时费事，图面也不整齐。正确的做法是将这些房间找出一个面积的公约数，例如 $50m^2$、$35m^2$，再将各房间按组编入。可能面积有略多、略少的现象出现，因小房间很少要求注写面积，所以稍有不准也是可允许的。

5. 防火与疏散（图 1-9）

防火与疏散是个大题目，内容极广。但从历年考试中所涉及的仅为：

（1）从房间最远点至房门≤ 15m。

（2）从房门至最近楼梯间≤ 35m；托儿所、幼儿园、养老院、娱乐场所≤ 25m。

（3）从一层楼梯到大门≤ 15m。

（4）袋形走廊≤ 20m。

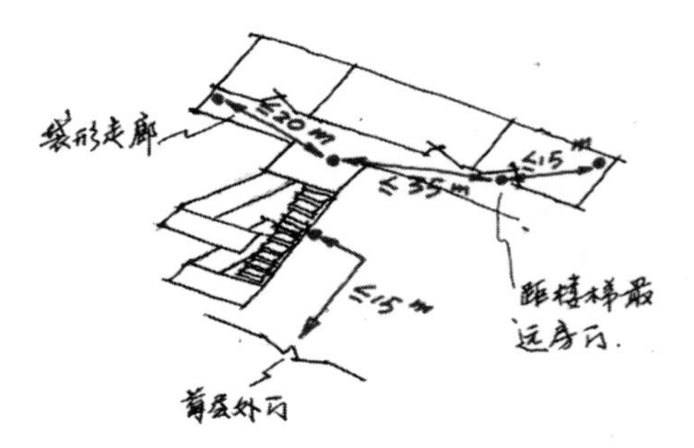

图 1-9　防火与疏散设计

考试题均为耐火等级一级（梁、板、柱、墙、屋顶均不燃）、二级（与一级仅吊顶一项为难燃）的建筑，9 层以下的居住建筑，或建筑高度≤ 24m 的公共建筑。

（1）防火分区

耐火等级一、二级防火分区最大允许建筑面积：高层民用建筑 $1500m^2$；单层、多层民用建筑 $2500m^2$；地下、半地下建筑 $500m^2$。

单层、多层民用建筑防火分区最大允许建筑面积为 2500m²，设自动灭火系统时，此面积可增加一倍，即 5000m²，大部分试题小于此面积。体育馆、剧场、餐厅建筑防火分区最大允许建筑面积可适当放宽。

（2）楼梯（图 1-10）

设置自动扶梯、敞开楼梯等上下层相连通的开口时，应按上下连通的建筑面积叠加计算。每个防火分区最少应有 2 个疏散口，疏散门应向疏散方向开，下沉广场室外开口间的水平距不少于 13m。

除 5 层及以下，且有自然采光和通风可不设封闭楼梯间，但医院、旅馆、商业办公楼、娱乐场所建筑除外。

高层定义：建筑高度 27m 以上高层住宅（10 层及以上），建筑高度 24m 以上公共建筑。

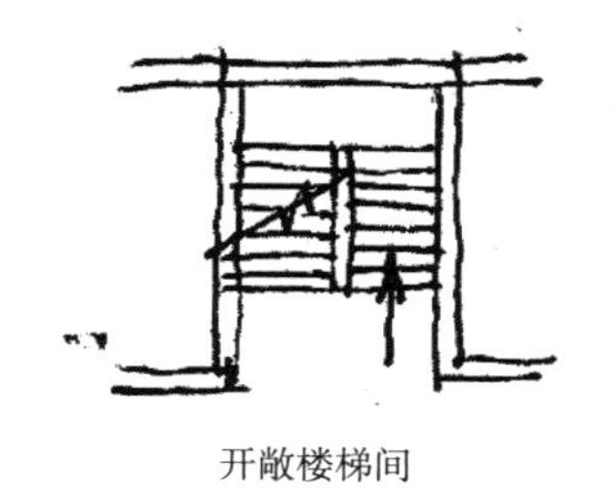

开敞楼梯间

封闭：公共建筑

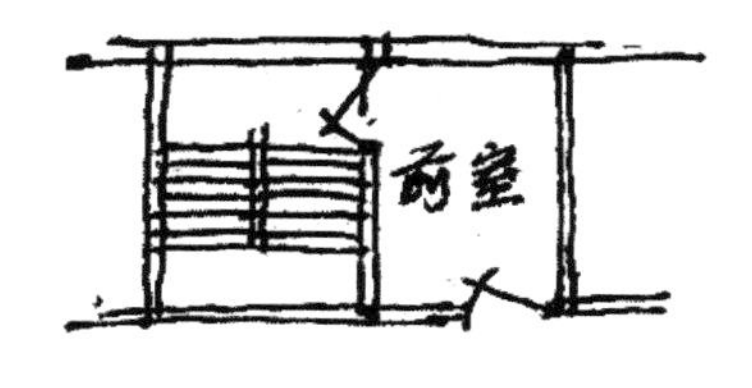

图 1–10　楼梯

6. 无障碍设计（图 1-11、图 1-12）

总的要求是：大门进得来（有坡道），楼层上得去（有电梯），厕所能使用（有专用厕位）。这几乎是所有考题都要求的。

主要表现为：

（1）入口坡道不大于 1 : 12（坡道高度达到 0.75m，应设深 1.5m 的休息平台）。

（2）电梯：轿厢尺寸最小 1.4m（深）× 1.1m（宽），一般 1.7m（深）× 1.4m（宽）。

（3）卫生间：无障碍厕位，最小深 1.4m，宽 1.8m（门宽 ≥ 0.9m），大型商业、文化、体育、交通、医疗建筑应设无障碍专用厕所。

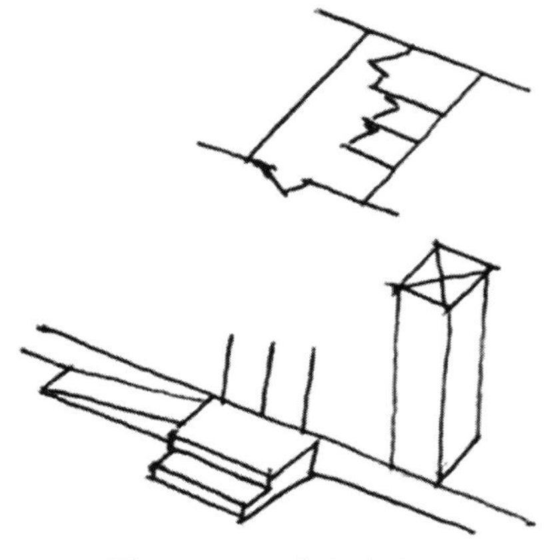

图 1–11　无障碍设计一

（4）门

门的优选顺序为：自动门、推拉门、折叠门、平开门，不应采用中小型旋转门、力度较大的弹簧门。

7. 总平面

没什么设计成分，只要细心即可。

注意以下内容：屋顶平面、层数、标高、出入口；与设计平面形状一致；与原有建筑连接；

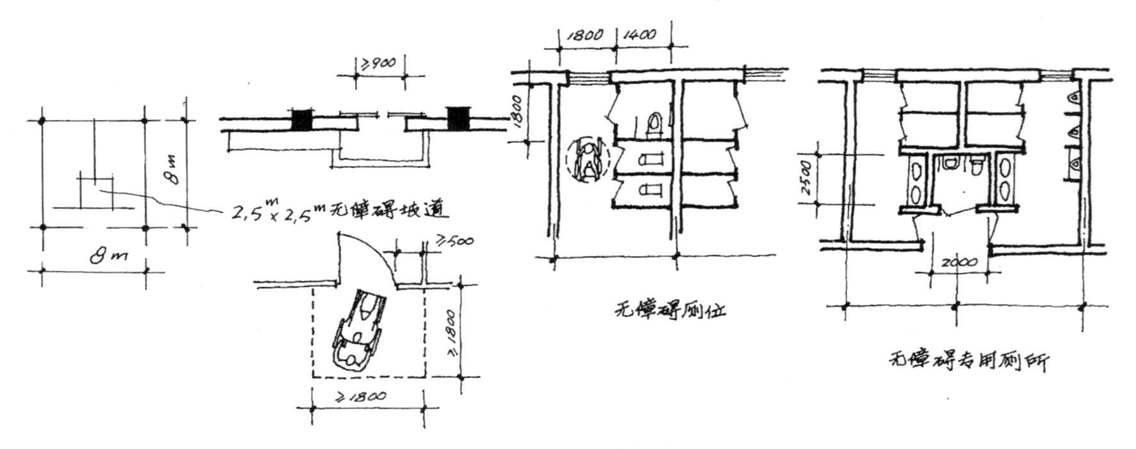

图 1–12　无障碍设计二

道路，绿化，停车场，指北针。

下面给读者介绍一种停车场的画法：即按比例画出 6m 宽的线条，按 10m 可停 4 辆小车，大车占地是小车的 4 倍，出租车排队线路也是在这些 6m 宽线中完成（图 1-13）。

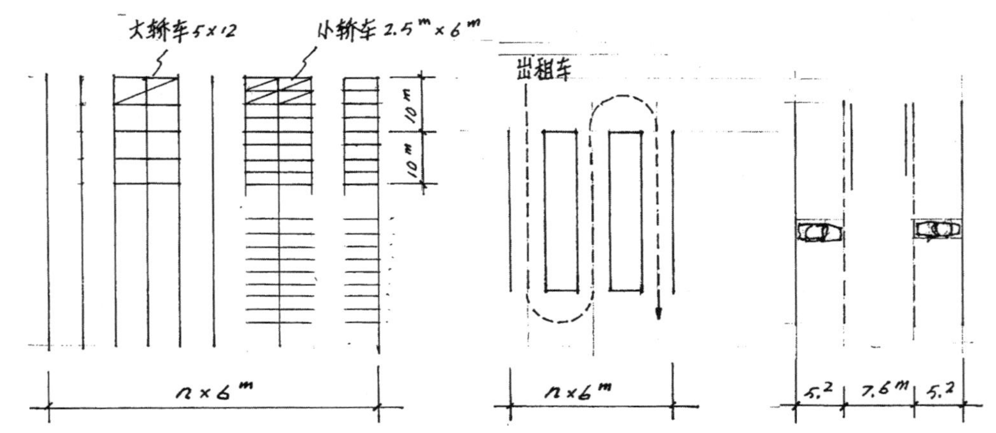

图 1–13　停车场的画法

8. 认真检查

检查是考试中非常重要的环节。之前应试人全神贯注地宏观上完成考试内容，许多细节往往被疏忽，现在要冷静下来，逐项、逐条、逐点进行检查。

宏观上说，检查内容为：分区清晰、路线流畅、房间不缺、设施对位。要检查到每一条功能流线，要检查到每一个房间（要读所有附注和设计说明）。

设计检查提示：

（1）有 * 号房间面积要画准确，其他房间可根据实际情况大些小些无所谓。不要忘记写所有房间名称和面积。

（2）面积大于 120m^2 的房间，应开两个门。

（3）这些地方的门应外开：外墙上的门、人员集中的大房间门、首层楼梯间的门。

（4）无障碍设计是否完善。

（5）平面图中要标注相对标高。首层要标注室外标高。首层要画指北针。房间表中备注一项依次查看是否在设计中有所表现。设计说明中另有规定的房间不要遗漏。

（6）各分区之间加门。

（7）绘完规定房间，剩余面积不可妄加房间，可将其设计成过厅、休息厅等非房间性空地。

（8）不设计异形房间（带锐角、非直角）和长宽比大于 2 的房间。

（9）设施图例可以手绘、可以简化，但不可不画，也不要只以数字代替。

（10）功能关系图中每条连线都应满足，而不管是否合理。

（11）柱、楼梯、电梯、厕所上下要对位。

（12）设计和考题的符合性。

（13）防火分区边界要有防火门和卷帘门。疏散口位置、数量、距离。

（14）功能房间内的柱是否拔除。

（15）总图中要注意平面形状的相似性，人车分流，标注所有出入口、停车场位置、停车数量。应注尽注。

9. 关于制图

制图在考试中几乎占去时间的 1/3。为节约时间，建议考生在时间紧张时，可以用单线画墙（或后改双线）、斜线画门、简化楼电梯（图 1-14）、手绘卫生设备和设施。

图纸是工程师的语言。画图要干净利落，线条肯定，粗细得当，注字规整，让人看了赏心悦目。

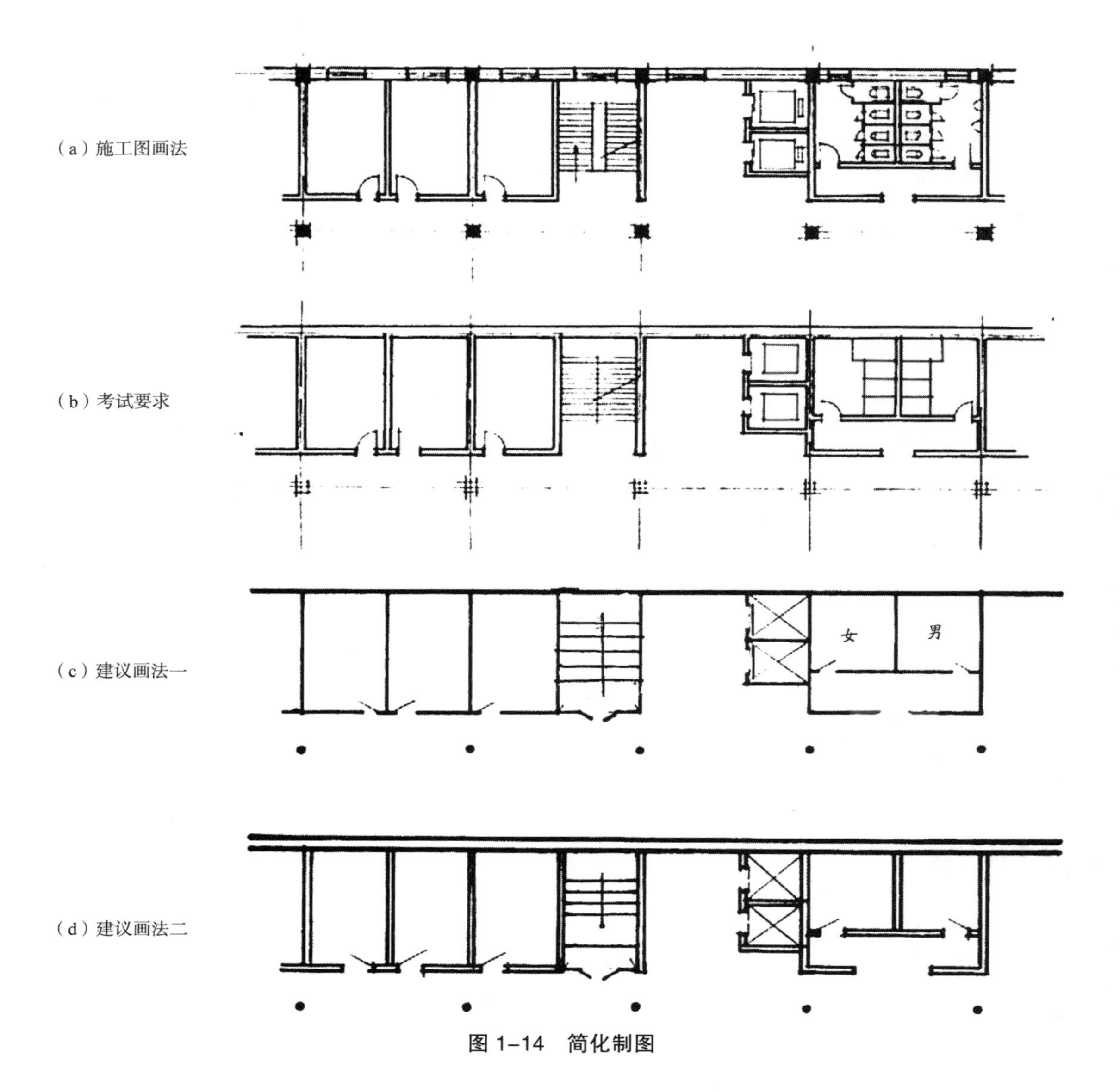
（a）施工图画法
（b）考试要求
（c）建议画法一
女
男
（d）建议画法二

图 1–14　简化制图

10. 考试时间分配（图 1-15）

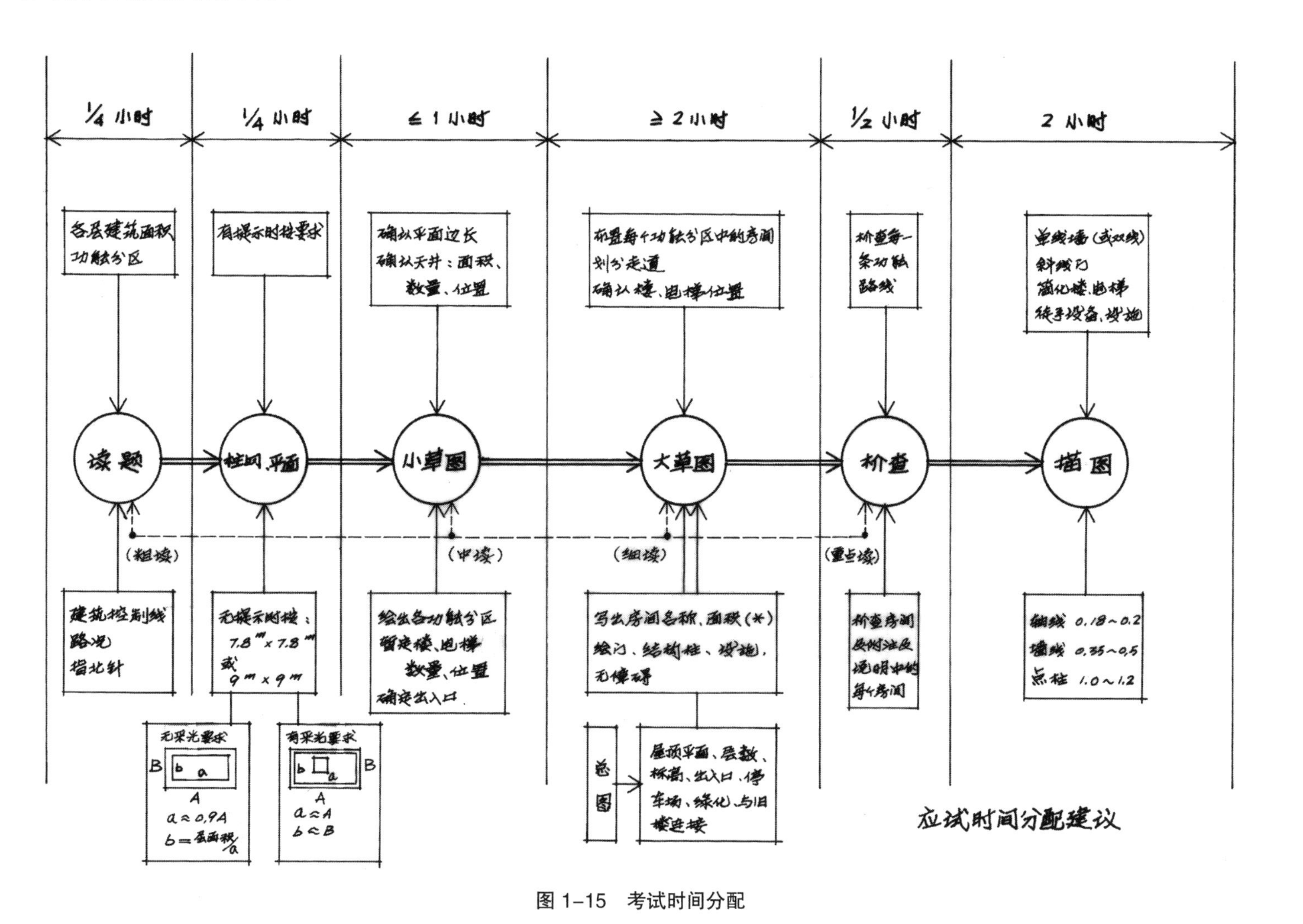

图 1-15　考试时间分配

第二章　小型航站楼设计（2003 年）

一、试题要求

1. 任务描述

在我国某中等城市，拟建造一座有国际和国内航班的小型航站楼，该航站楼按一层半式布局。

（1）出港旅客经一层办理手续后在二层候机室休息，通过登机廊登机；

（2）进港旅客下飞机，经过登机廊至一层，提取行李后离开；

（3）远机位旅客进出港均在一层，并在一楼设远机位候机厅；

（4）国际航班不考虑远机位。

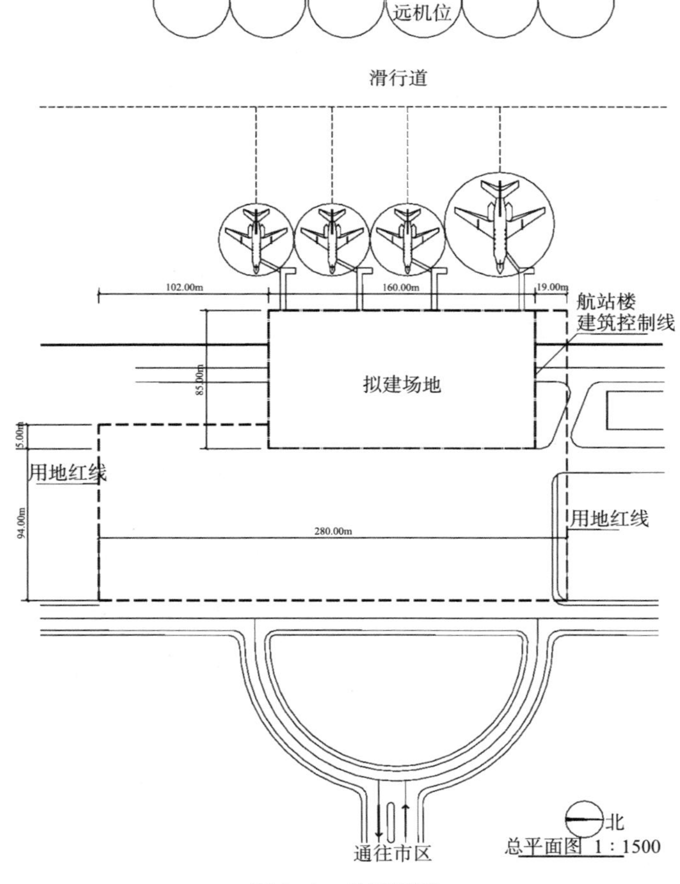

图 2–1　总平面图

2. 场地要求

（1）场地详见总平面图（图 2-1），场地平坦；

（2）航站楼设四座登机桥，可停放三架 B-737 型客机和一架 B-767 型客机，停放坪侧为滑行道和远机位；

（3）航站楼场地东侧为停车场，其中包括收费停车场，内设大客车停车位（5m × 12m）至少 8 个，小轿车停车位至少 90 个，另设出租车和三个机场班车停车位及候车台，出租车排队线长最少 250m。

3. 一般要求

（1）根据功能关系图（图 2-2）做出一、二层平面图；

（2）各房间面积（表 2-1）允许误差在规定面积的 ± 15% 以内（面积均以轴线计算）；

（3）层高：一层 8m，二层 5.4m，进出港大厅层高不小于 10m；

（4）采用钢筋混凝土结构，不考虑抗震设防；
（5）考虑设置必要的电梯及自动扶梯；
（6）考虑无障碍设计。

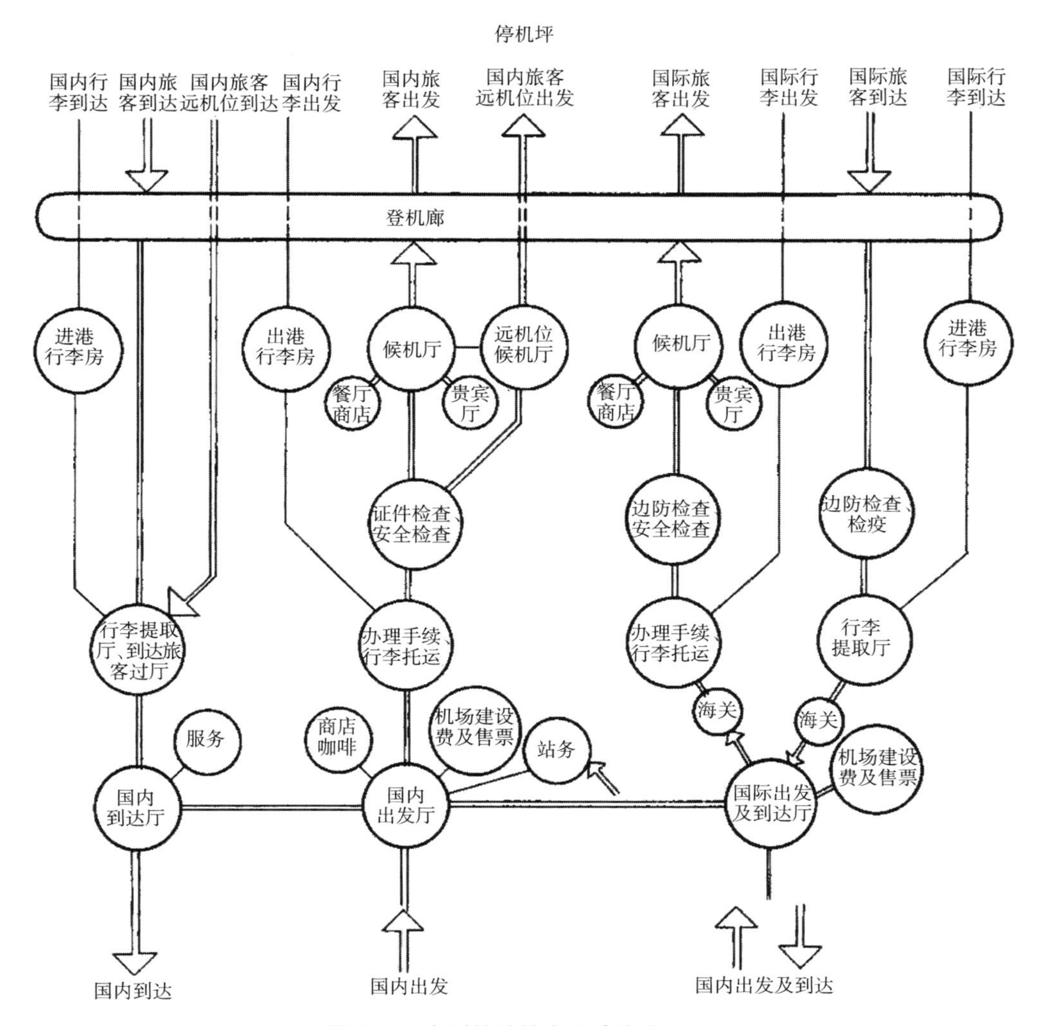

图 2–2　小型航站楼主要功能关系图

注：气泡图系功能关系，并非简单的关系图，双线表示两者之间要紧邻或直接相通。

建筑面积要求　　**表 2–1**

楼层	房间名称		面积（m^2）	备注
一层面积	国内出港 3200m^2	* 出发大厅	1210	机场建设费、售票及票务办公，可采用柜台式
		* 办理手续及行李托运	220	其中 25m^2 的办公用房
		* 出港证件检查及安检	190	

续表

楼层	房间名称		面积（m^2）	备注
一层面积	国内出港 3200m^2	* 远机位候机厅	850	其中含问讯
		* 商店、咖啡厅	480	为出发大厅服务亦可布置在二层
		出港行李房	250	
	国内进港 2225m^2	* 到达大厅	850	其中含 50m^2 的服务用房
		公安值班	25	
		* 进港行李提取厅	600	
		* 到达旅客过厅	550	
		进港行李房	200	
	国际进出港 2375m^2	* 出发及到达大厅	850	机场建设费及售票可采用柜台式
		* 出境海关、办理手续及行李托运、边检、安检	580	其中含 25m^2 的办公用房
		* 进港检疫、边检	380	
		* 进港行李提取厅及海关	210	
		出港行李房	160	
		进港行李房	120	
		机房管理、办公	75	
	其他 1220m^2	男女厕所、交通、行李管理	1220	国内、国际进港处以及到达大厅均设厕所
	一层面积小计		9020	
二层面积	国内出港 2420m^2	* 候机厅	1740	其中含问讯
		* 餐厅及厨房	400	其中含备餐 30m^2
		* 贵宾休息室	140	其中含厕所
		* 商店	80	设于候机厅中
		管理用房	60	
	国际出港 1050m^2	* 候机厅	700	其中含问讯
		* 贵宾休息室	110	其中含厕所
		* 咖啡厅及免税商店	220	
		管理用房	20	
	其他 1650m^2	* 登机廊	600	
		男女厕所、交通、机房	670	
		站务	380	独立设置，设若干房间（包括厕所走道）
	二层面积小计		5120	
建筑面积共计			14140	
允许总面积误差			1400	即允许误差 ±10% 以内
总建筑面积的控制范围			12740 ~ 15540m^2	

4. 制图要求

（1）在总平面图上画出航站楼，布置停车场、流线及相关道路；

（2）画出一、二层平面图，表示出墙、窗、门以及门的开启方向；

（3）绘出进出港各项手续、安检设施及行李运送设施的布置（按图2-3提供的图例绘制）；

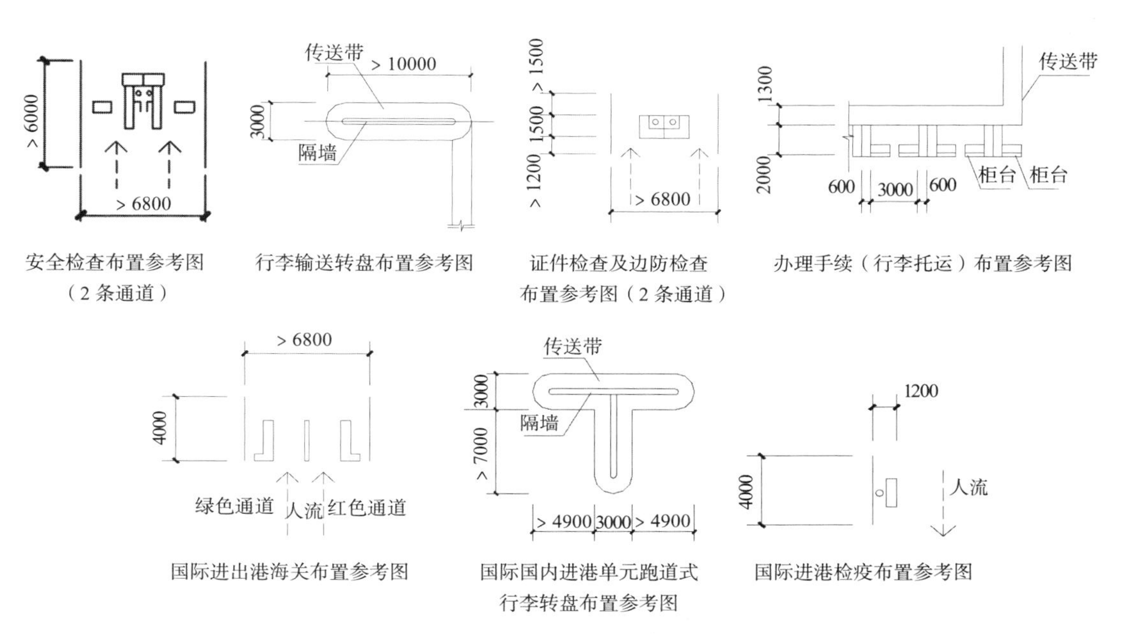

安全检查布置参考图（2条通道）　行李输送转盘布置参考图　证件检查及边防检查布置参考图（2条通道）　办理手续（行李托运）布置参考图

国际进出港海关布置参考图　国际国内进港单元跑道式行李转盘布置参考图　国际进港检疫布置参考图

图2-3　进出港各项手续及行李设施平面图

（4）画出承重结构体系及轴线尺寸；

（5）标出地面、楼面及室外地坪的相对标高；

（6）标出各房间的名称、主要房间的面积（面积表中带*号者）及一层、二层建筑面积和总建筑面积（以轴线计算）。

5. 设计中应遵守现行法规，并提示下列进出港各项手续要求

（1）国内出港

1）国内出港办理手续（行李托运）设8个柜位；

2）国内出港证件及安全检查设4条通道，附设面积15～20m^{2}的搜查室两间。

（2）国际进出港

1）国际出港海关设两条通道，附设面积15～20m^{2}的搜查室两间；

2）国际出港办理手续（行李托运）设4个柜位；

3）国际出港边防检查设两条通道，附设面积15～20m^{2}的搜查室1间；

4）国际出港安全检查设两条通道，附设面积15～20m^{2}的搜查室1间；

5）国际进港设检疫柜台1个，附设面积15～20m^{2}的隔离间1间；

6）国际进港边防检查设两条通道，附设面积15～20m^{2}的检查室1间；

7）国际进港海关设两条通道，附设面积 15 ~ 20m² 的搜查室 1 间。

二、设计分析

读题印象

这是一则考试元素完整，即说明、功能分区、房间面积表、功能关系图、设施图例均有的试题。

工作量较大，建筑面积 14140m²；楼梯、电梯、设施较多。

功能和功能关系图（图 2-4）比较复杂，功能关系次序性突出，不可顺序错乱，相互不可交叉。

图 2–4

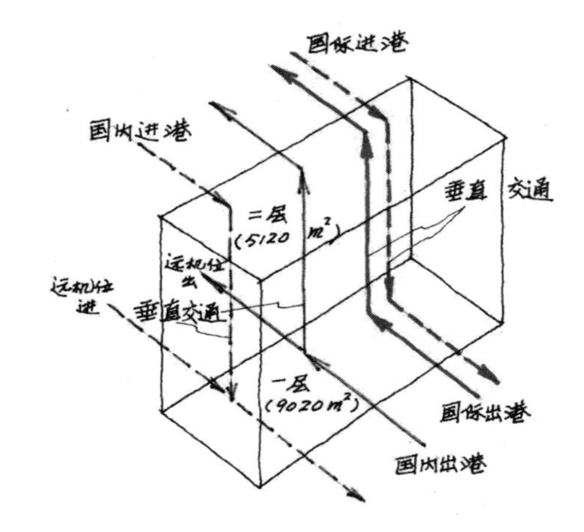

图 2–4　功能关系图

总平面要求停车较多。

1. 该航站楼二层，首层面积 9020m²，二层 5120m²，属于下大上小类型，即首层有部分层高比二层楼高，可能直通屋顶。

2. 选 7.8m × 7.8m（≈ 60m²），柱网则首层共需 9020/60=150.3 格，取 150 格。场地建筑控制线为 160m × 85m，南北向可出柱距 160m/7.8m=20.5，取 20。另一方向可取 150/20=7.5 柱距，为凑整取 8m 柱距（要不出建筑控制线，满足面积不大于已给设计面积 10% 的要求）。

本题没有采光要求，取 8m × 20m 柱网。

3. 绘制小草图（图 2-5）

较正确的处理方法是将交通面积按比例分配给各功能区。已知国内出港 3200m²，国内进港 2225m²，国际进出港 2375m²，共 7800m²；交通面积 1220m²。

画小草图时，将交通面积分配到各功能分区：

分配系数：$K=\dfrac{1220}{9020-1220}=\dfrac{1220}{7800}=0.156\approx 0.16$；

国内出港：3200 × 1.16=3712m^2；

国内进港：2225 × 1.16=2581m^2；

国际进出港：2375 × 1.16=2755m^2。

检验：3712+2581+2755=9048m^2，计算正确。因为计算需要 150 格，但实取了 160 格，多 10 格，所以在以下计算中适当多取 10 格。

于是：

国内进港：$\frac{2579}{9020}$ × 150 格 =43 格，取 8 × 6=48 格；

国内出港：$\frac{3700}{9020}$ × 150 格 =61 格，取 8 × 8=64 格；

国际进出港：$\frac{2741}{9020}$ × 150 格 =46 格，取 8 × 6=48 格。

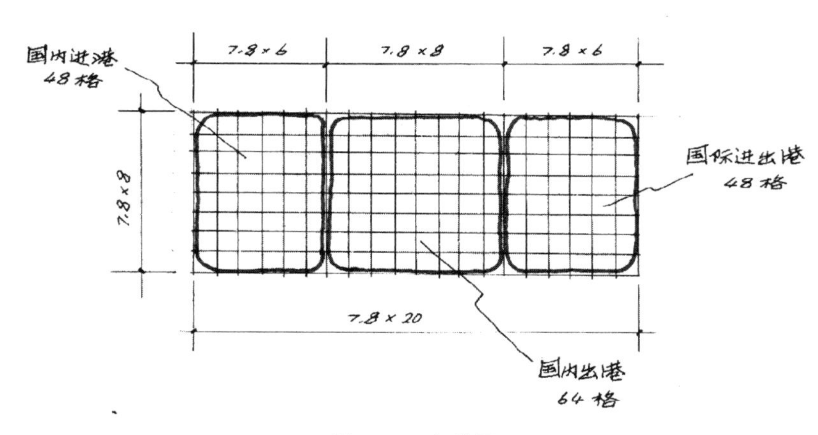

图 2-5　小草图

如果不考虑交通面积，则三部分面积对应的格数的百分比分别为：

国际进出港：$\frac{2375}{7800}=0.30$；

国内出港：$\frac{3200}{7800}=0.41$；

国内进港：$\frac{2225}{7800}=0.29$。

用以上百分比去分配总面积，无形中同时亦将交通面积按比例分配给各功能区。

将平面分为三大区后，再将各大区内较大的、有控制作用的大房间画入。此时可以大体上确定出入口、楼梯、电梯位置（图 2-6）。

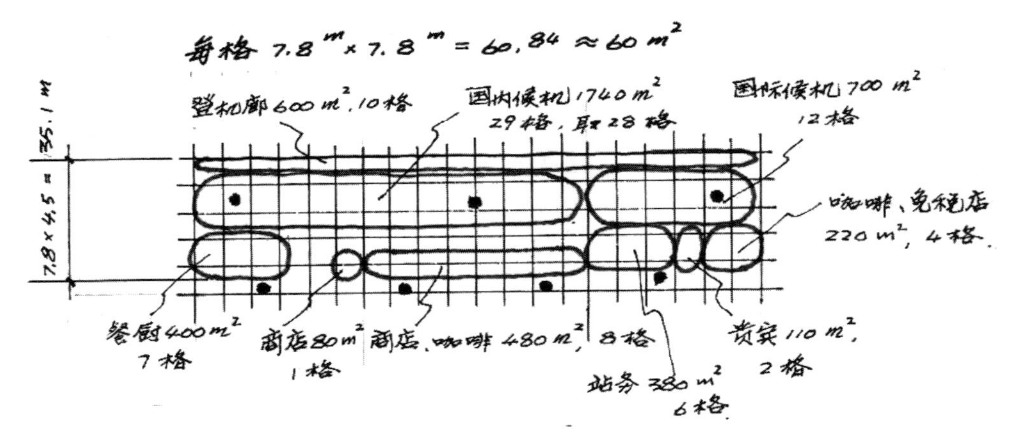

二层 156 × 35.1=5476m^2（允许 5120，± 10%）

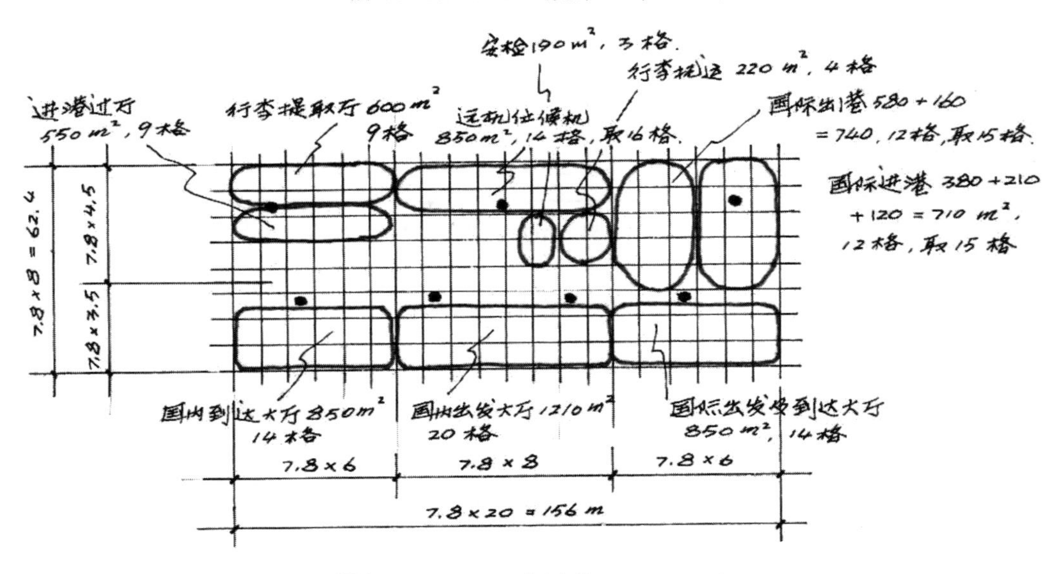

首层 156 × 62.4=9734m^2（允许 9020，± 10%）

图 2–6 航站楼设计小草图

（柱网 7.8m × 7.8m）

从总平面（图 2-1）上看：大机位在右侧，小机位在左侧，暗示国际进出港应画在右侧。国内出港面积最大，画在中间。余下左侧为国内进港。

4. 绘制大草图（图 2-7）

（1）按三个功能区的建筑面积表，结合功能关系图的次序，依次由前到后逐一布置，以保证功能主线的畅通；

（2）按题目要求和疏散需要，在适当的位置布置楼梯、电梯和厕所；

（3）选择各功能分区四周空处安排各主要房间，要先大后小，先带 * 号房间后一般房间，其次确定各房间备注中的说明要求；

（4）按设计提示说明，设计中所要求的附设房间，按指定位置予以安排；

（5）确定开门位置和开启方向；

（6）完成以上各项后，按功能关系图检查人流行进路线和房间之间的关联关系；检查是否丢失房间，特别是 * 房间不可丢，并且所标注的面积与要求不可相差太多；

（7）检查下列设计的对位情况：楼梯、电梯、厕所、结构柱；

（8）本题各种设施图例较多，可以简化和徒手绘制，以利于节省大量时间；

（9）绘制总平面图时建筑为俯视，要注意建筑平面形状要与所设计的 1/200 大图一致。此外，还需注明：屋顶标高、层数、室外地坪标高、各出入口、消防车道、绿地、各种停车场、指北针。

在设计中大草图和小草图的分工不一定十分明确，例如房间设计较少时，二者可以合一。大、小草图的作用在于控制，首先要将各功能分区准确在平面图中定位，其次将各功能分区中的房间布置到该区内。各就各位，互不串区。

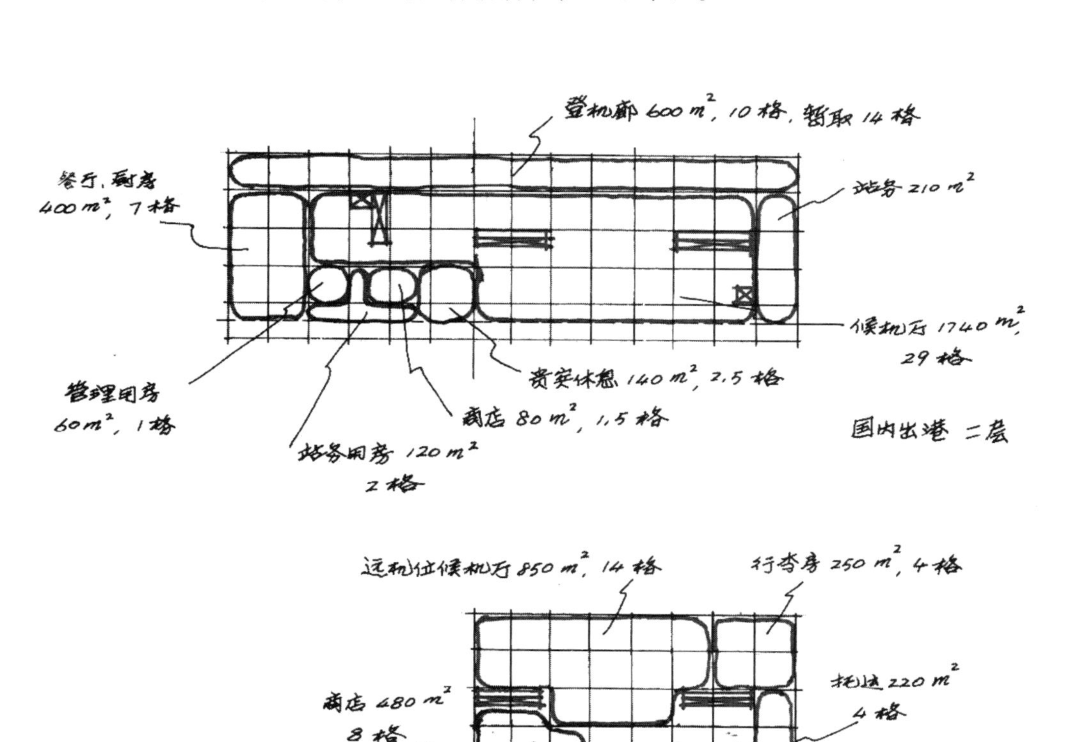

图 2–7

图 2–7　大草图

三、参考答案

1. 一、二层平面图（图 2-8、图 2-9）

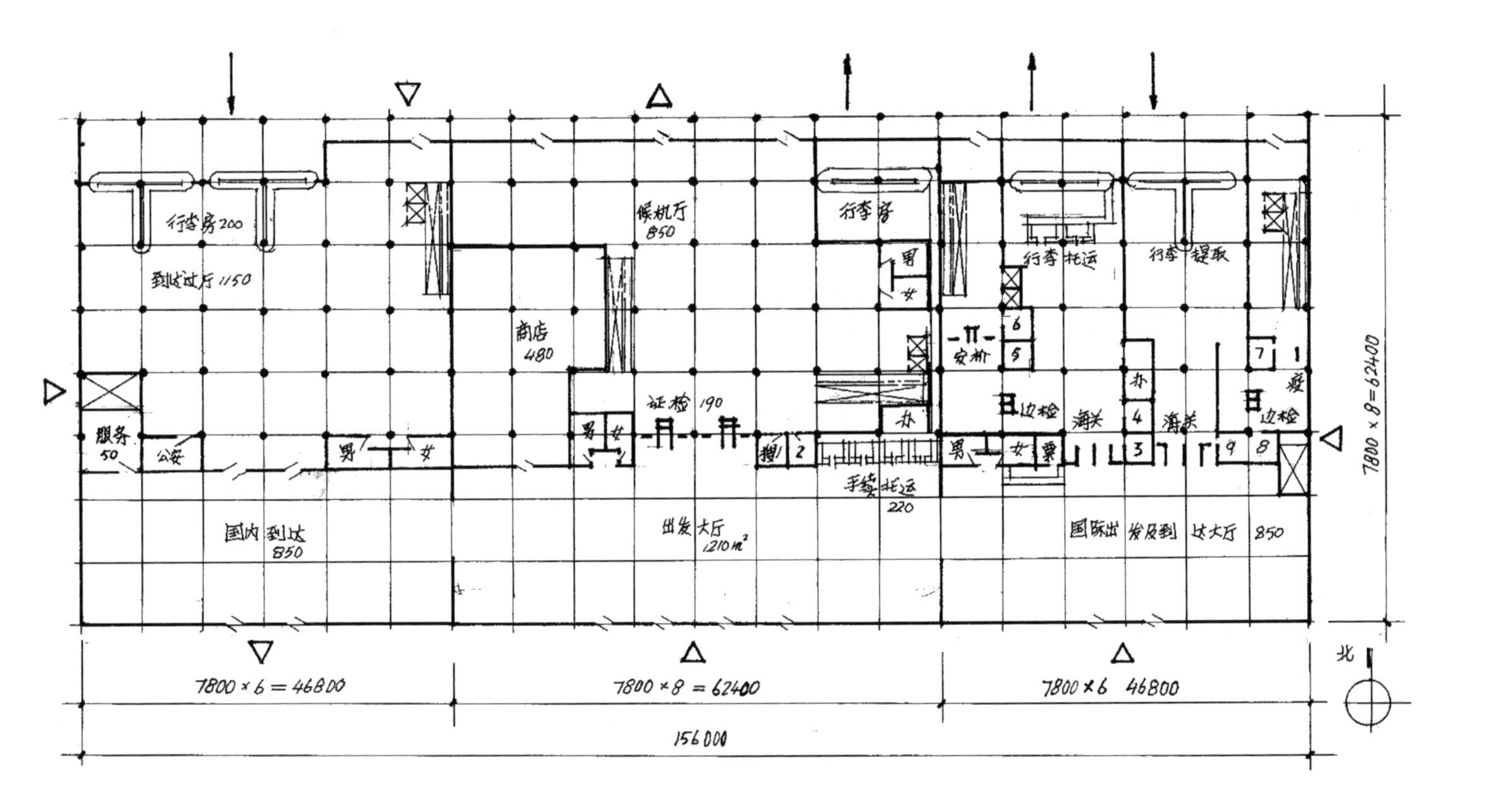

图 2–8 航站楼一层平面图

一层建筑面积：9734m² 总建筑面积：15210m²

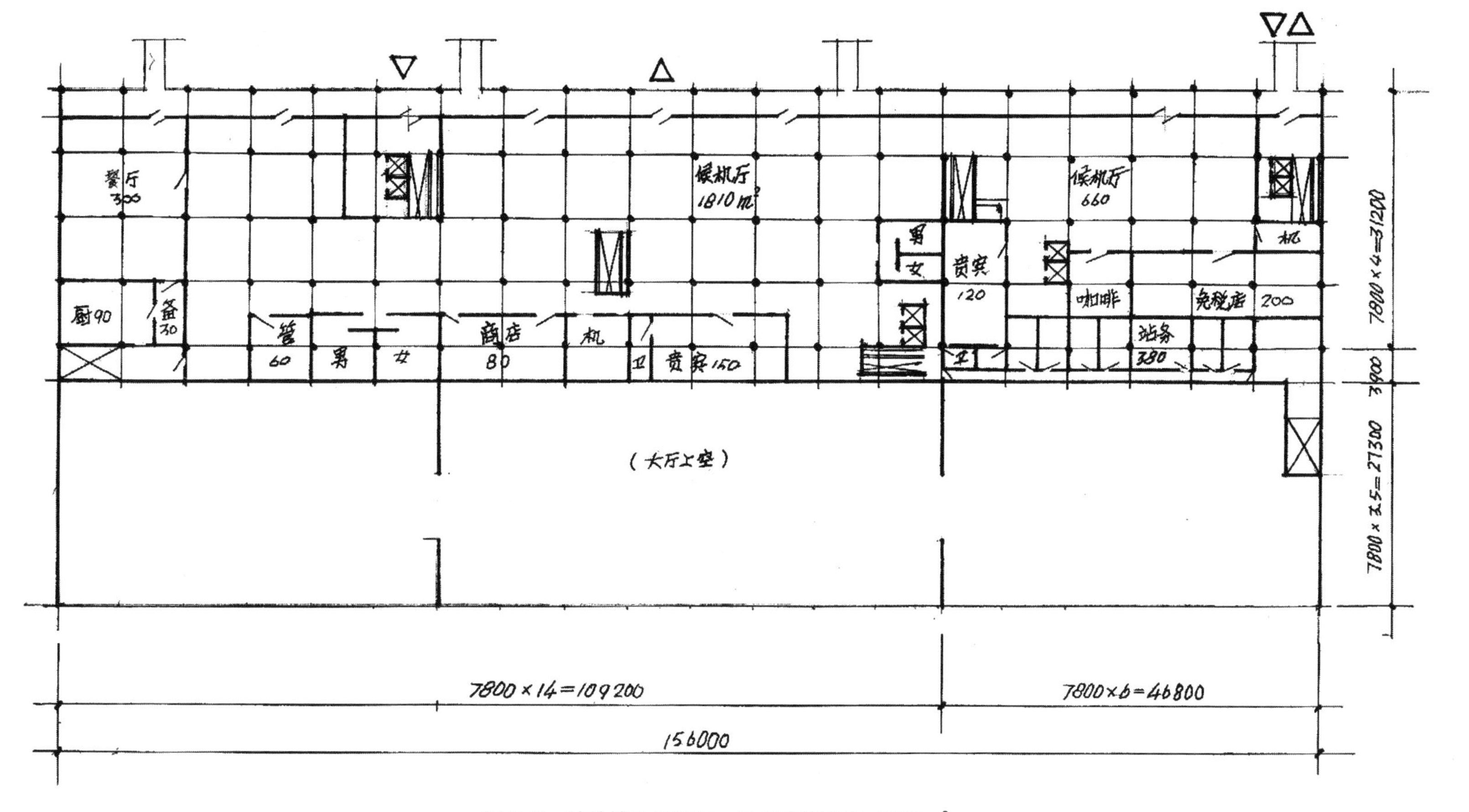

图 2–9　航站楼二层平面　二层建筑面积：5476m²

2. 按功能关系图检查旅客流线（图 2-10）

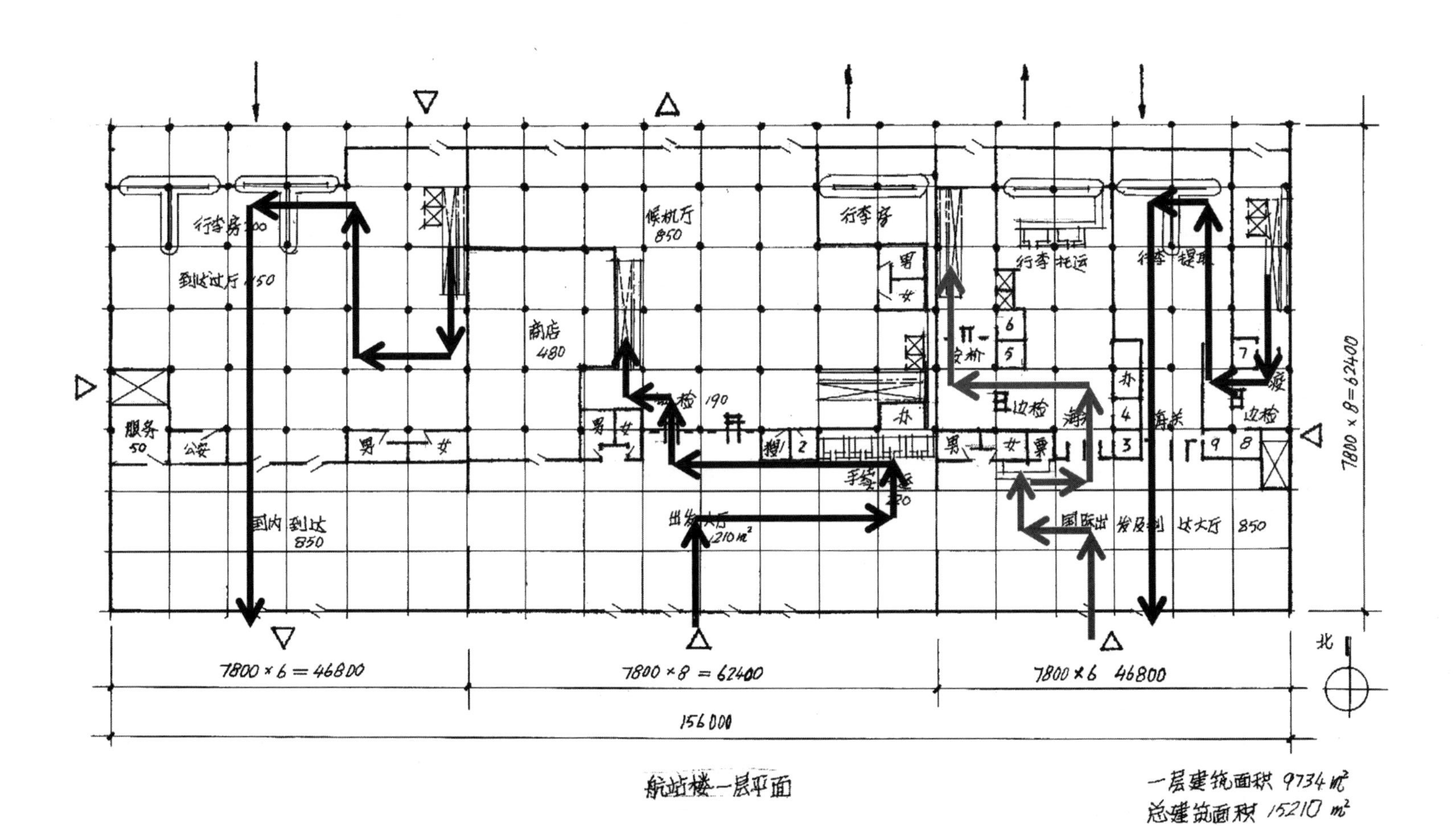

图 2-10 按功能关系图检查旅客流线

3. 总平面图（图 2-11）

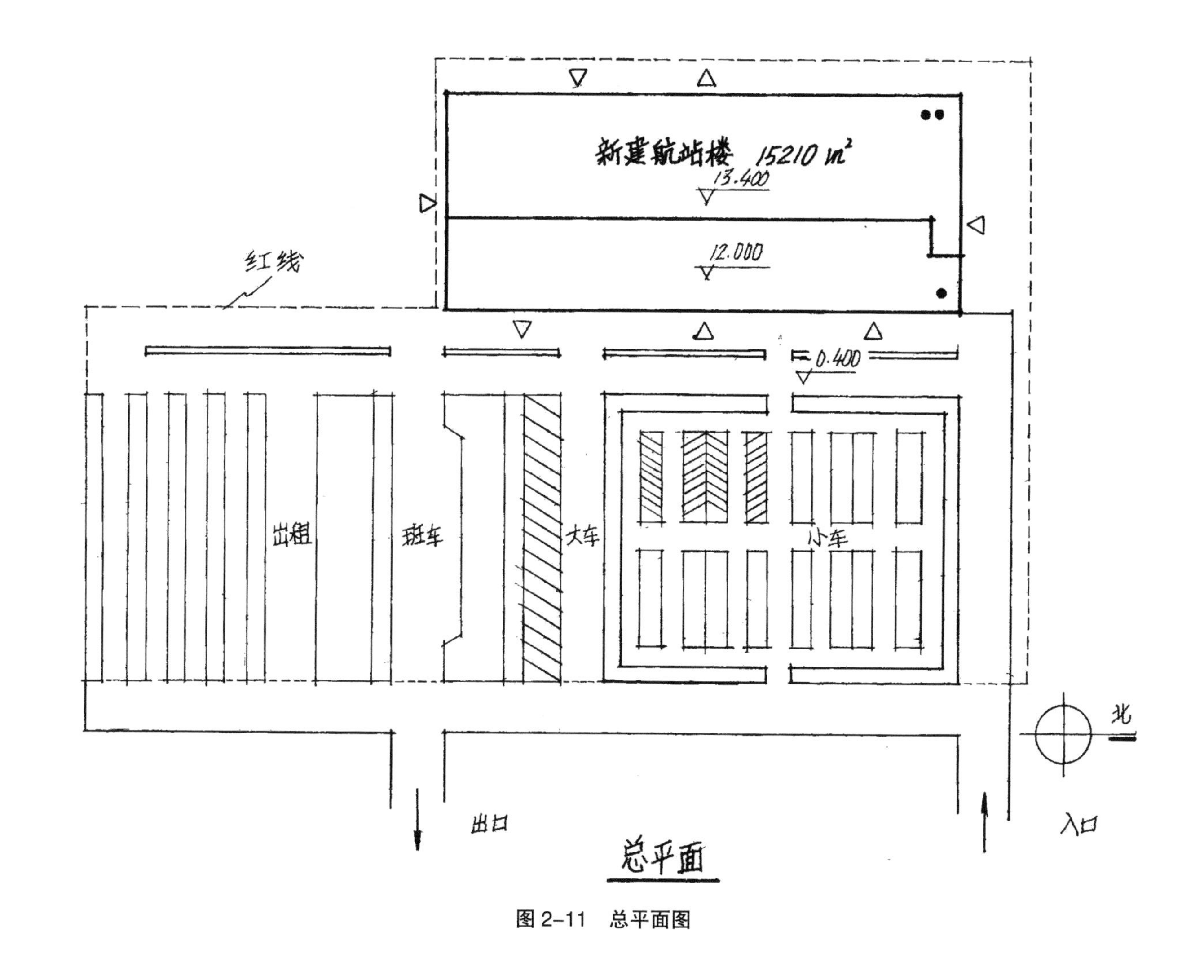

图 2-11　总平面图

四、评分标准（表 2–2）

评分标准 表 2–2

序号	评分项	扣分值
1	流程不符	15 ~ 20 分
2	手续、证检、安检、检疫、海关用房缺一项	3 分
3	柜台与通道数不足，每处	1 分
4	不用图例表示，每项	2 分
5	缺搜查室，每处	1 分
6	进出港人流交叉	5 ~ 8 分（机廊除外）
7	未注房间名称	1 ~ 3 分
8	未注带 * 号房间面积	3 分
9	平面及空间形态不佳	5 ~ 10 分
10	缺残疾人电梯	1 ~ 4 分
11	总平面中停车场设置不当或未设、车位不足	1 ~ 3 分
12	图面粗糙不清	2 ~ 5 分
13	上下层结构、楼电梯、厕所不对位	1 ~ 3 分
14	行李房不靠近停机坪	2 分 / 处
15	候机厅面积明显不足	3 分
16	办托运与行李房无关	3 分
17	总平面交通流线多处交叉	1 ~ 4 分

第三章　医院病房楼设计（2004 年）

一、试题要求

1. 任务描述

某医院根据发展需要，在用地东南角已拆除的旧住院部原址上，新建一幢 250 张病床和手术室的 8 层病房楼。

2. 场地描述

（1）场地平面见总平面图（图 3-1），场地平坦。

（2）应考虑新病房楼与原有总平面布局的功能关系。

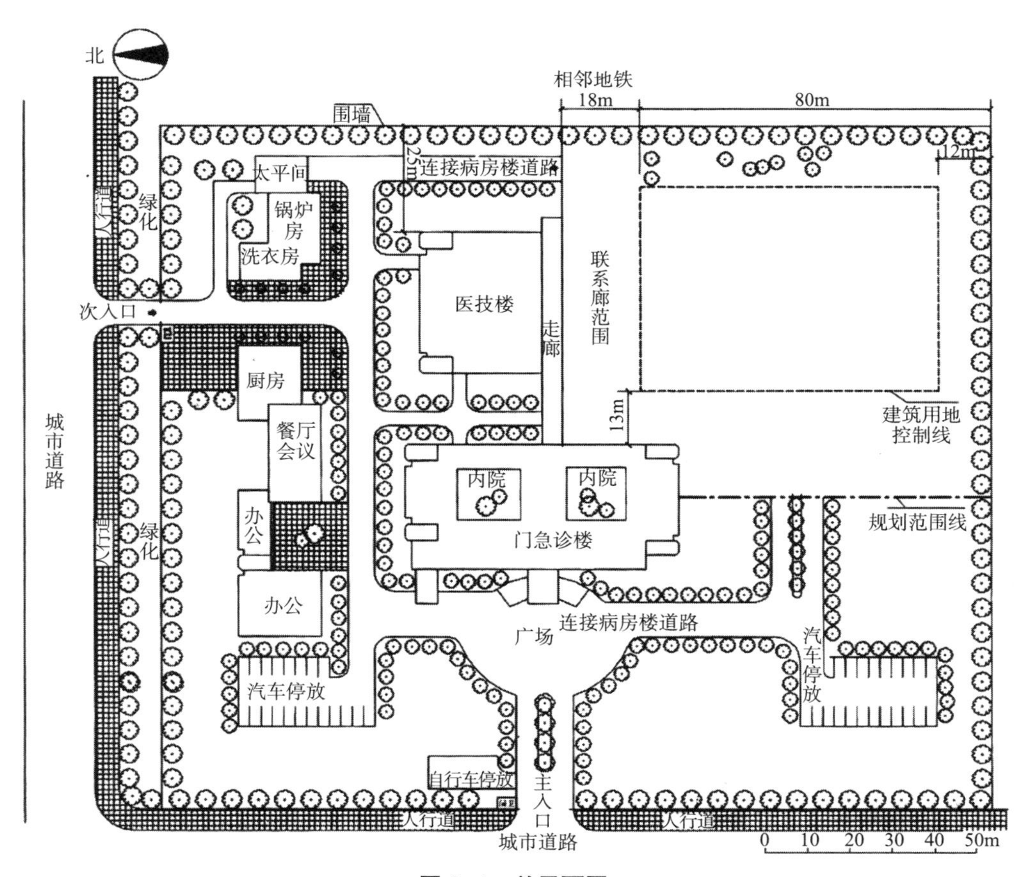

图 3-1　总平面图

3. 任务要求

要求设计该楼中第三层的内科病区和第八层的手术室。

（1）三层内科病区要求：应以护士站为中心，合理划分护理区与医务区两大区域，详见内科病区主要功能关系图（图3-2）。各房间名称、面积、间数、内容要求详见表3-1。

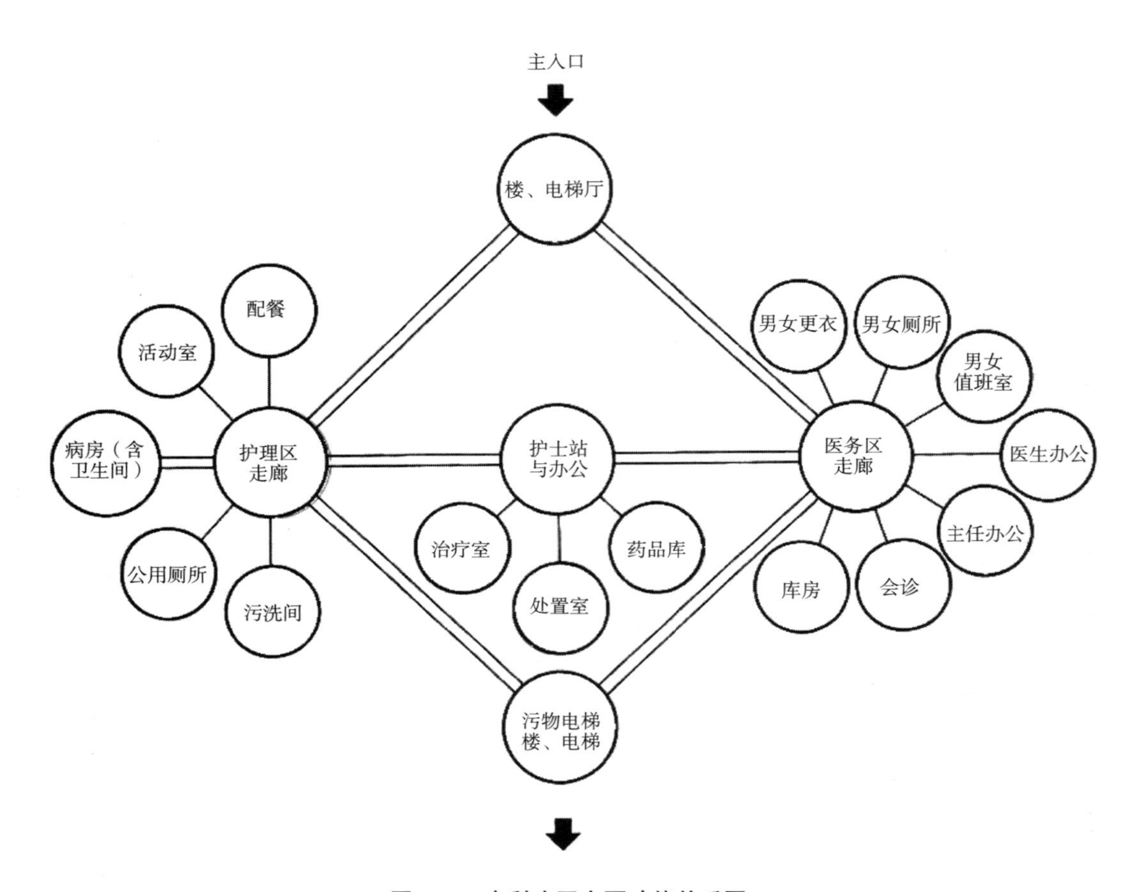

图3-2　内科病区主要功能关系图

（2）八层手术室要求：应合理划分手术区与医务室两大区域，严格按洁污分流布置，进入医务区、手术区应经过更衣、清洁，详见手术室主要功能关系图（图3-3）。各房间、名称、面积、间数、内容要求详见表3-2。

（3）病房楼要求配备两台医用电梯，一台污物电梯，一台食梯（内科病区设置），两个疏散楼梯（符合疏散要求）。

（4）病房应争取南向。

（5）病房含卫生间（内设坐便器、淋浴、洗手盆）。

（6）层高：三层（内科）3.9m，八层（手术室）4.5m。

（7）结构：采用钢筋混凝土框架结构。

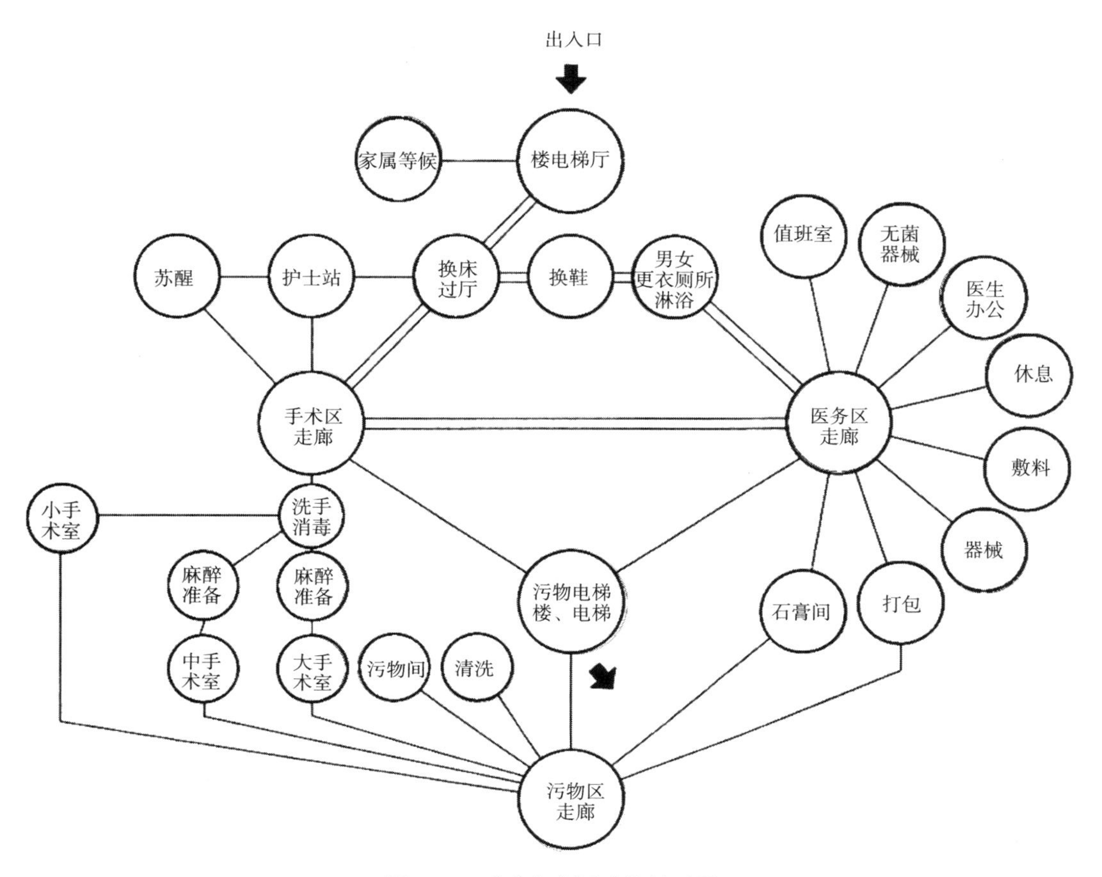

图 3–3　手术室主要功能关系图

注：功能关系图并非简单的交通图，其中双线表示两者之间要紧邻并相通。

三层内科区用房及要求　　表 3–1

房间名称		单间面积（m^2）	间数	备注
护理区 499m^2	* 三床病房	32	12	含卫生间，内设坐便器、淋浴洗手盆
	* 单床病房	25	2	
	* 活动室	30	1	
	* 配餐室	22	1	包括一台餐梯
	污洗间	10	1	
	公共厕所	3	1	
护士站 80m^2	护士站与办公	34	1	
	处置室	20	1	
	治疗室	20	1	
	药品库	6	1	可设在处置室内
医务区 116m^2	更衣室	6	2	男、女各一间，共计 12m^2
	厕所	6	2	男、女各一间，共计 12m^2

续表

房间名称		单间面积（m^2）	间数	备注
医务区 116m^2	值班室	12	2	男、女各一间，共计 24m^2
	* 会诊室	18	1	
	* 医院办公室	26	1	
	* 主任办公室	18	1	
	库房	6	1	
其他 345m^2	电梯厅、前室：40m^2			
	交通面积（走廊、楼梯、电梯）：305m^2			
本层建筑面积小计：1040m^2				
允许层建筑面积误差 ±10% 以内，936 ~ 1144m^2				

八层手术室用房要求 **表 3–2**

房间名称		单间面积（m^2）	间数	备注
手术区	* 大手术室	50	1	另附设：麻醉准备室 12m^2，独立洗手处 12m^2，共计 74m^2
	* 中手术室	34	2	另附设：麻醉准备室 24m^2，共计 92m^2
	* 小手术室	27	3	共计 81m^2
手术区 309m^2	* 苏醒室	36	1	
	护士站	14	1	
	洗手消毒	12	1	
医务区 202m^2	换鞋	12	1	
	* 男女更衣、厕所、淋浴	73	1	
	无菌器械室	8	1	
	值班室	13	1	
	医生办公室	18	2	共计 36m^2
	休息室	18	1	
	敷料区	12	1	
	器械储存	14	1	
	打包	9	1	
	石膏间	7	1	
其他 617m^2	清洗	7	1	
	污物间	15	1	
	* 家属等候室	28	1	
	电梯厅、前室：40m^2			
	交通面积（换鞋过厅、走廊、楼梯、电梯）：527m^2			
本层面积小计：1128m^2				
允许层建筑面积误差：±10% 以内，1015 ~ 1241m^2				

4. 制图要求

（1）在总平面图上画出新设计的病房楼，并完成与道路的连接关系，注明出入口。同时画出病房楼与原有走廊相连的联系廊，以及绿化布置。

（2）按要求画出三层内科病区平面图和八层手术室平面图，在平面图中表示出墙、窗、门（表示开启方向）、其他建筑部件及指北针。

（3）画出承重结构体系，上下各层必须结构合理。

（4）标出各房间名称，主要房间的面积（表 3-1、表 3-2 中带 * 号者），并分别标出三层和八层的建筑面积，各房间面积及各层建筑面积允许误差在规定面积的 ±10% 以内。

（5）标出建筑物的轴线尺寸及总尺寸。

（6）尺寸及面积均以轴线计算。

5. 规范及要求

（1）本设计要符合现行的有关规范。

（2）护理区走廊宽不得小于 2.7m，病房门宽不得小于 1.2m。

（3）手术室走廊宽不得小于 2.7m，门宽不得小于 1.2m。

（4）病房开间与进深不小于 3.6m × 6m（未含卫生间）。

（5）手术室房间尺寸：小手术室 4m × 6m；中手术室 4.8m × 6m；大手术室 6m × 8m。

（6）病房主要楼梯开间宽度不得小于 3.6m。

（7）医用电梯与污物电梯井道平面尺寸不得小于 2.4m × 3m。

二、设计分析

1. 因考题中有病房朝南要求。首先，将建筑控制线东西向尺寸用足，即 50m/7.8m=6.4，取 6 个柱距。

南北向取 $1040m^2/6 \times 7.8=22m$，22m/7.8=2.8，取 3 格。选柱网为 6 × 3（图 3-4），面积：$6 \times 3 \times 60.84=1095m^2$，满足建筑面积的误差要求。

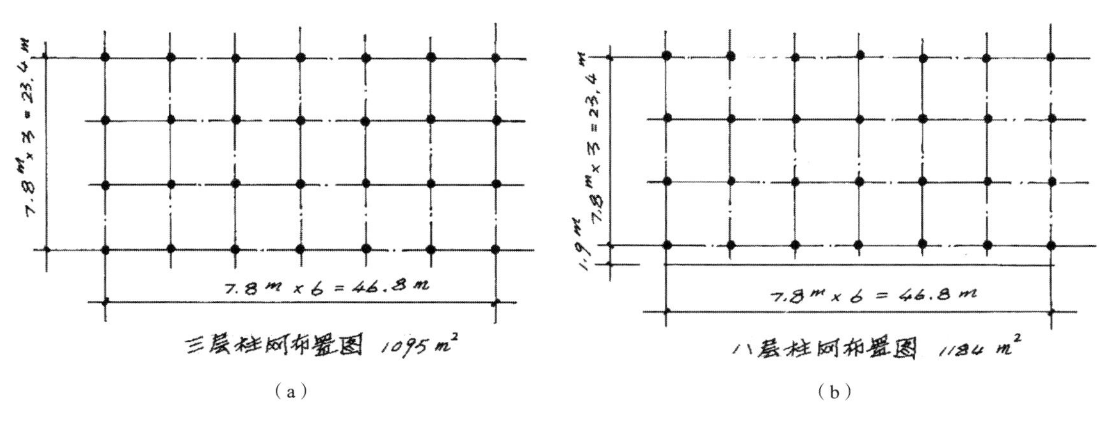

（a）　　（b）

图 3–4　柱网布置图

2. 绘制小草图（图 3-5）

根据三层房间表，该层共三个功能分区：护理区 499m^2，护士站 80m^2，医务区 116m^2。其他走廊、楼、电梯 345m^2，为画小草图，将这些走廊及楼梯、电梯分配到各功能分区。

分配系数：$K=\dfrac{345}{1040-345}=0.5$

护理区：$499\times1.5=749$m^2，取 13 格。

护士站：$80\times1.5=120$m^2，取 2 格。

医务区：$116\times1.5=174$m^2，取 3 格。

根据八层房间表，该层只要两个功能分区。注意到在其他一项中有具体房间（清洗、污物间、家属等候室共 50m^2），不宜像走廊、楼梯那样按比例分给各功能分区。否则它们可能会消失无踪。为此，在绘制小草图阶段，可以将这种房间暂时划拨到其他功能分区。本题拟将它们暂划到医务区。

分配系数：$K=\dfrac{567}{1128-567}=1.01$

手术区：$309\times2.01=621$m^2，取 10 格。

医务区：$(202+50)\times2.01=507$m^2，取 8 格。

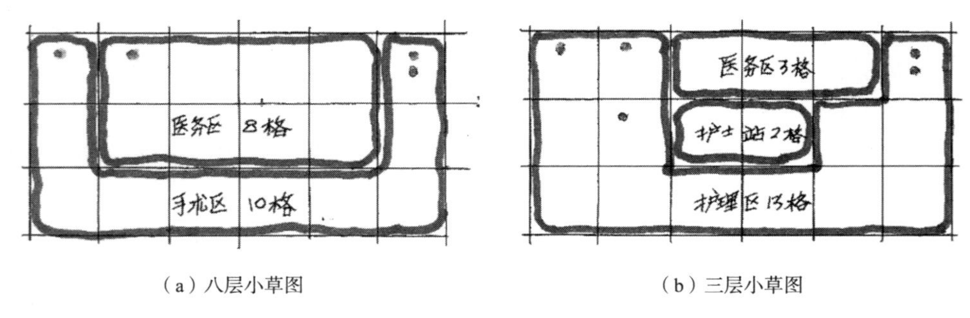

（a）八层小草图　　（b）三层小草图

图 3–5　小草图

在小草图中，平面的上方两角布置楼梯和电梯。按规范要求，医院电梯应为有前室的封闭电梯，三层以护士站为中心，八层以换鞋、淋浴、更衣区为中心，在周围成较宽（≥ 2.7m）的环形走道。

3. 绘制三层大草图（图 3-6）

本层重点是安排好病房。题目要求病房共 14 间，争取向南，同时病房开间不小于 3.6m，即需要 14×3.6m=50.4m，大于建筑用地的宽度。这是出题人有意设置的难点。有的设计人为满足这项非必需的（应争取）要求，而将建筑平面设计成 V 字形，这样做不仅加大工作量，而且一定会出现若干异形房间（会被扣分），也有的应试者将病房开间尺寸减小少许，以能在阳面布置 14 间房，这也不满足题目要求。既然放不下，索性就按柱网南向放 12 间，而另 2 间改朝向东。

依据三层功能关系图，将医务区各个房间布置于北侧，在中心布置护士站及相关用房。在三层房间表中，凡带 * 号的房间。应尽量画得相对准确，其他房间可以有一定的自由度。

4. 绘制八层大草图（图 3-6）

本层设计重点：一是手术室一大二中三小不可缺少，洗手→麻醉→手术功能顺序不可倒置；二是满足手术医生换鞋→淋浴→更衣功能顺序；三是利用污物走廊将八层平面中洁、污两区严格分开。

同样，本层带有 * 号的房间：手术室、苏醒室、淋浴更衣室、家属等候室，要画得准确些，并注明面积，不可遗忘。

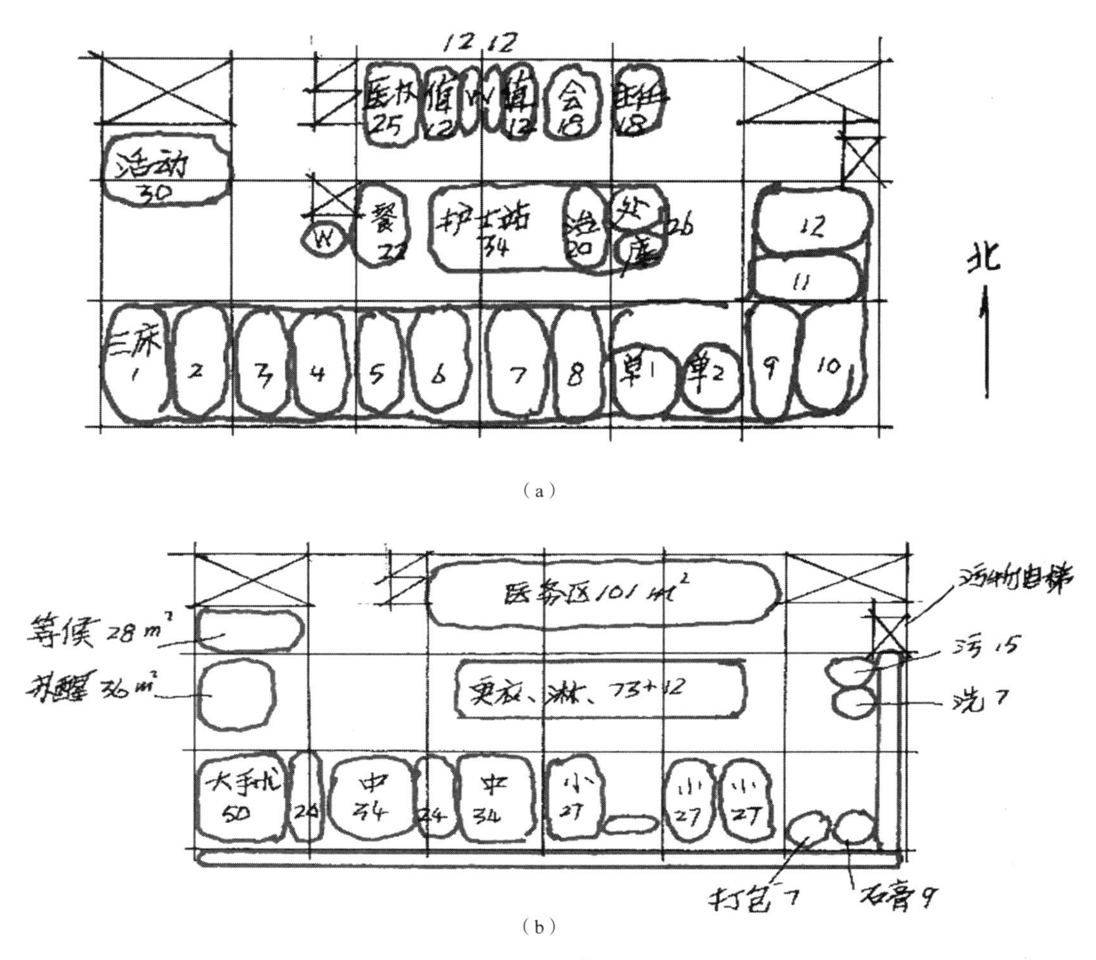

（a）

（b）

图 3–6 大草图

（a）三层大草图；（b）八层大草图

三、参考答案

1. 八层、三层平面图（图 3-7）

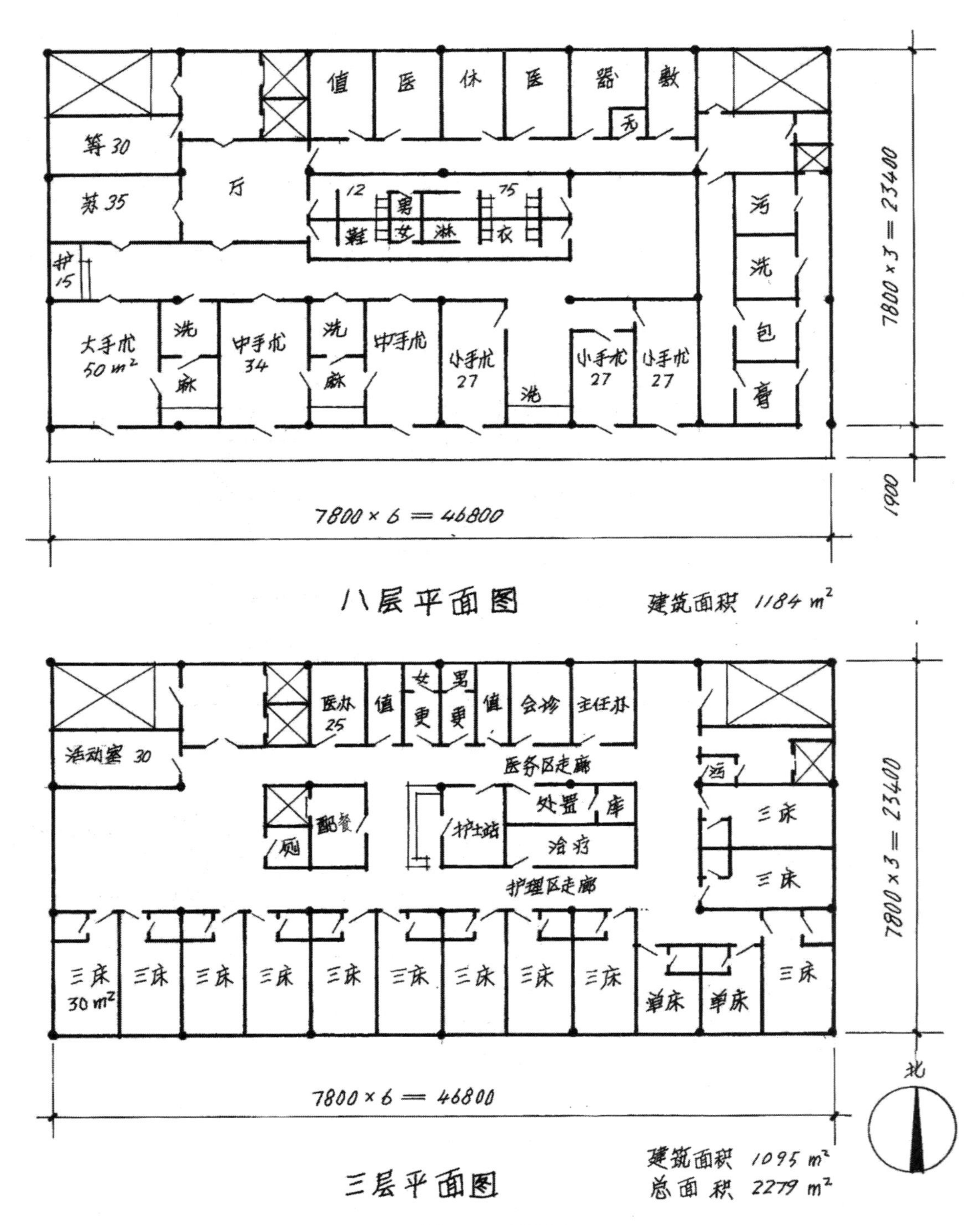
值
医
休
医
器
敷
无
等 30
苏 35
厅
护 15
12
男
女
鞋
淋
75
衣
污
洗
包
膏
大手术 50 m²
洗
麻
中手术 34
洗
麻
中手术
小手术 27
洗
小手术 27
小手术 27
7800 × 3 = 23400
1900
7800 × 6 = 46800
八层平面图
建筑面积 1184 m²
医办 25
值
女更
男更
值
会诊
主任办
活动室 30
医务区走廊
污
配餐
厕
护士站
处置
库
治疗
三床
三床
护理区走廊
三床 30 m²
三床
三床
三床
三床
三床
三床
三床
三床
单床
单床
三床
7800 × 3 = 23400
7800 × 6 = 46800
北
三层平面图
建筑面积 1095 m²
总面积 2279 m²

图 3–7 平面图

2. 总平面图（图 3-8）

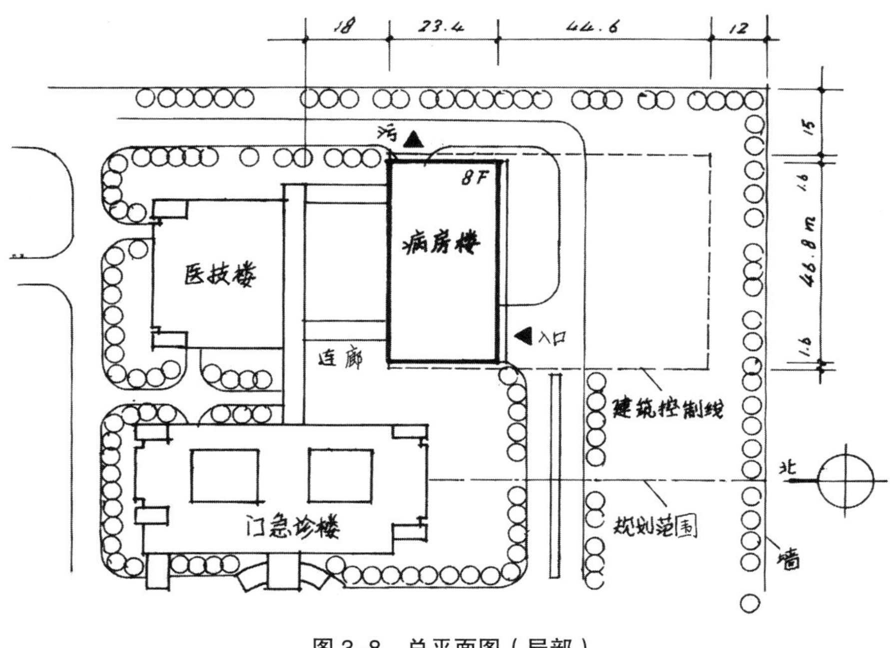

图 3–8 总平面图（局部）

四、评分标准（表 3–3）

评分标准 表 3–3

序号	评分点	扣分值
1	功能分区不合理	15 ~ 20 分
2	护士站与病房、办公室位置不当	1 ~ 3 分
3	病房朝向为东、西	1 ~ 2 分
4	无污物通道	12 分
5	污物通道与污物间、污物电梯联系不当	3 ~ 5 分
6	缺手术室	5 ~ 10 分
7	缺麻醉、准备室	3 分
8	手术室面积不当	3 分
9	缺房间名称、面积	1 ~ 3 分 / 处
10	疏散距离违反规范	3 分
11	上下层承接不直接	3 分
12	图面粗糙不清	3 分
13	无污物出口	3 ~ 5 分
14	无连廊或不当	1 ~ 3 分
15	总平面与平面不符	1 ~ 3 分

第四章　法院审判楼设计（2005 年）

一、试题要求

1. 任务描述

某法院根据发展需要，在法院办公楼南面拆除的旧审判楼原址上，新建 2 层审判楼。保留法院办公楼。

2. 任务要求

设计新建审判楼审判区的大、中、小法庭与相关用房以及信访立案区。

（1）审判区应以法庭为中心，合理划分公众区、法庭区及犯罪嫌疑人羁押区，各种流线应互不干扰，严格分开。

（2）犯罪嫌疑人羁押区应与大法庭、中法庭联系方便，法官进出法庭应与法院办公楼联系便捷，详见审判楼主要功能关系图（图 4-1）。

（3）各房间名称、面积、间数、内容要求详见表 4-1、表 4-2。

（4）层高：大法庭 7.20m，其余均为 4.2m。

（5）结构：采用钢筋混凝土框架结构。

3. 场地条件

（1）场地平面见总平面（图 4-2），场地平坦。

（2）应考虑新建审判楼与法院办公楼交通厅的联系，应至少有一处相通。

（3）东、南、西三面道路均可考虑出入口，审判楼公众出入口应与犯罪嫌疑人出入口分开。

4. 制图要求

（1）在总平面图上画出新建审判楼，画出审判楼与法院办公室相连关系，注明不同人流的出入口，完成道路、停车场、绿化等布置。

（2）画出一层、二层平面图，并应表示出框架柱、墙、门（表示开启方向）、窗、卫生间布置及其他建筑部件。

（3）承重结构体系，上、下层必须结构合理。

（4）标出各房间名称，标出主要房间面积（只标表中带 * 号者），分别标出一层、二层的建筑面积。房间面积及层建筑面积允许误差在规定面积的 ±10% 以内。

（5）标出建筑物的轴线尺寸及总尺寸（尺寸单位为 mm）。

（6）尺寸及面积均以轴线计算。

5. 规范及要求

（1）本设计要求符合国家现行有关规范。

（2）法官通道宽度不得小于1800mm，公众候审廊（厅）宽不得小于3600mm。

（3）审判楼主要楼梯开间不得小于3900mm。

（4）公众及犯罪嫌疑人区域应设电梯，井道平面尺寸不得小于2400mm×2400mm。

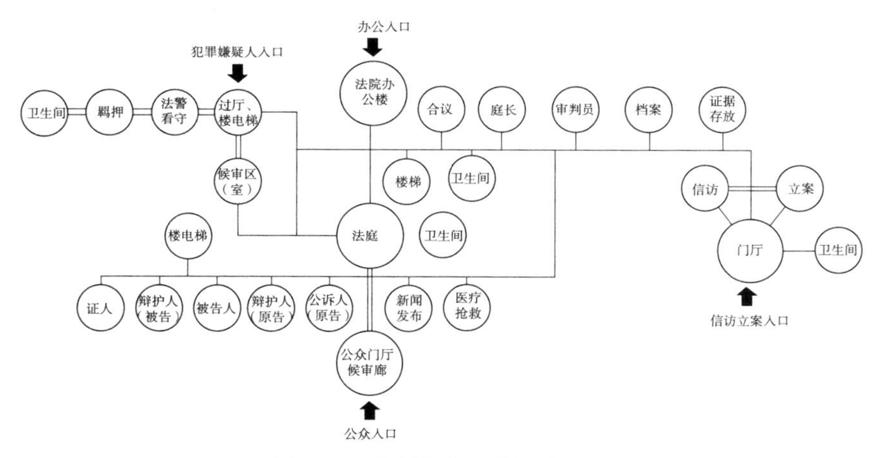

图 4-1　审判楼主要功能关系图

注：①功能关系图并非简单交通图。其中双线表示两者之间要紧邻或相通；

②候审区（室）是犯罪嫌疑人的候审区，仅为大法庭设置。

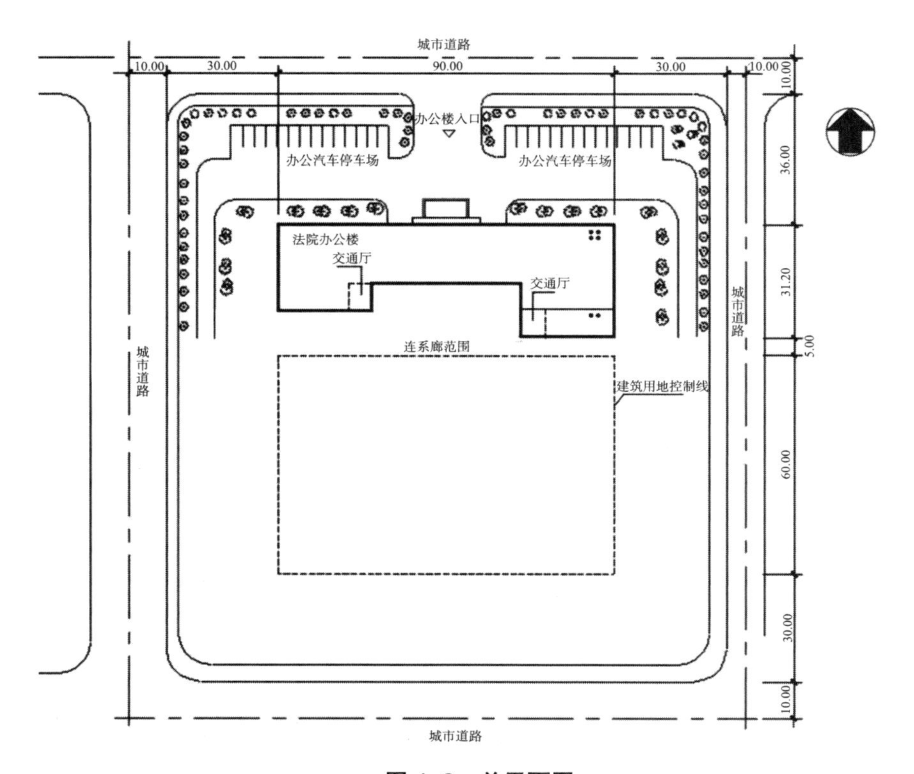

图 4-2　总平面图

一层用房及要求　　表 4–1

功能	房间名称		单间面积（m^2）	间数	面积小计（m^2）	备注
审判区 1255m^2	中法庭 590m^2	* 中法庭	160	2	320	
		合议室	50	2	100	
		庭长室	25	1	25	
		审判员室	25	1	25	
		公诉人（原告）室	30	1	30	
		被告人室	30	1	30	
		辩护人室	30	2	60	
	小法庭 430m^2	* 小法庭	90	3	270	
		合议室	25	3	75	
		审判员室	25	1	25	
		原告人室	15	1	15	
		被告人室	15	1	15	
		辩护人室	15	2	30	
	证据存放室		25	2	50	
	证人室		15	2	30	
	* 犯罪嫌疑人羁押区		110		110	划分羁押室 10 间，卫生间 1 间（共 11 间，每间 6m^2 及监视廊）
	法警看守室		45	1	45	
信访立案区 475m^2	信访接待室		25	5	125	
	立案接待室		50	2	100	
	* 信访立案接待厅		150	1	150	含咨询服务台
	档案室		25	4	100	
其他 1440m^2	* 公众门厅		450	1	450	含咨询服务台
	公用卫生间		30	3	90	信访立案区 1 间（分设男、女），公众区男女各 1 间
	法官专用卫生间		25	3	75	各间均分设男、女卫
	收发室		25	1	25	
	值班室		20	1	20	
	交通面积		780		780	含过厅、走廊、楼梯、电梯等
本层建筑面积小计 3170m^2						
允许层建筑面积误差 ±10% 以内，2853 ~ 3487m^2						

二层用房及要求　　表 4-2

功能	房间名称		单间面积（m^2）	间数	面积小计（m^2）	备注
审判区 $1925m^2$	大法庭 $890m^2$	* 大法庭	550	1	550	
		合议室	90	1	90	
		庭长室	45	1	45	
		审判员室	45	1	45	
		公诉人（原告）室	35	1	35	
		被告人室	35	1	35	
		辩护人室	35	2	70	
		犯罪嫌疑人候审区（室）	20	1	20	
	小法庭 $860m^2$	* 小法庭	90	6	540	
		合议室	25	6	150	
		审判员室	25	2	50	
		原告人室	15	2	30	
		被告人室	15	2	30	
		辩护人室	15	4	60	
	证人室		15	4	60	
	证据存放室		35	2	70	
	档案室		45	1	45	
其他 $1245m^2$	新闻发布室		150	1	150	
	医疗抢救室		80	1	80	
	公用卫生间		30	2	60	男、女各 1 间
	法官专用卫生间		25	3	75	每间均分设男、女
	交通面积		880		880	含过厅、走廊、楼梯、电梯等
本层建筑面积小计 $3170m^2$						
允许层建筑面积误差 ±10% 以内，2853 ~ $3487m^2$						

二、设计分析

1. 这是一例上、下层面积一样，无采光要求的公共建筑。设计应以法庭为中心，并与各功能分区流线互不干扰、严格分开。

2. 四个方向道路全部给出，依功能关系图各有各用，注意外部入口。

3. 绘制小草图

法院建筑面积：$3170m^2$，选柱网 $7.8m \times 7.8m \approx 60m^2$。

所需网格数：3170/60=52.8，取 54 格。

为使建筑平面方正，有下列几种布置方法（图 4-3）：

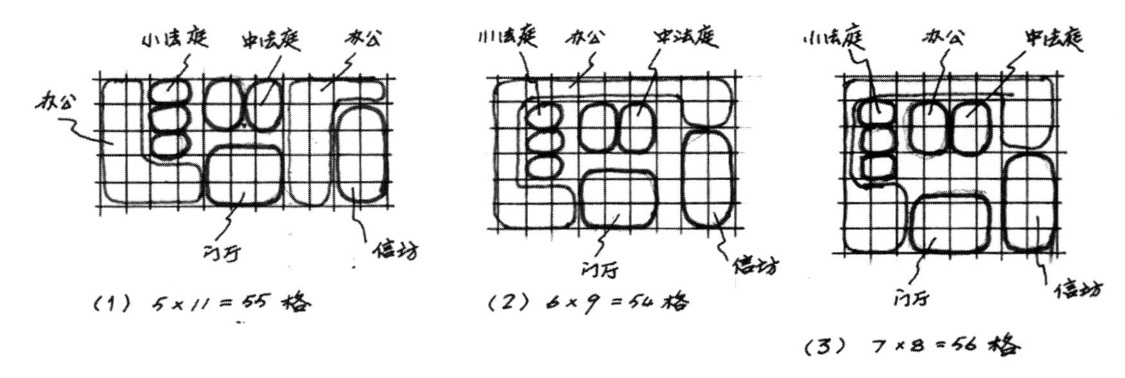

图 4–3　小草图

从图 4-3 可以看出：

方案（1）办公用房被分成两部分，且不便于和中、小法庭的联系；

方案（2）较合理；

方案（3）西侧中间无法布置办公用房，门厅与中法庭之间面积不好利用。

以方案（2）为基础，优先将在平面中起控制作用的法庭、办公、信访等面积较大的房间画出（图 4-4）。将众多办公用房留待作大草图时再行处理。

在小草图中暂行确定楼梯位置和走道。

根据总平面图及功能关系图将公众入口设在内侧。为联系原有办公楼，将新楼办公入口设在北侧。东侧为信访入口。为各行其道，犯罪嫌疑人入口设在西侧。

4. 绘制大草图

（1）将众多的办公房间装入平面图中，是许多应试人纠结的问题。对房屋谁挨着谁费尽脑筋，其实大可不必。首先是不丢失房间，其次是最好将这些房间尽量能邻近与之相关的功能区。

（2）在安排房间时最忌讳的是：按房间表所给各房间面积，依次逐渐往前画。这样画因房间面积零碎，会越画越乱。正确的做法是先将各房间按共同的公约概念将其分组，然后以“组”为单位填入房内。分组时往往不可能正好凑整，除非该房画有 * 号，否则面积大些小些在所难免，不必计较。

（3）表 4-3 是首层部分办公房间表，从面积一列看出，除中、小法庭和犯罪羁押区外，其余各房间以 50m^2 为“公约”数，这也是考虑到 7.8m × 7.8m 柱网，减去走道，每间所剩约为 50m^2，便于安排之故。

（4）按上述方法，将所示的 24 间房，分为 11 组。按就近原则安排，如图 4-5 所示。

（5）二层办公用房及要求见表 4-4，安排原则如（4）一样（图 4-4）。

（6）审判楼一、二层平面如图 4-6、图 4-7 所示。

5. 总平面图（图 4-8）

注意 4 个入口及各走道方向清晰。新建审判楼和原有法庭办公楼之间要有连廊。

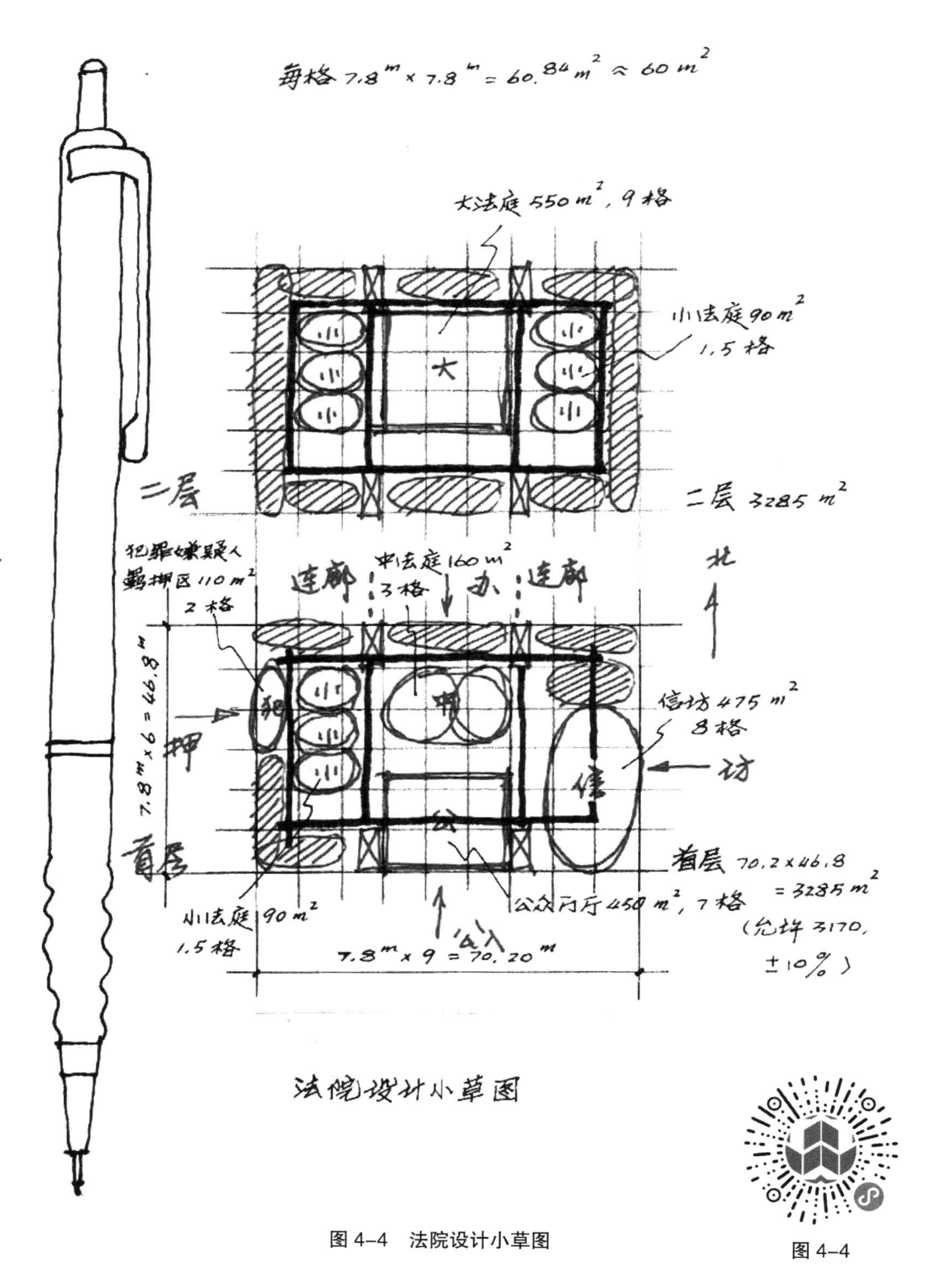

图 4–4　法院设计小草图

图 4–4

首层部分房间面积表　　表 4–3

区域	房间名称	间数	面积（m^2）
中法庭	中法庭	2	320
	合议室	2	100 ②
	庭长室	1	25 ①
	审判员室	1	25
	公诉人室	1	30
	被告人室	1	30 ③
	辩护人室	2	60
小法庭	小法庭	3	270
	合议室	3	25 ①
	审判员室	1	25
	原告人室	1	15
	被告人室	1	15 ②
	辩护人室	2	30
证据存放室		2	50 ①
证人室		2	30
犯罪嫌疑人羁押区			110
法警看守室		1	45 ①

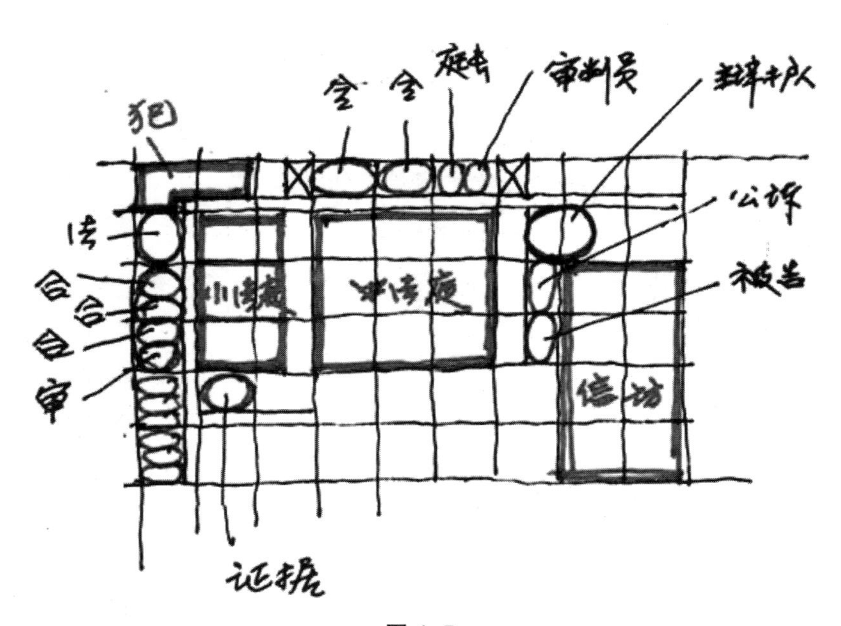

图 4–5

二层用房及要求 **表 4–4**

功能	房间名称		单间面积（m^2）	间数	面积小计（m^2）	备注
审判区	大法庭	* 大法庭	550	1	550	
		合议室	90	1	90 ②	
		庭长室	45	1	45 ②	
		审判员室	45	1	45	
		公诉人（原告）室	35	1	35	
审判区	大法庭	被告人室	35	1	35 ③	
		辩护人室	35	2	70	
		犯罪嫌疑人候审区（室）	20	1	20	
	小法庭	* 小法庭	90	6	540	
		合议室	25	6	150 ③	
		审判员室	25	2	50 ①	
		原告人室	15	2	30	
		被告人室	15	2	30 ④	
		辩护人室	15	4	60	
	证人室		15	4	60	
	证据存放室		35	2	70 ②	
	档案室		45	1	45	
其他	新闻发布室		150	1	150 ③	
	医疗抢救室		80	1	80 ③	
	公用卫生间		30	2	60	男、女各一间
	法官专用卫生间		25	3	75 ②	每间均分设男、女
	交通面积		880		880	含过厅、走廊、楼梯、电梯等
本层建筑面积小计 3170m^2						
允许层建筑面积误差 ±10% 以内，2853 ~ 3487m^2						

三、参考答案（图 4-6 ~ 图 4-8）

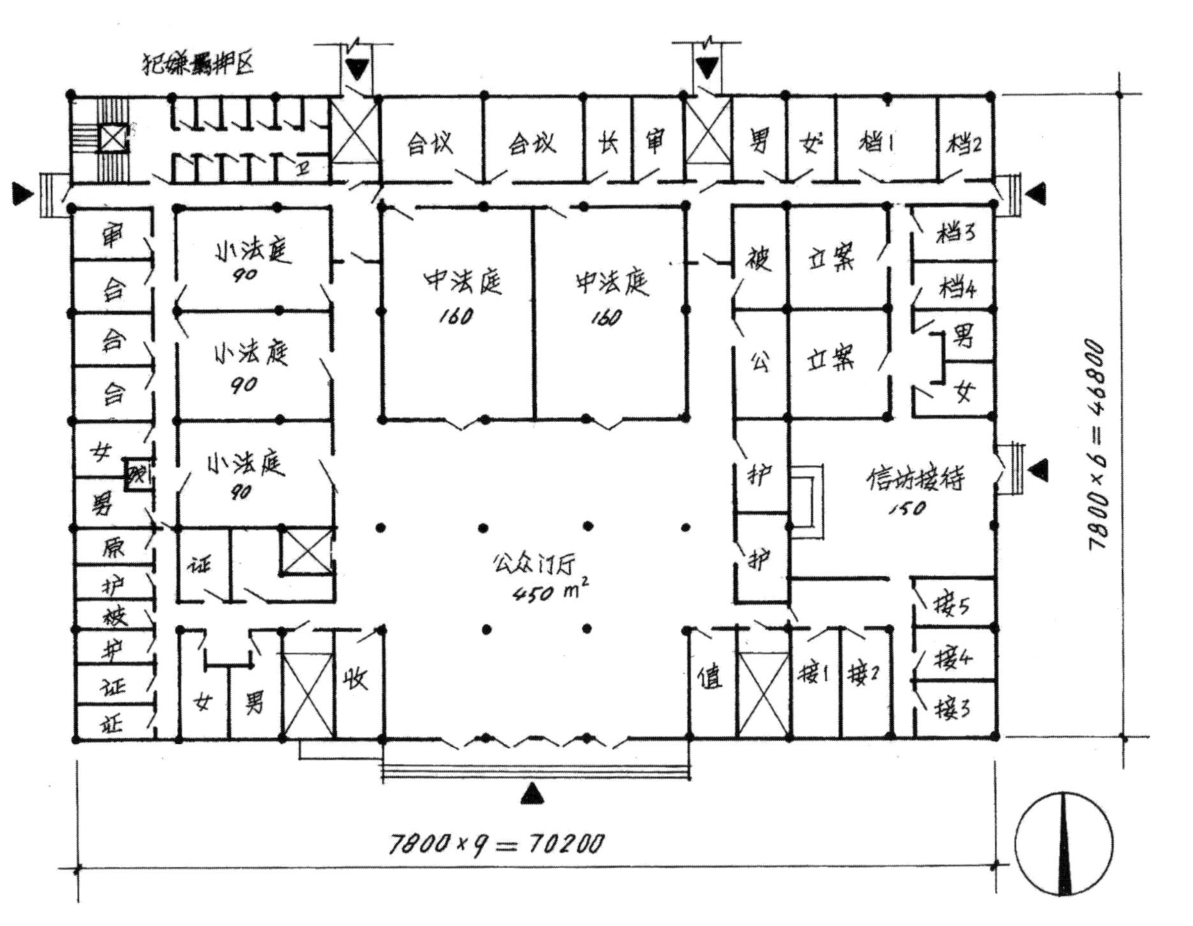

图 4-6　一层平面图　一层建筑面积：3285m²　总建筑面积：6570m²

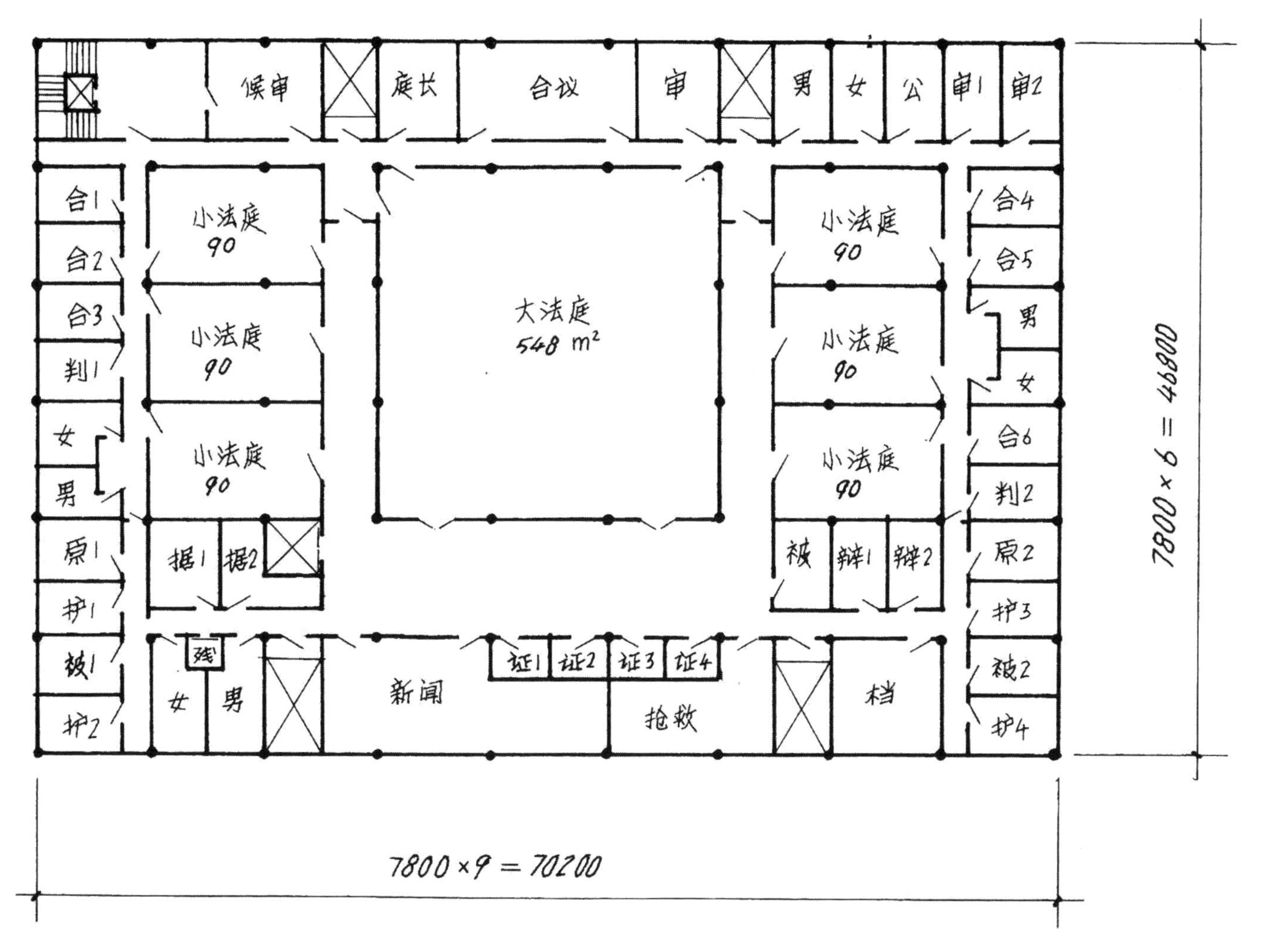

图 4-7　二层平面图　建筑面积：3285m²

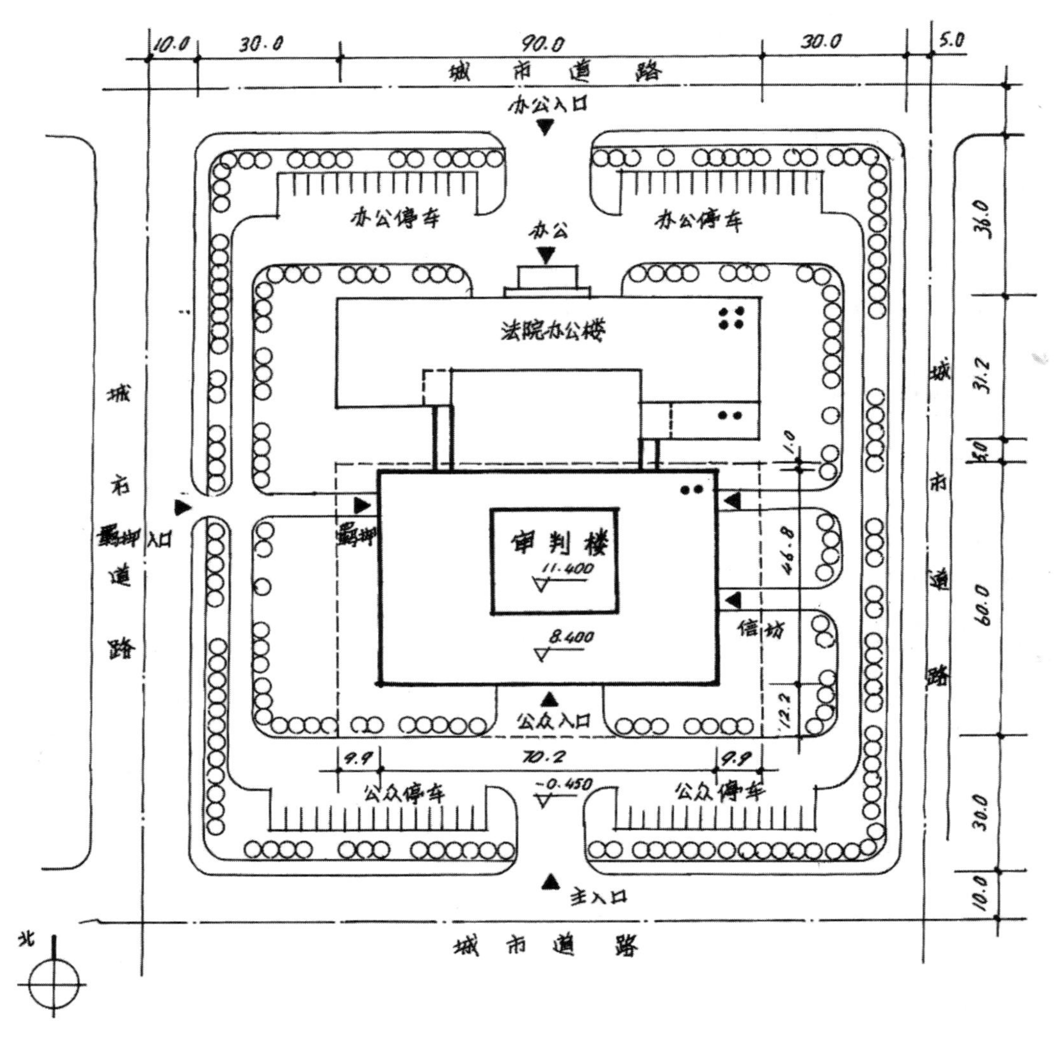

图 4–8 总平面布置图

四、评分标准（表 4–5）

评分标准 表 4–5

序号	评分项	扣分值
1	平面与单体不符或超出用地	2 ~ 5 分
2	审判与信访门前缺停车位、道路不完善	2 ~ 6 分
3	羁押出入口不在东西向	3 ~ 4 分
4	缺中、小法庭	5 分 / 间
5	缺合议、审判员、庭长用房	2 分 / 间
6	缺原告、被告、辩护人、证人、证据用房	1 分 / 间

续表

序号	评分项	扣分值
7	法庭面积未标或面积不符	2分/项
8	法院内部与公众未分区、布置乱、流线交叉	17～20分
9	已分区未设门分开	2～6分
10	法庭房间比例大于2、有棱、怪异	2～6分
11	各法庭与相应合议室未紧邻（大于10m）	1～4分
12	原被告与相应辩护人室未紧邻	1～2分
13	羁押室不是袋形	3～6分
14	信访未设独立出入口、交通混淆、交叉、未分流	6分
15	大于20m的袋形走廊	5分
16	首层楼梯至出入口大于15m	3分
17	未设残障电梯及坡道	2～3分

第五章　住宅方案设计（2006 年）

一、试题要求

1. 任务描述

在我国中南部某居住小区内的平整用地上，新建带电梯的 9 层住宅，面积约 $14200m^2$。其中两室一厅套型为 90 套，三室一厅套型为 54 套。

2. 场地条件

用地为长方形，建筑控制线尺寸为 88m × 50m。用地北面和西面是已建 6 层住宅，东面为小区绿地，南面为景色优美的湖面（图 5-1）。

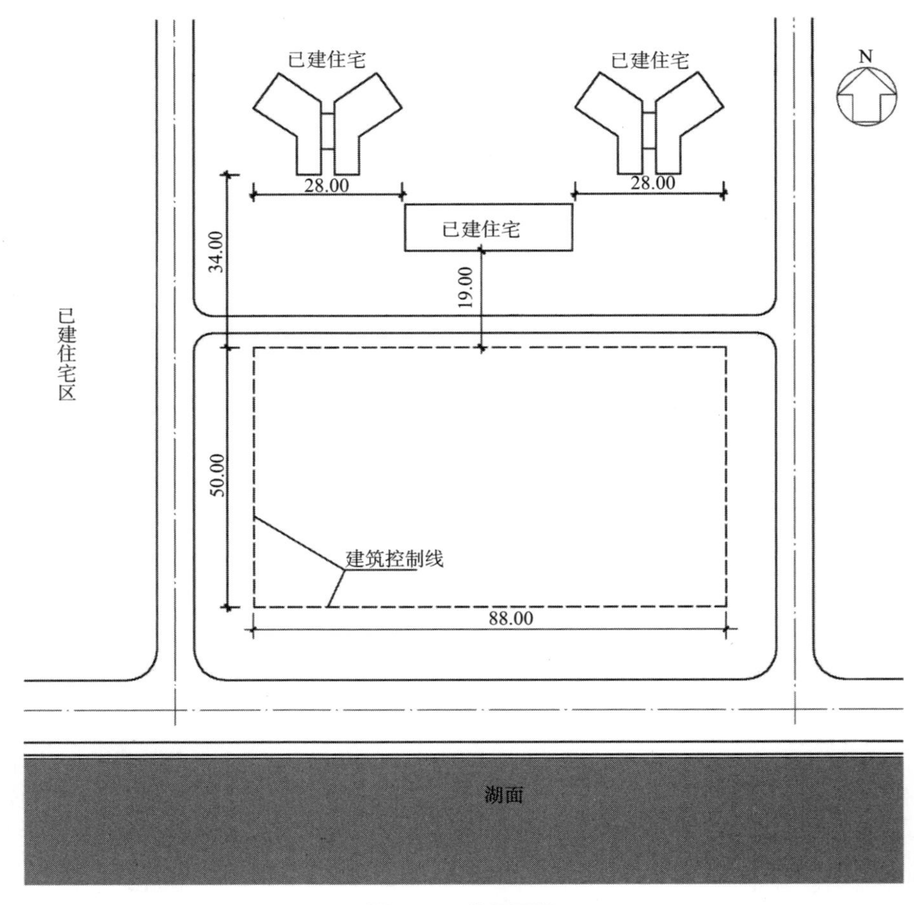

图 5–1　总平面图

3. 任务要求

（1）住宅应按套型设计，并由两个或多个套型以及楼梯、电梯组成各单元，以住宅单元拼接成一栋或多栋住宅楼。

（2）要求住宅设计为南北朝向，不能满足要求时，必须控制在不大于南偏东 45° 或南偏西 45° 的范围内。

（3）每套住宅至少应有两个主要居住空间和一个朝南的阳台，并尽量争取看到湖面；其余房间（含卫生间）均应有直接采光和自然通风。

（4）住宅南向（偏东、西 45° 范围内）平行布置时，住宅（含北侧已建住宅）日照间距不小于南面住宅高度的 1.2 倍（即 33m）。

（5）住宅楼层高 3m，要求设置电梯，采用 200 厚钢筋混凝土筒为梯井壁。

（6）按标准层每层 16 套布置平面（9 层共 144 套），具体要求见表 5-1。

平面布置要求　　　　**表 5-1**

户型	户数（标准层）	户内面积（轴线面积）	户型要求					
			名称	厅（含餐厅）	主卧室	次卧室	厨房	卫生间
二室一厅	10	75（允许误差 ±5m^2）	开间（m）	≥ 3.6	≥ 3.3	≥ 2.7		
			面积（m^2）	≥ 18	≥ 12	≥ 8	≥ 4.5	≥ 4
			间数	1	1	1	1	1
三室一厅	6	95（允许误差 ±5m^2）	开间（m）	≥ 3.6	≥ 3.3	≥ 2.7		
			面积（m^2）	≥ 25	≥ 14	≥ 8	≥ 5.5	≥ 4
			间数	1	1	2	1	2

4. 制图要求

（1）总平面图要求布置至少 30 辆汽车停车位，画出与单元出入口连接的道路、绿化等。

（2）标准层套型拼接图，每种套型至少单线表示一次，标出套型轴线尺寸、套型总尺寸、套型名称；相同套型可以用单线表示轮廓。

（3）套型布置

1）用双线画出套型组合平面图中所有不同的套型平面图；

2）在套型平面图中，画出墙、门窗，标注主要开间及进深轴线尺寸、总尺寸；标注套型编号并填写两室套型和三室套型面积表，附在套型平面图下方。

二、设计分析

1. 本考题没有功能流线图，房间表也十分简单。考题重点有两个：（1）防止遮挡；（2）建立房屋平面和它们的组合。总建筑面积 14200m^2，共九层，每层 1578m^2。

2. 九层总共二室一厅 90 套，三室一厅 54 套。折合每层二室一厅 10 套，三室一厅 6 套。共 16 套。

3. 问题是 88m 宽建设用地要出 16 套住宅，每套宽仅 88m/16=5.5m，根据题目要求，二室一厅 75m²/ 套；三室一厅 95m²/ 单套。

则套进深分别为二室 75/5.5=13.6m 三室 95/5.5=17.2m，二者进深相差较多。

4. 为使三室与二室进深一致，并保证各套型主要卧室向阳，重新调整面宽。

设二室面宽为 x，按比例三室面宽为 95/75 · x=1.27x；

列算式 10x+6（1.27x）=88m；

解方程得 x=5m（二室）；

则三室面宽：1.27x=6.35m。

5. 检验

（6.35 × 6）+（5 × 10）=38+50=88m（不出建筑控制线）。

6. 依题目要求：二室主卧开间 ≥ 3.3m，次卧开间 ≥ 2.7m，则二室 3.3m+2.7m=6m ＞ 5m。三室 3.3m+2.7m+2.7m=7.7m ＞ 6.35m。

解决方法：（1）前后重叠，适当加大进深。

（2）调整二室和三室的面宽。

7. 由于要求每套住宅至少应有两个居住空间朝南，又限于面宽，因此不可能将两个三室拼合在一起，而将二室和三室搭配组合，则可较好地解决这一问题（图 5-2、图 5-3）。

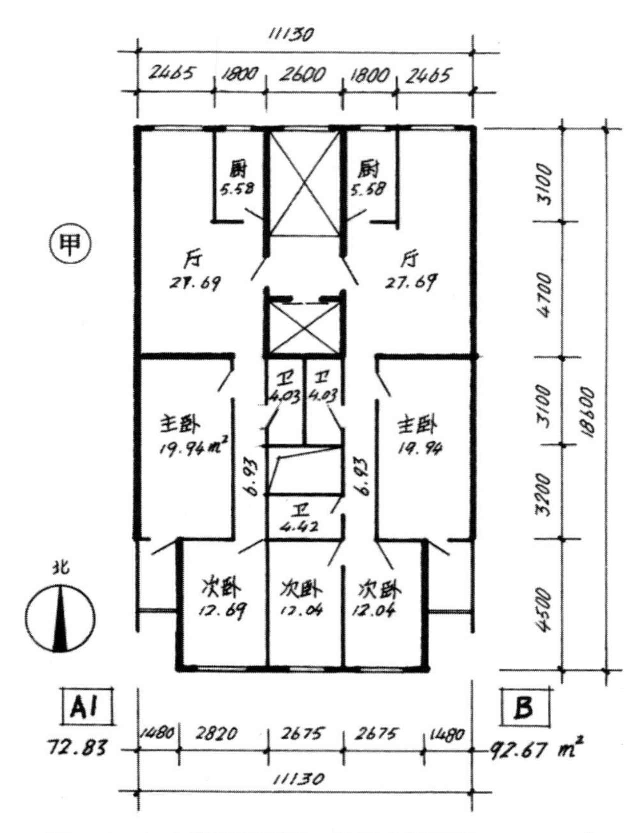

图 5–2 2–3 单元平面图 单元建筑面积：185.78m²

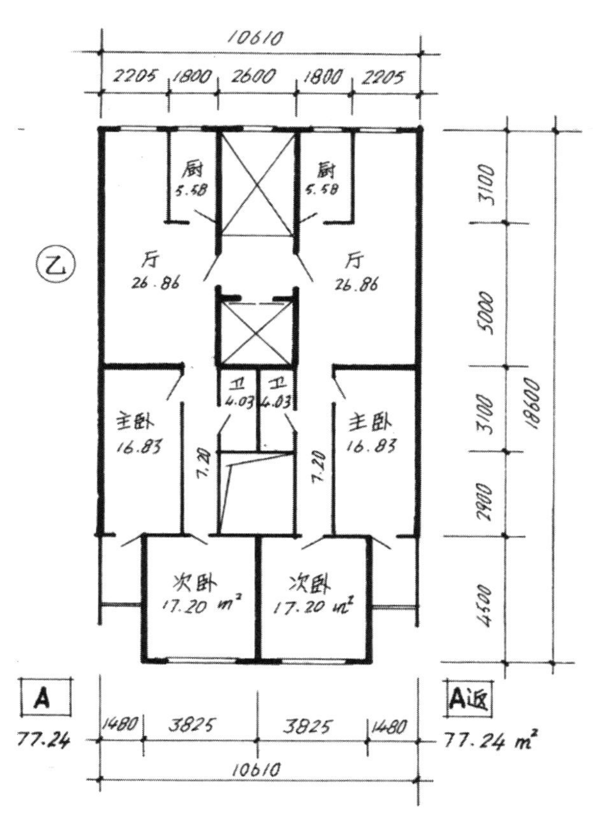

图 5-3　2-2 单元平面图　单元建筑面积：175.24m²

8. 为使套型拼接图规整，设计中采用相同进深。

9. 本试题中有日照间距这一考点。由于我国地域广阔，各地日照系数不同，在题目给定系数的情况下，结论已有（33m），出题人几乎是自问自答了。在总平面图中，要将这个距离标注清楚。

三、参考答案（图 5-4、图 5-5）

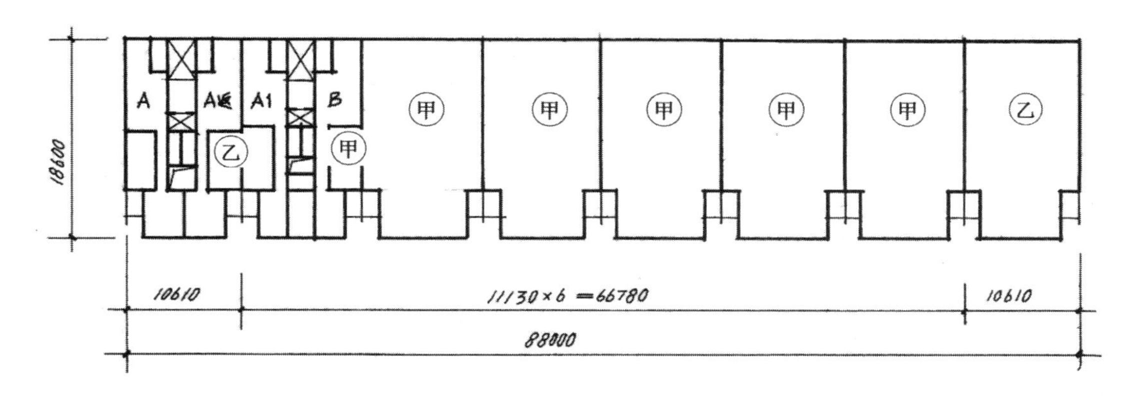

图 5-4　单元组合平面　每层建筑面积：1465.14m²

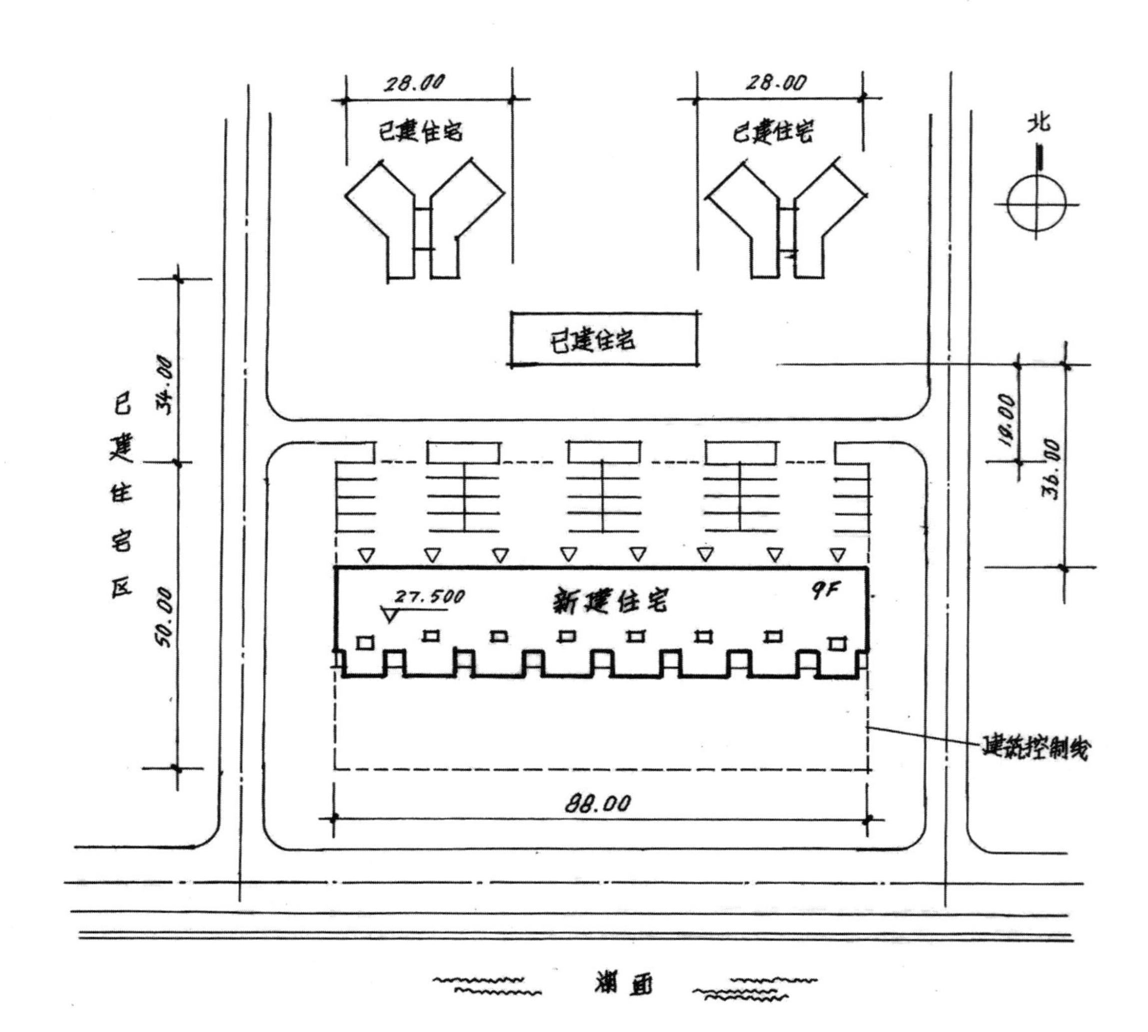

图 5–5　总平面图

四、评分标准（表 5–2）

评分表　　表 5–2

序号	评分项	扣分值
1	建筑超出控制线或遮挡不合要求	不及格
2	总图未标注相关尺寸	10 分
3	户数不符、户型不符	均扣 45 分
4	不满足两个居室朝阳	20 分 / 户
5	只有一个居室朝阳	10 分 / 户
6	每户应有一个居住空间（夹角≥ 120°）看到湖面，不符	2 分 / 户
7	单元组合图户型表达不全	4 分 / 户
8	单元户型总尺寸未标注	2 分 / 处

续表

序号	评分项	扣分值
9	未表示楼、电梯和布置不合理	2 分 / 处
10	未画户型平面	35 分
11	户型布局明细不合理	2 ~ 10 分
12	户型与单元组合图明显不符	5 分 / 户
13	户内房间面积未标注	2 分 / 处
14	房间无直接采光	10 分 / 间
15	缺卫生间	5 分 / 间
16	未标出门窗位置、阳台、房间名称	各扣 2 分
17	厨房净宽＜ 1500mm，楼梯间轴线＜ 2400mm，房间相错＜ 1200mm	3 分 / 处
18	结构布置明显不合理	5 分
19	图面粗糙不清，徒手绘制	3 ~ 5 分

第六章　厂房改造（体育俱乐部）设计（2007 年）

一、试题要求

1. 任务描述

我国中南部某城市中，拟将某工厂搬迁后遗留下的厂房改建并适当扩建成为区域级体育俱乐部。

2. 场地描述

（1）场地平坦，厂房室内外高差为 150mm；场地及周边关系见总平面图（图 6-1）。

（2）扩建的建筑物应布置在建筑控制线内；厂房周边为高大水杉树，树冠直径 5m 左右。在扩建中应尽量少动树，最多不宜超过 4 棵。

3. 厂房描述

（1）厂房为 T 形 24m 跨单层车间，建筑面积 3082m^2。

（2）厂房为钢筋混凝土结构，柱距 6m，柱间墙体为砖砌墙体，其中窗宽 3.6m，窗高 6.0m（窗台离地面 1.0m）屋架为钢筋混凝土梯形桁架，屋架下缘标高 8.4m，无天窗。

4. 厂房改建要求

（1）厂房改建部分按表 6-1 提出的要求布置。根据需要应部分设置二层；采用钢筋混凝土框架结构，除增设的支承柱外亦可利用原有厂房柱作为支承与梁相连接；作图时只需表明结构支承体系。

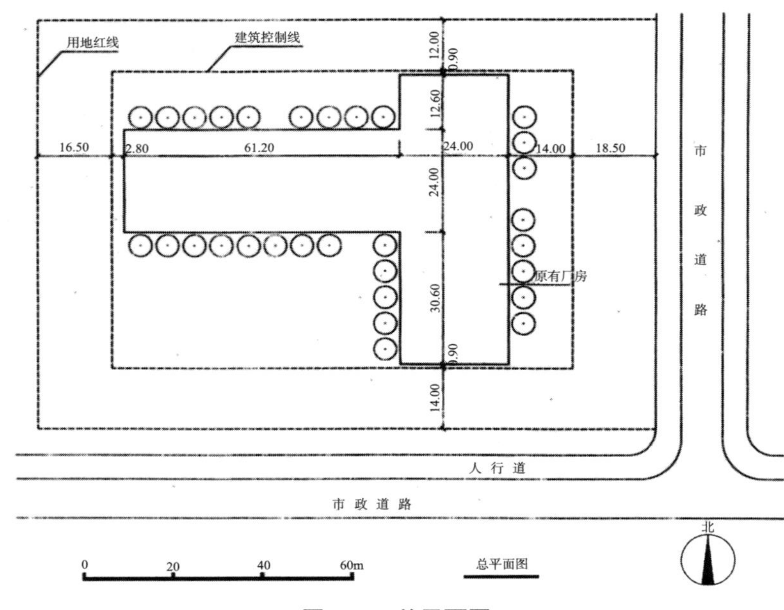

图 6-1　总平面图

（2）厂房内地面有足够的承载力，可以在其上设置游泳池（不得下挖地坪），并可在其上砌筑隔墙。

（3）厂房门窗可以改变，外墙可以拆除，但不得外移。

5. 扩建部分要求

（1）扩建部分为

二层，按表 6-2 提出的要求布置。

（2）采用钢筋混凝土框架结构。

厂房改建部分设置要求　　　　表 6–1

房间名称	单间面积（m^2）	房间数	场地数	相关用房（m^2）	备注
游泳馆	800	1	1	另附水处理 50、水泵房 50	游泳池深 1.4 ~ 1.8m
篮球馆	800	1	1	另附库房 18	馆内至少有 4 排看台（排距 750mm）
羽毛球馆	420	1	2	另附库房 18	二层设观看廊
乒乓球馆	360	1	3	另附库房 18	
* 体操馆	270	1		另附库房 18	净高 ≥ 4m，馆内有 ≥ 15m 长的镜面墙
* 健身房	270	1		另附库房 18	
急救室	36	1			
* 更衣淋浴室	95	2			男、女各一间，与泳池紧邻相通，与其他运动兼用
厕所	25	2			男、女各一间
资料室	36	1			
楼梯、走廊					
厂房内改建后建筑面积	4050m^2				含增设的二层建筑，面积允许误差 ± 5% 以内

厂房扩建部分设置要求　　　　表 6–2

房间名称		单间面积（m^2）	房间数	相关用房（m^2）	备注
俱乐部餐厅	* 大餐厅	250	1		对内、对外均设出入口
	小餐厅	30	2		
	厨房	180	1	内含男女卫生间 18	需设置库房、备餐间
* 体育用品商店		200	1	内含库房 30	对内、对外均设出入口
保龄球馆		500	1	内含咖啡吧 36	6 道球场一个
办公部分	大办公室	30	4	另附小库房一间	
	小办公室	18	2		
	会议室	75	1		
	厕所	9	2		男、女各一间
公用部分	门厅	180		内含前台、值班室	
	接待厅	36			
	厕所	18	4	内含无障碍厕位	男、女均分设一、二层
	陈列室	45	1		
	楼、电梯、走廊				
扩建部分建筑面积		2330m^2			面积允许误差 ± 5% 以内

6. 其他要求

（1）总平面布置中内部道路边缘距建筑不小于 6m。机动车停车位：社会车辆 30 个、内部车辆 10 个；自行车位 50 个。

（2）除库房外，其他用房均应有天然采光和自然通风。

（3）公共走道轴线间宽度不得小于 3m。

（4）除游泳馆外，其余部分均应按无障碍要求设计。

（5）设计应符合国家现行的有关规范。

（6）男女淋浴更衣室中应各设有不少于 8 个淋浴位及不少于总长 30m 的更衣柜。

7. 制图要求

（1）总平面设置

1）画出扩建部分。

2）画出道路、出入口、绿化、机动车位及自行车位。

（2）一、二层平面布置

1）按要求布置出各部分房间，标出名称，有运动场的房间应按图 6-2 提供的资料画出运动场地及界限，其场地界线必须能布置在房间内。

2）画出承重结构体系及轴线尺寸、总尺寸。注出 * 号房间（表 6-1、表 6-2）面积，房间面积允许 ±10% 以内的误差。厂房改建后的建筑面积及扩建部分建筑面积允许有 ±5% 的误差（本题面积均以轴线计算）。

3）画出门（表示开启方向）、窗，注明不同的地面标高。

4）厕浴部分需布置厕位、淋浴隔间及更衣柜。

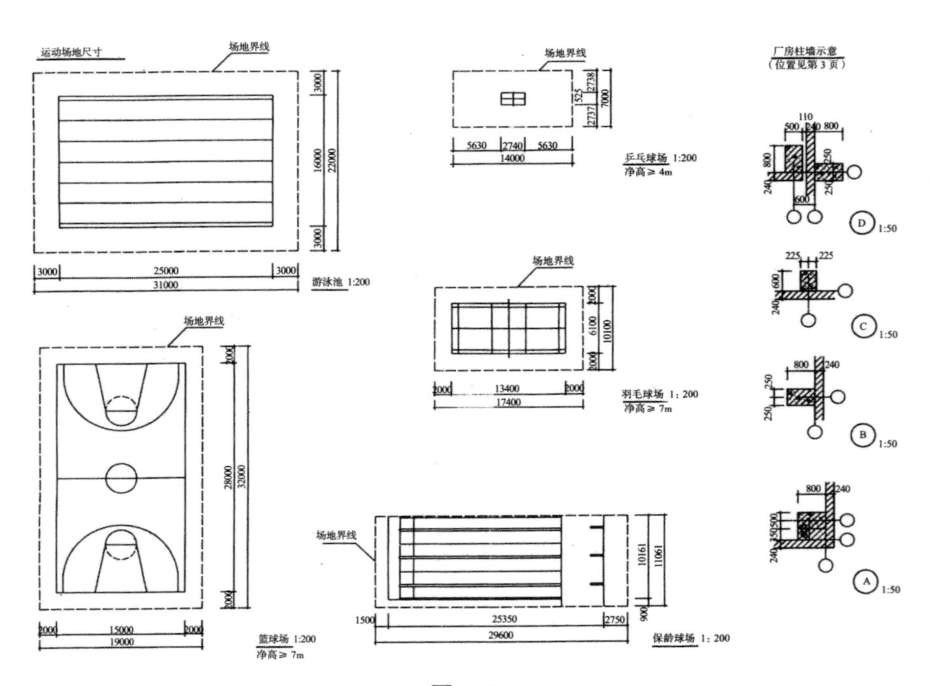

图 6-2

二、设计分析

1. 任务及场地

这是一种新的设计类型，有改建（在原厂房内），也有扩建（在厂房外新建）。

原厂房周边有树，树冠直径 5m，意为去掉一棵树可得到 5m 宽的空地。要求设计时尽量少动树，最多不宜超过 4 课，意为不让贴建。

厂房为 T 形 24m 跨、屋架下弦标高 8.4m，给出了改建时可用的空间。

从总平面上看，厂房以外建筑控制线以内，显然只能利用南边的一块，约 $30m \times 61m \approx 1800m^2$，用于扩建。

2. 厂房改、扩建

厂房改建前面积为 $3082m^2$，改建后要求 $4050m^2$，即要在厂房内增建 $968m^2$；扩建部分要求二层共 $2330m^2$，每层 $1165m^2$。

游泳池不得下挖地坪，这是本题考点，必须遵守。

3. 厂房及改扩建设计

（1）首先安排平面尺寸较大的游泳池（$22m \times 30m$）、篮球场（$19m \times 32m$，净高 $\geqslant 7m$），各占 T 形厂房的两个端头，二者可以互换。另一个端头宜放羽毛球馆（$10m \times 17m$，净高 $\geqslant 7m$）。

（2）游泳池在一般体育设施中比较复杂，不仅面积大，体量也大，附属设施较多（水处理、水泵房、男女更衣室）。本题提示不许下挖，只能平放。考虑到水深要求（1.4 ~ 1.8m）和池底构造尺寸，池面距首层地面约为 2100mm。

（3）余下健身、体操、乒乓球三馆，其中乒乓球馆要求 $7m \times 14m$，适合在二层无柱空间布置，体操馆也是如此。健身馆对场地要求相对简单，故安排在首层。

（4）其他辅助房间不多，可沿场地边缘或空隙处安置（图 6-3）。

（5）厂房改建设置。除保龄球馆外，基本上是三大块：餐厅、商店、办公室。由于餐厅和商店有直接对外功能，应安排在一层。将保龄球馆和办公室放在二层（图 6-4）。

4. 本题特点之一是只有房间总数，不分一、二层，设计中由应试人自行确定

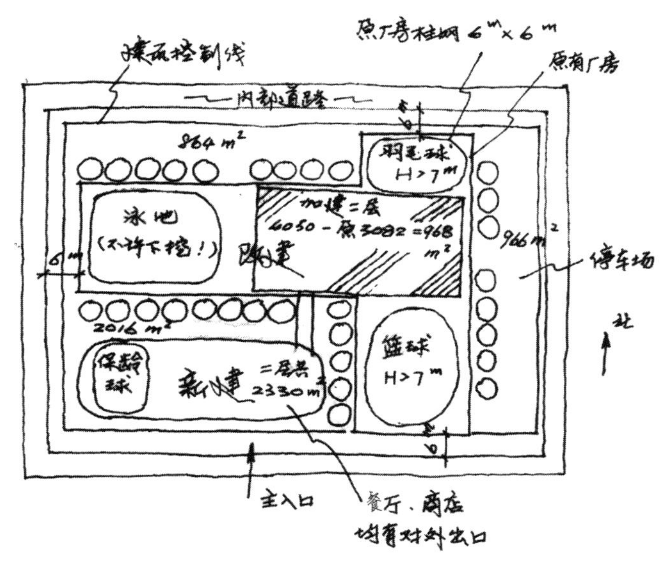

图 6-3　读题印象

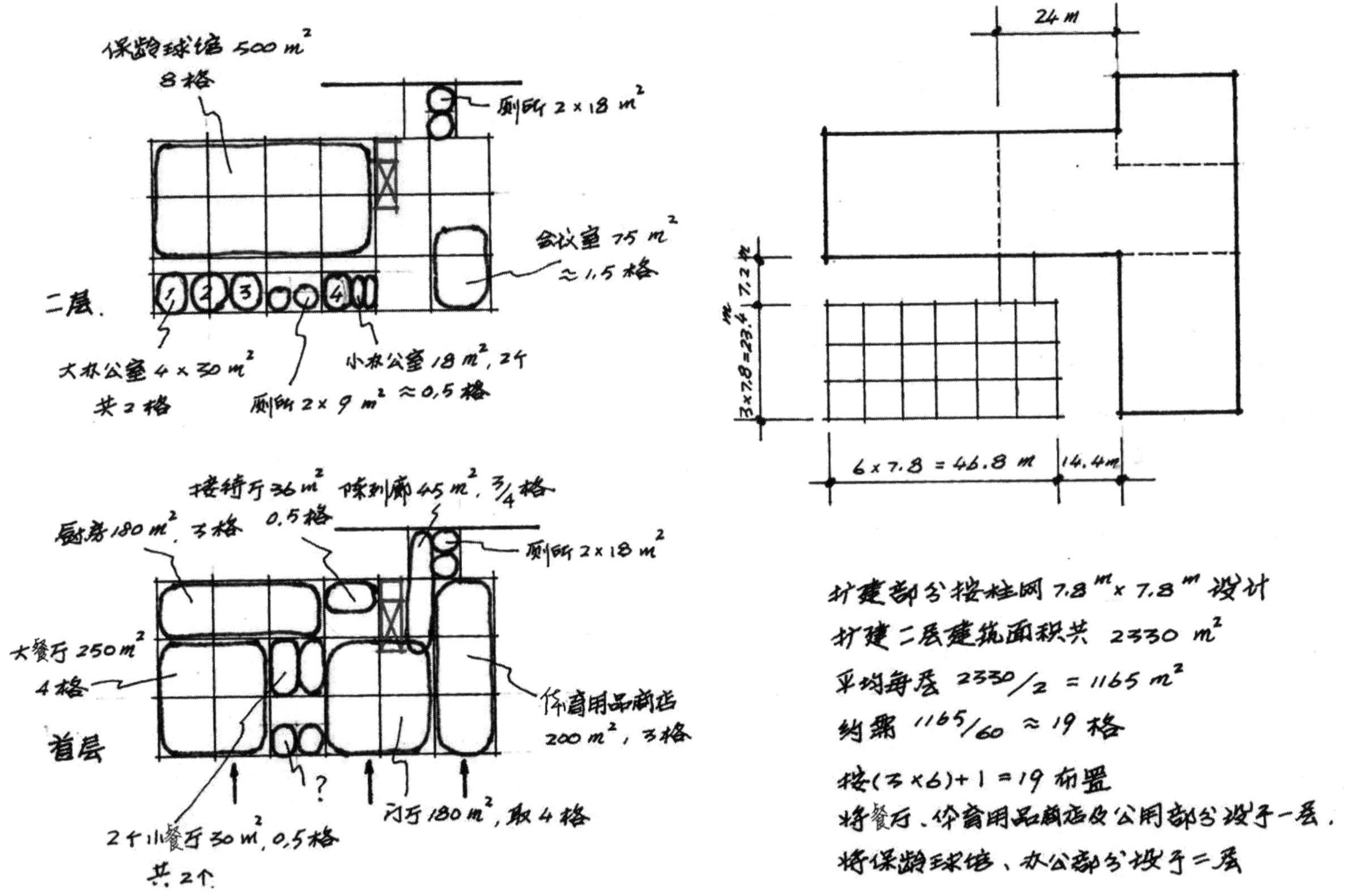

保龄球馆 500 m²
8格
厕所 2×18 m²
会议室 75 m²
≈1.5 格
二层.
大办公室 4×30 m²
共2格
厕所 2×9 m² ≈0.5 格
小办公室 18 m², 2个

接待厅 36 m²
0.5格
陈列廊 45 m², 3/4格
厨房 180 m², 3格
厕所 2×18 m²
大餐厅 250 m²
4格
体育用品商店
200 m², 3格
首层
?
门厅 180 m², 取4格
2个小餐厅 30 m², 0.5格
共2个

24 m
3×7.8=23.4 m
7.2 m
6×7.8 = 46.8 m
14.4 m

扩建部分按柱网 7.8 m × 7.8 m 设计
扩建二层建筑面积共 2330 m²
平均每层 2330/2 = 1165 m²
约需 1165/60 ≈ 19 格
按 (3×6)+1 = 19 布置
将餐厅、体育用品商店及公用部分设于一层，
将保龄球馆、办公部分设于二层

图 6-4

三、参考答案

1. 一、二层平面图（图 6-5、图 6-6）

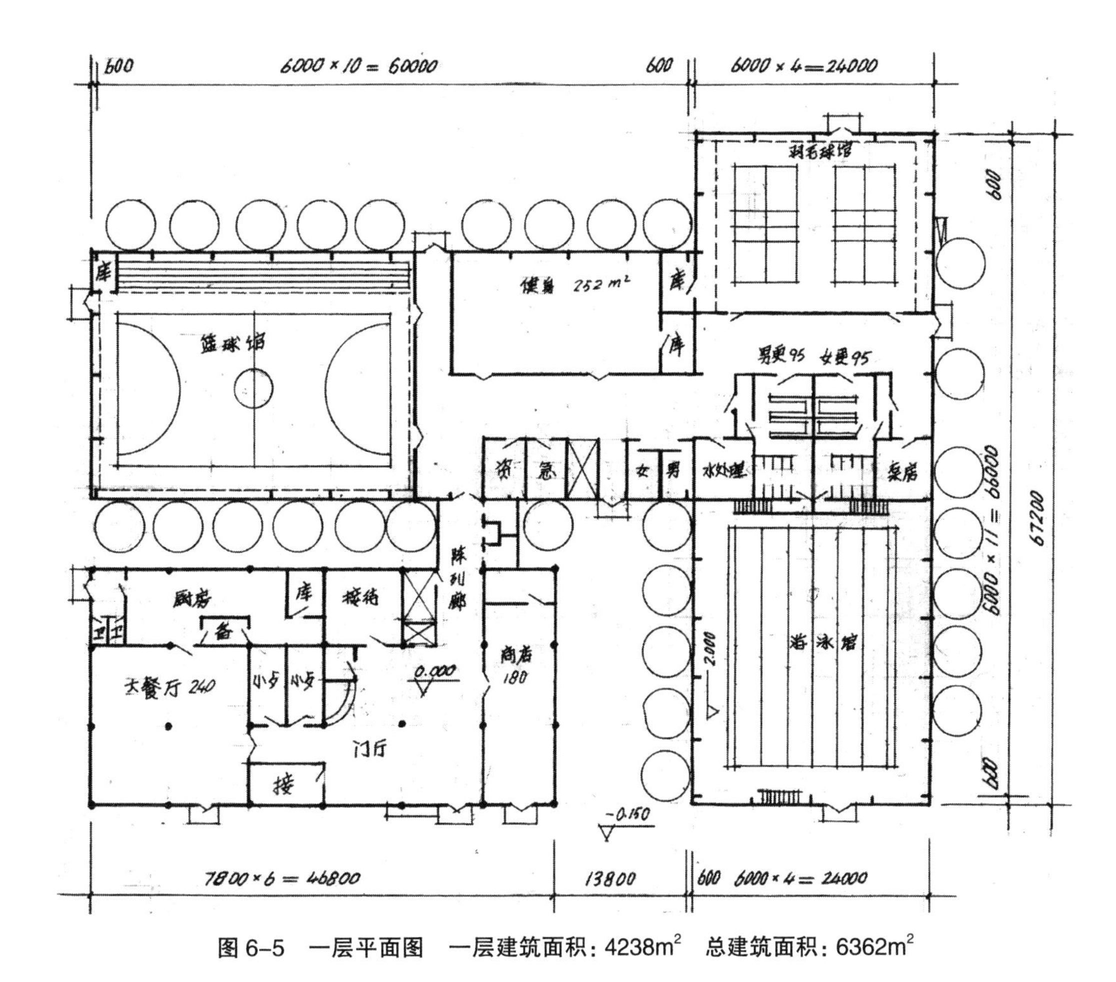

图 6-5 一层平面图 一层建筑面积：4238m² 总建筑面积：6362m²

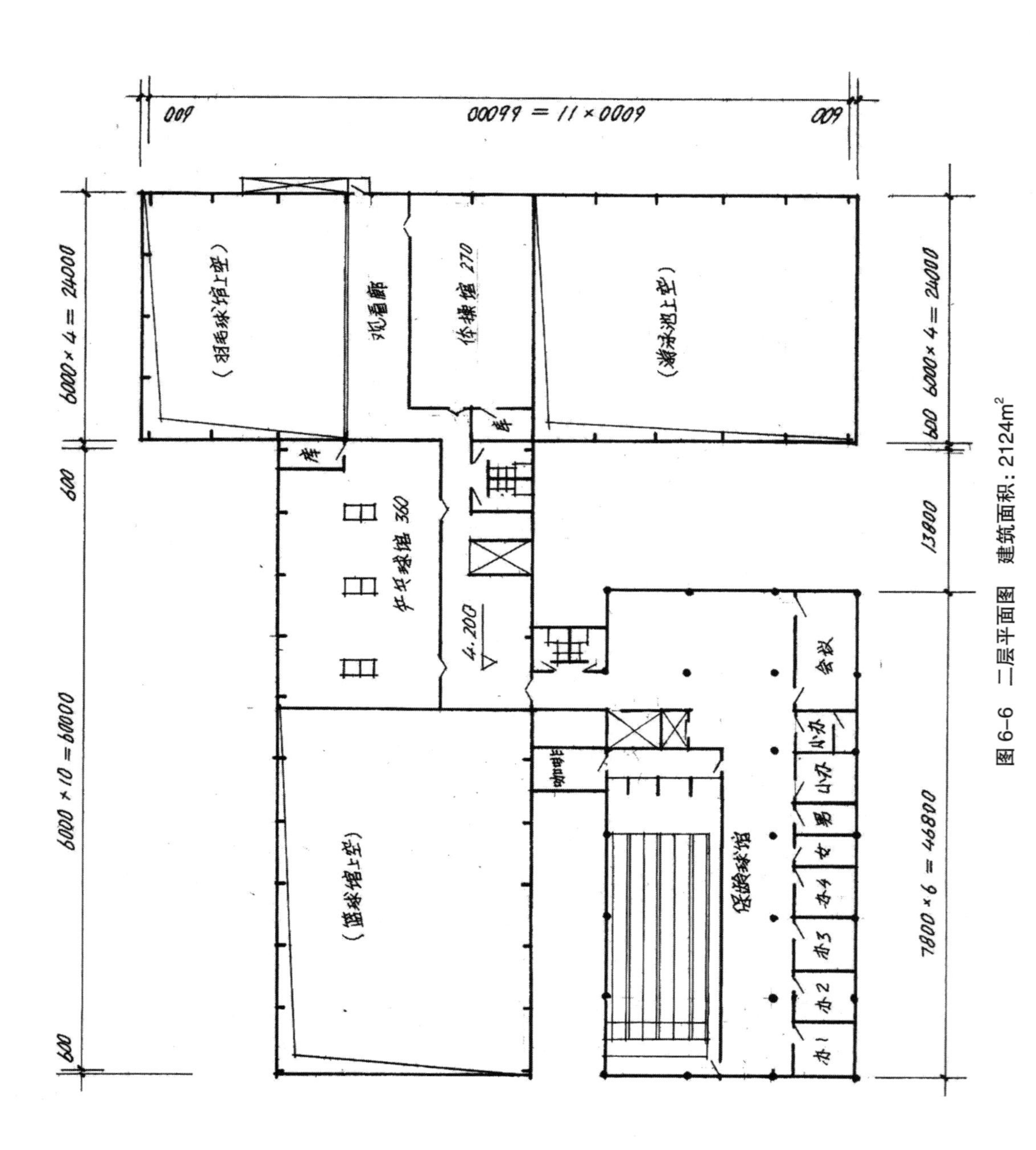

图 6-6　二层平面图　建筑面积：2124m²

2. 总平面图（图 6-7）

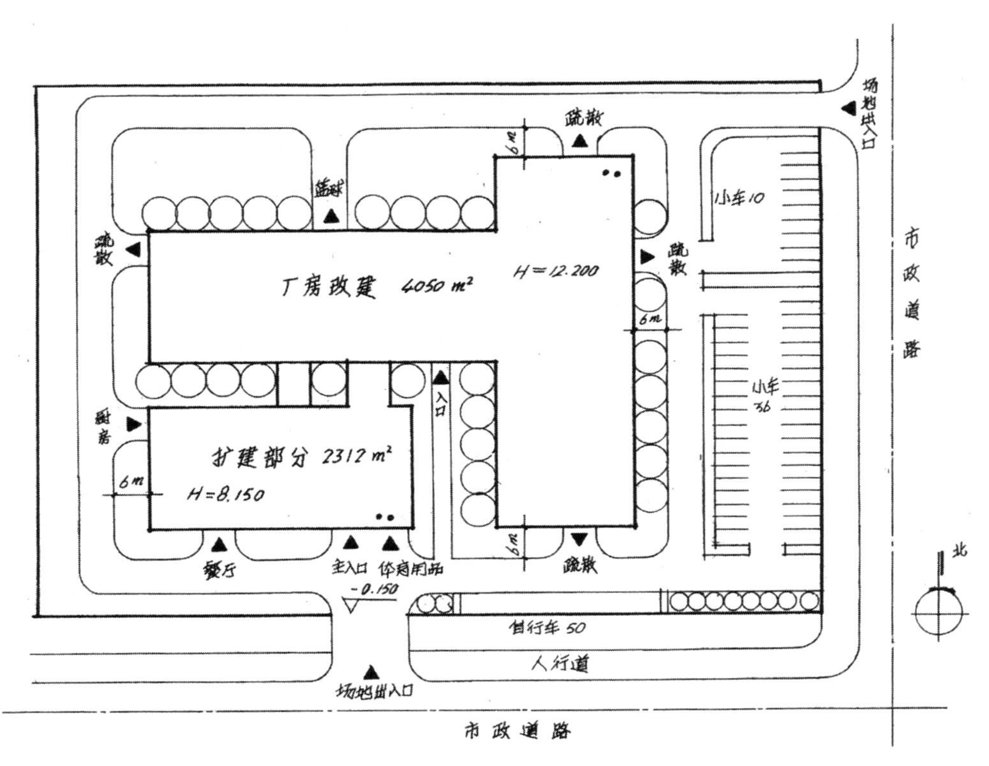

图 6-7　总平面图

四、评分标准（表 6-3）

评分标准　　表 6-3

序号	评分项	扣分值
1	超出用地范围	5 分
2	未与城市道路相连	4 分
3	道路距建筑小于 6m	2 分
4	未设主入口、商店、餐厅、厨房入口	1 分 / 处
5	砍树超过 4 棵	1 分 / 棵
6	缺篮球馆、游泳馆、体操馆、健身馆运动场，缺 1 个	35 分
7	缺羽毛球馆、乒乓球馆场地，每 1 个	20 分
8	场地数不符，每个扣	20 分
9	篮球馆、游泳馆、羽毛球馆其上或下设运动场地	25 分
10	乒乓球馆、体操馆高度不够	8 分
11	健身馆、体操馆面积不符，每个扣	4 分

续表

序号	评分项	扣分值
12	篮球馆、羽毛球馆缺看台，每处扣	2 分
13	游泳池更衣室、淋浴室未布置	6 分
14	缺大餐厅、体育用品商店，每项扣	10 分
15	保龄球馆场地不符	20 分
16	每个运动场、大餐厅、商店未设两个出口，每个扣	2 分
17	未设无障碍厕所、坡道，未设电梯，每处扣	2 分
18	走道、疏散不符合规范	2 ~ 5 分
19	缺一般性房间、未注名称	2 ~ 5 分

第七章　公路汽车客运站设计（2008 年）

一、试题要求

1. 任务描述

在我国某城市拟建一座两层的公路汽车客运站，客运站为 1000 人次 / 日，最高聚集人数 300 人，用地情况及建筑用地控制线见总平面图（图 7-1）。

2. 场地条件

地面平坦，客车进站口设于东侧中山北路，出站口架高设于北侧并与环城北路高架桥相连；北侧客车坡道、客车停车场及车辆维修区已给定；见总平面图（图 7-1）。到达站台与发车站台位置见一、二层平面图（图 7-2、图 7-3）。

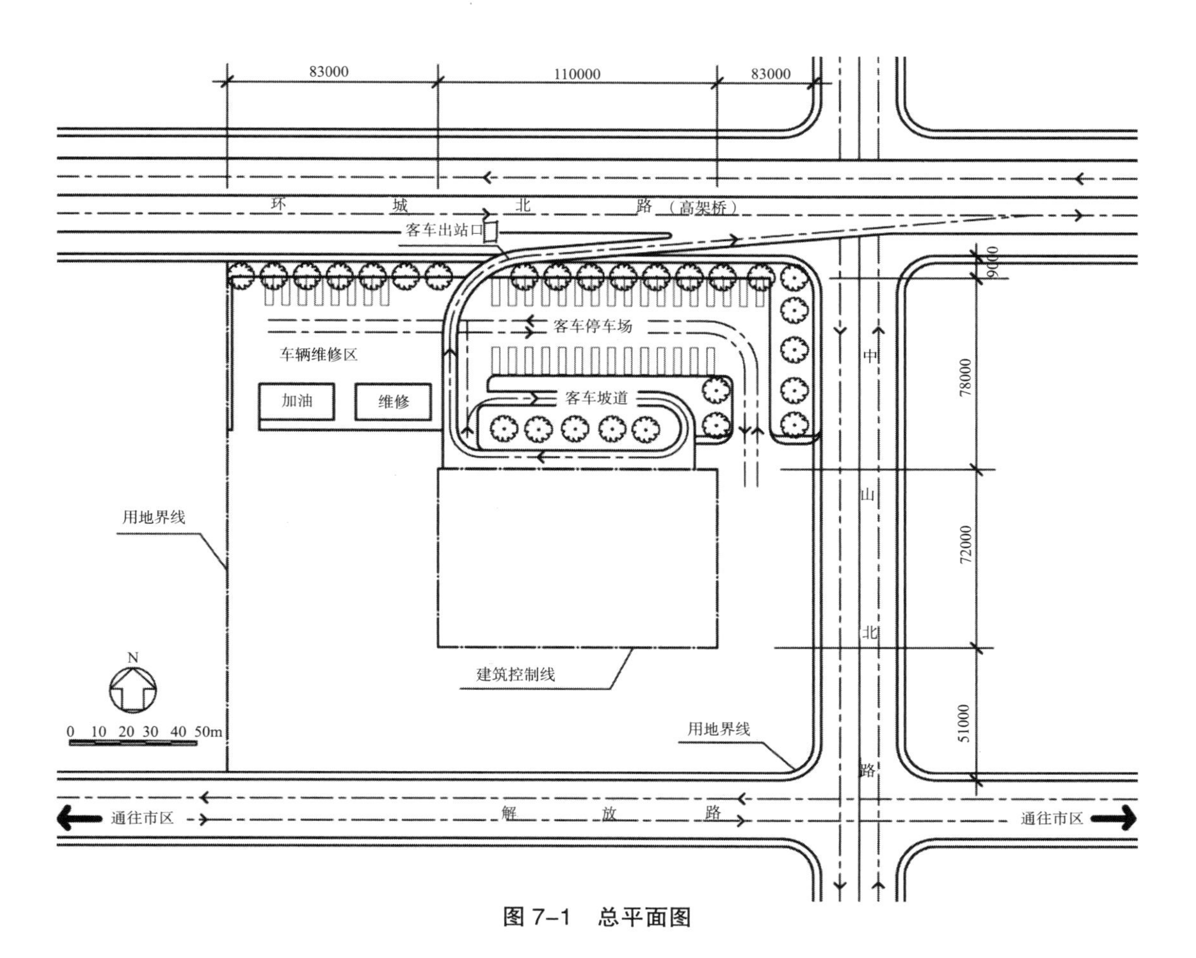

图 7-1　总平面图

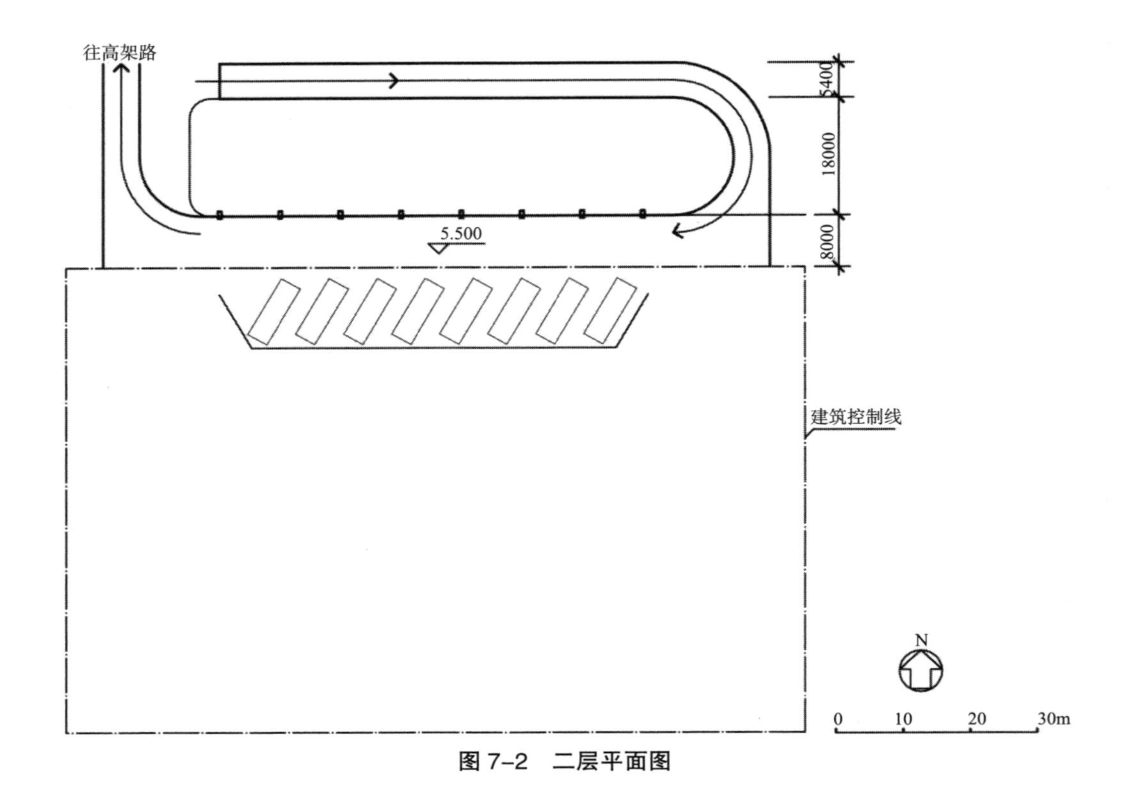

图 7-2　二层平面图

−0.300
上
5400
18000
8000
−0.050
建筑控制线
N
0
10
20
30m

图 7-3　一层平面图

3. 场地设计要求

在站前广场及东、西广场用地红线范围内布置以下内容：

（1）西侧的出租车接客停车场（停车排队线路长度≥ 150m）。

（2）西侧的社会小汽车停车场（车位≥ 26 个）。

（3）沿解放路西侧的抵达机动车下客站台（用弯入式布置，站台长度≥ 48m）。

（4）自行车停车场（面积≥ $300m^2$）。

（5）适当的绿化与景观。人车路线应顺畅，尽量减少混流与交叉。

一层用房及建筑面积表　　**表 7–1**

功能区	房间名称	建筑面积（m^2）	房间数	备注
$1400m^2$ 30%	* 进站大厅	1400	1	
售票 $135m^2$	售票室	60	1	面向进站大厅总宽度≥ 14m
	票务室	50	1	
	票据库	25	1	
对外服务站务用房 $895m^2$	* 快餐厅	300	1	
	快餐厅辅助用房	200	4	含厨房、备餐、库房、厕所
	商店	150	1	
	小件托运	40	1	其中库房 $25m^2$
	小件寄存	40	1	其中库房 $25m^2$
	问讯室	15	1	
	邮电室	15	1	
	值班室	15	1	
	公安室	40	1	其中公安办公用房 $25m^2$
	男、女厕所各 1	80	2	
内部站务用房 $620m^2$	站长室	25	1	
	* 电脑机房	75	1	
	调度室	70	1	
	* 职工餐厅	150	1	
	职工餐厅辅助用房	110	4	含厨房、备餐、库房、厕所
	司机休息室	25 × 3	3	
	站务室	25 × 3	3	
	男、女厕所各 1	40	2	
到达区 $755m^2$	* 到达站台	450	1	不含客车停靠车位面积
	验票补票室	25	1	
	出站厅	220	1	（含验票口两组）
	问讯室	20	1	
	男、女厕所各 1	40	2	

续表

功能区	房间名称	建筑面积（m^2）	房间数	备注
其他 860m^2	消防控制室	30	1	
	设备用房	80	1	
	走廊、过厅、楼梯等	750		合理、适量布置
一层建筑面积		4665m^2		

注：上列建筑面积均以轴线计，允许误差范围 ±10% 以内。

二层用房及建筑面积表 **表 7–2**

功能区	房间名称	建筑面积（m^2）	房间数	备注
候车 1490m^2	* 候车大厅	1400	1	含安检口一组及检票口两组
	* 母婴候车室及女厕所各 1	90	2	靠站台可不经检票口单独检票
对外服务站务用房 200m^2	广播室	15	1	
	问讯室	15	1	
	商店	70	1	
对外服务站务用房 200m^2	医务室	20	1	
	男、女厕所各 1	80	2	
内部站务用房 590m^2	调度	40	1	
	办公室	50 × 6	6	
	* 会议室	130	1	
	接待室	80	1	
	男、女厕所各 1	40	2	
发车区 560m^2	发车站台	450	1	不含客车停靠车位面积
	司机休息室	80	1	
	检票员室	30	1	
其他 660m^2	设备用房	40	1	
	走廊、过厅、楼梯等	620		合理、适量布置
二层建筑面积		3500m^2		

注：1. 一、二层合计总建筑面积 8165m^2；

2. 上列建筑面积均以轴线计，允许误差范围 ±10% 以内。

4. 客运站设计要求

（1）一、二层用房及建筑面积要求见表 7-1、表 7-2。

（2）一、二层主要功能关系要求如图 7-4 所示。

（3）客运站用房应分区明确，各种进出口及楼梯位置合理，使用与管理方便，采光通风良好，尽量避免暗房间。

（4）层高：一层 5.6m（进站大厅应适当提高）；二层≥ 5.6m。

（5）一层大厅应有两部自动扶梯及一部开敞楼梯直通二层候车厅。

（6）小件行李托运附近应设置一部小货梯直通二层发车站台。

（7）主体建筑采用钢筋混凝土框架结构，屋盖可采用钢结构，不考虑抗震要求。

（8）建筑面积均以轴线计，其值允许误差在规定建筑面积的 ±10% 以内。

（9）应符合有关设计规范要求，应考虑无障碍设计要求。

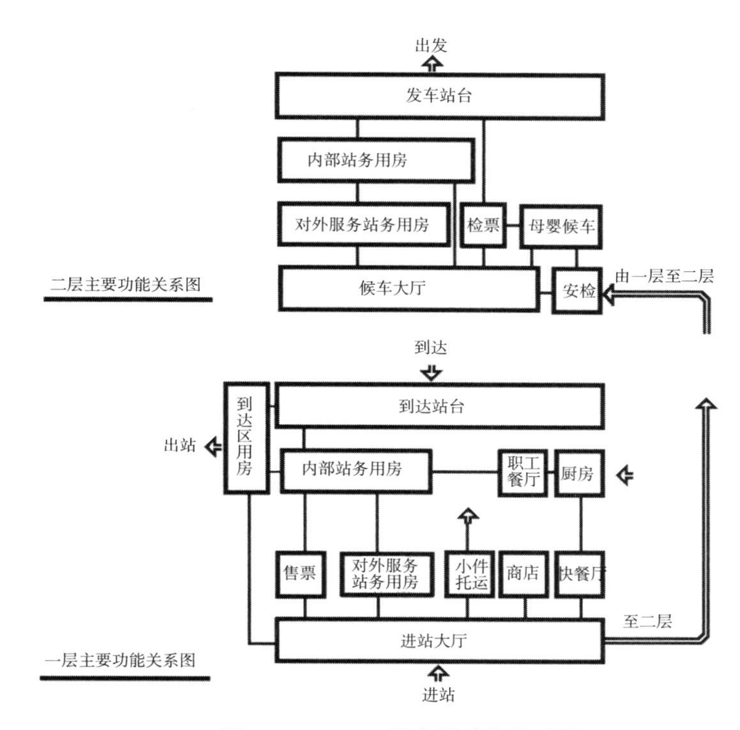

图 7-4　一、二层主要功能关系图

5. 制图要求

（1）在总平面图（图 7-1）上按设计要求绘制客运站屋顶平面；表示各通道及进出口位置；绘出各类车辆停车位置及车辆流线；适当布置绿化与景观；标注主要的室外场地相对标高。

（2）在（图 7-2、图 7-3）上分别绘制一、二层平面图，内容包括：

1）承重柱与墙体，标注轴线尺寸与总尺寸。

2）布置用房，画出门的开启方向，不用画窗；注明房间名称及带 * 号房间的轴线面积。厕所器具可徒手简单布置。

3）表示安检口一组，检票口、出站验票口各两组（图 7-5）、自动扶梯、各种楼梯、电梯、小货梯及二层候车座席（座宽 500mm，座位数≥ 400 座）。

4）在（图 7-2、图 7-3）左下角填写一、二层建筑面积及总建筑面积。

5）标出地面、楼面及站台的相对标高。

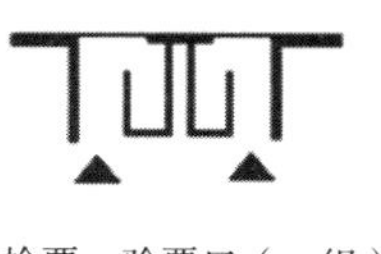

图 7-5　图例

二、设计分析

1. 选 7.8m × 7.8m ≈ 60m² 柱网。

2. 首先确定建筑用地控制线内每边可容纳的最多柱距：

东西向 110/7.8 ≈ 14；

南北向 60/7.8 ≈ 7；

对应面积 14 × 7 × 60=5880m²；

一层设计面积 4665m²；

需挖除天井面积：5880−4665=1215m²；

即需挖去 1215/60 ≈ 20 格。

3. 确定天井位置

（1）天井挖除按 4m × 5m 考虑。缺点：东西向所留过宽（＞ 24m），影响采光。

（2）将天井一分为二。缺点：与进站大厅矛盾，且天井之间所留间距仍宽。

（3）将每个天井各减少 4 格，与之相应纵向减少一列，并将天井横置（图 7-6）。

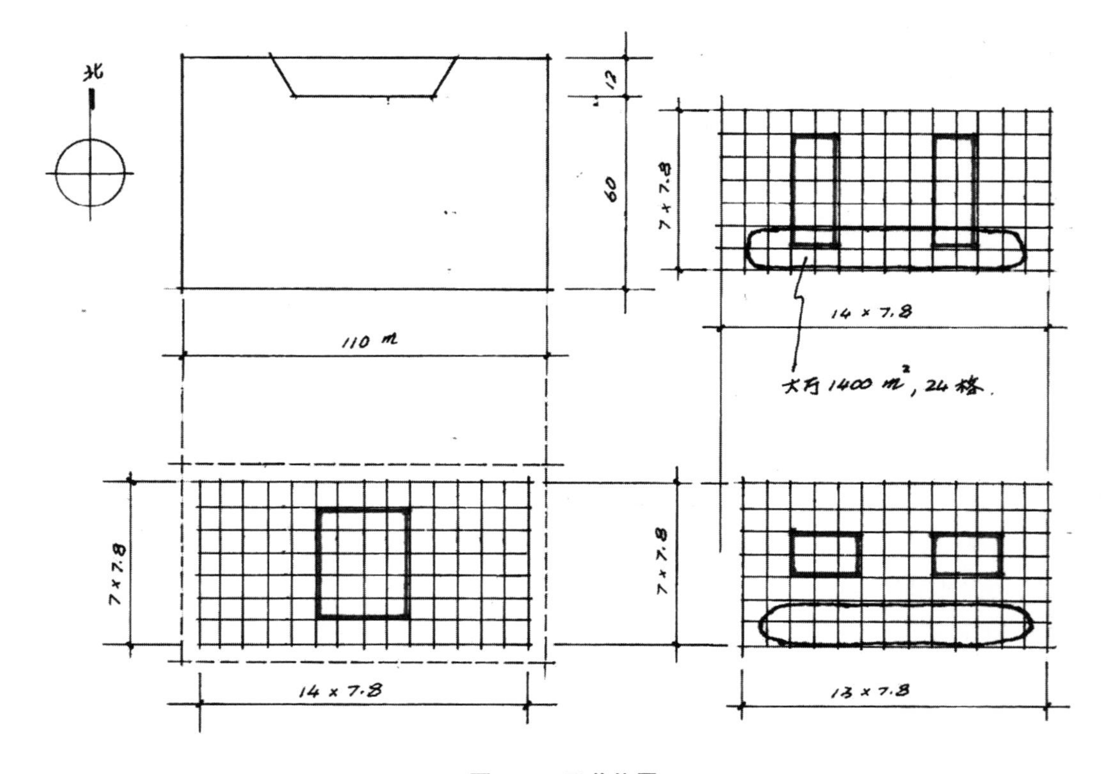

图 7–6　天井位置

4. 绘制小草图（图 7-7）

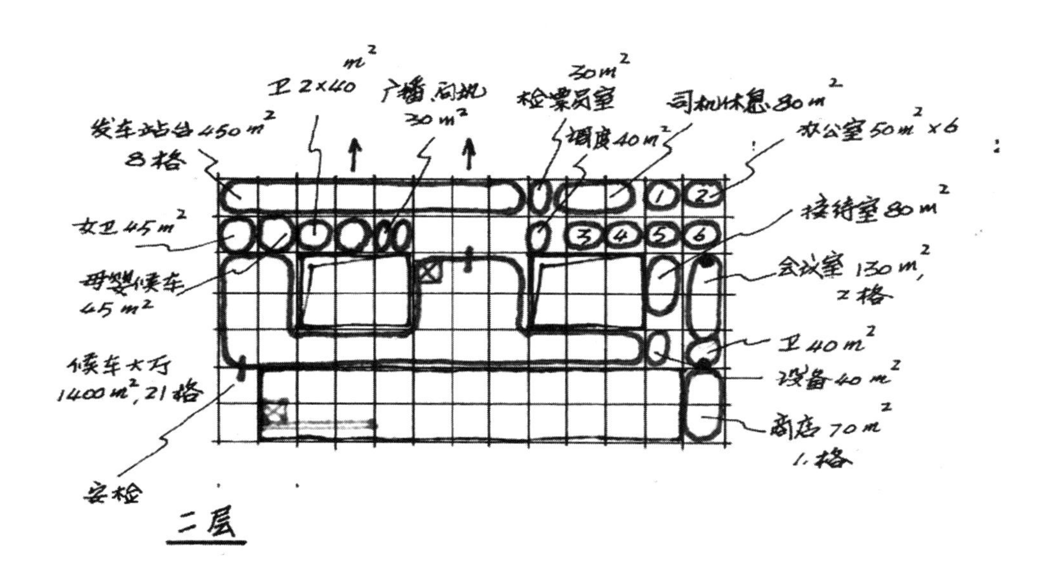

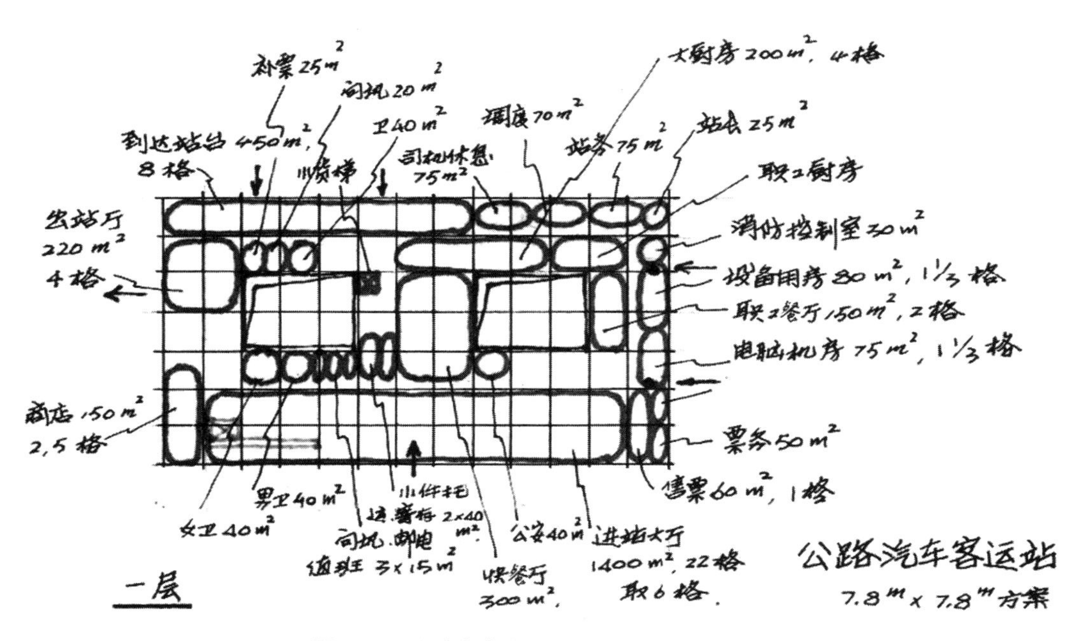

图 7-7　公路汽车客运站方案设计小草图

三、参考答案

1. 绘制大草图（图 7-8、图 7-9）

与小草图相比，绘制大草图有更多需要注意的细节。比如：房间设置齐全，楼梯、电梯定位准确，内外分区明晰，交通组织流畅。

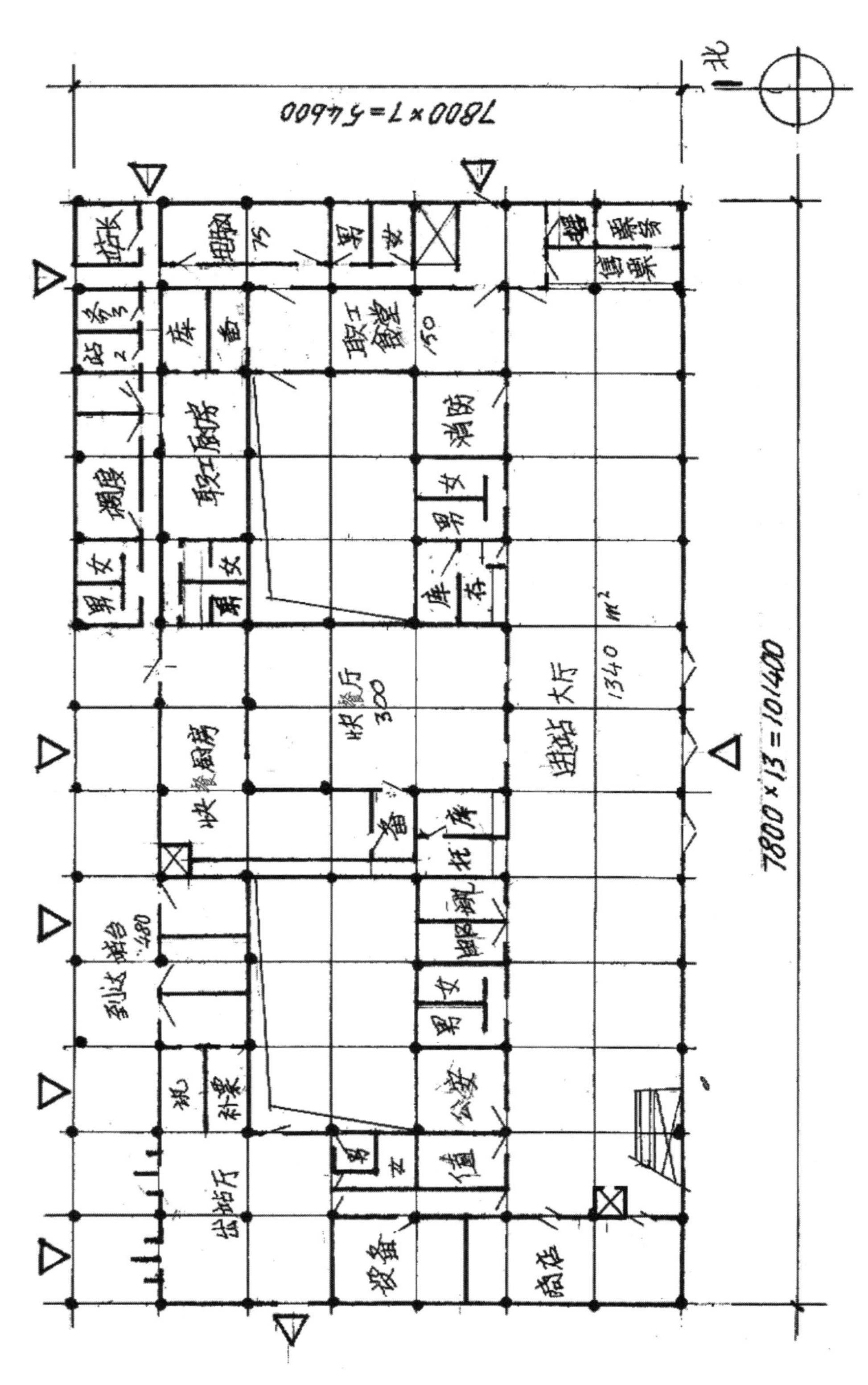
7800×7=54600
7800×13=101400
北
进站大厅
1340
快餐厅
300
快餐厨房
职工厨房
职工餐厅
消防
出站厅
设备
商店
男
女

图7-8　一层平面图

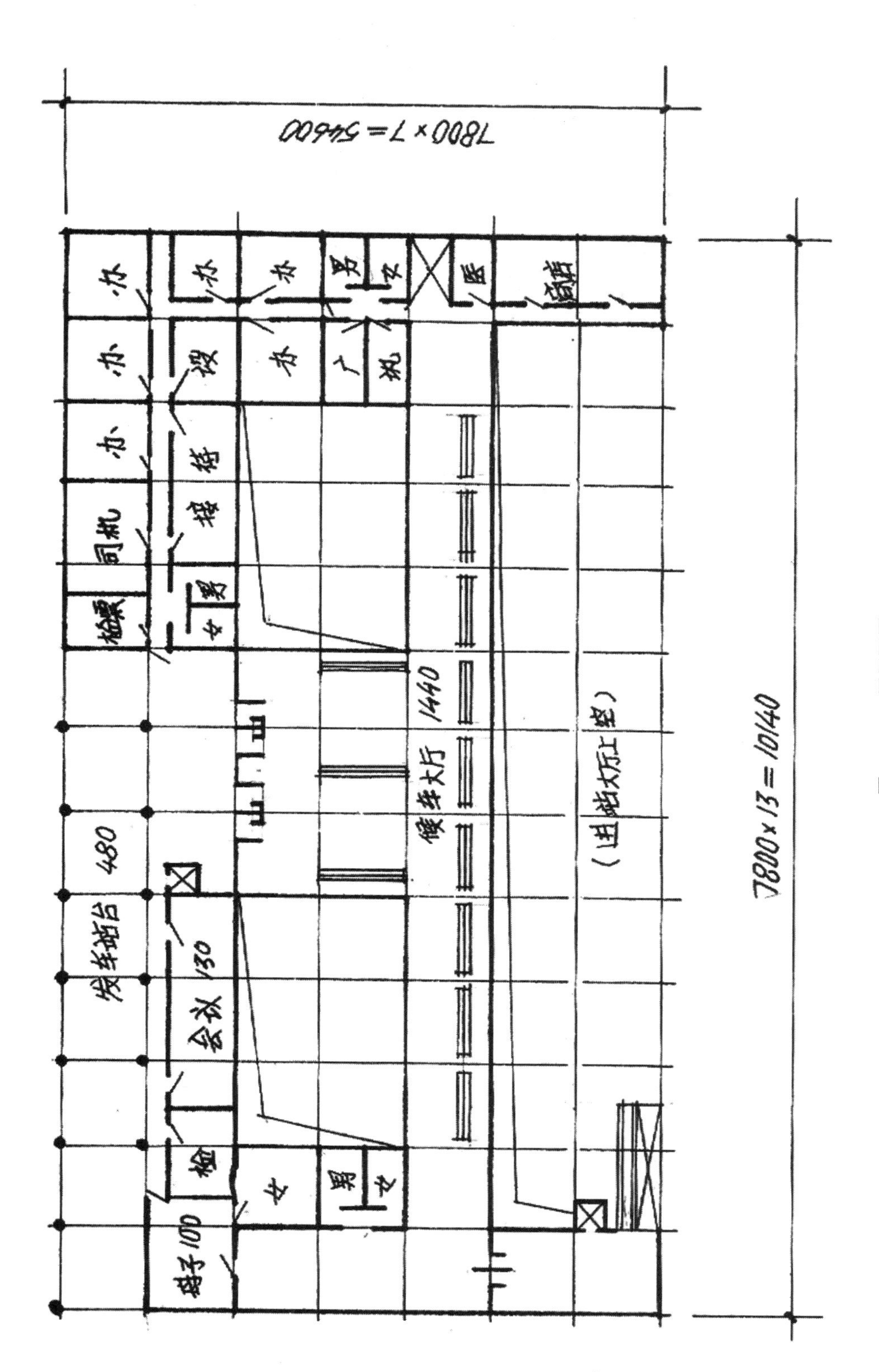
7800×7=54600
7800×13=101400
办
司机
发车站台 480
会议 130
候车大厅 1440
（进站大厅上空）
男
女
医
检

图 7-9　二层平面图

2. 总平面图（图 7-10）

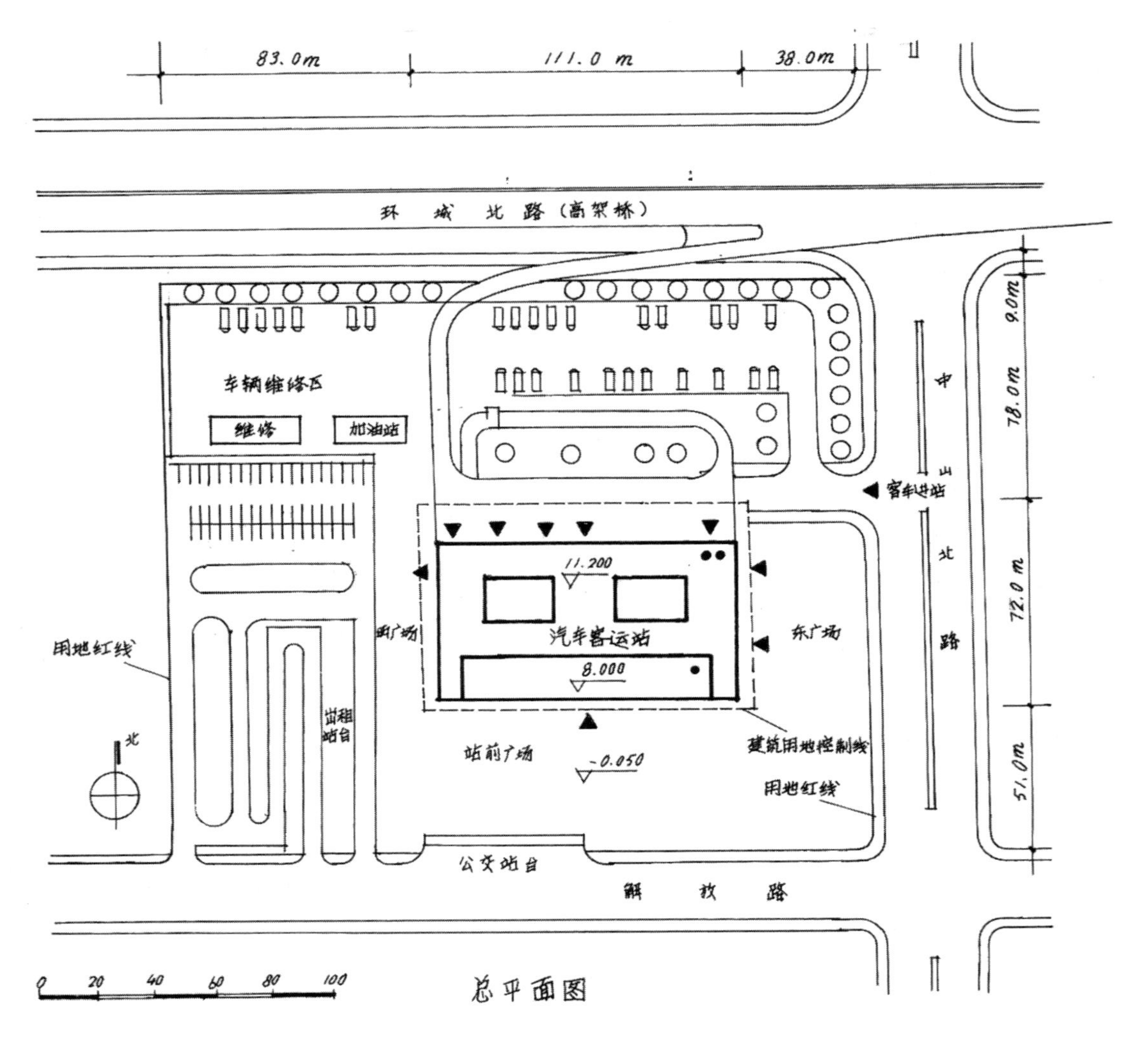

图 7-10 总平面图

四、评分标准（表 7–3）

评分标准　　表 7–3

序号	评分项	扣分值
1	超地界	10 分
2	总图与单体不符、未设停车场、未设出租车位 出入口距道路交叉口小于 70m	5 分
3	未表示各通道及进出口位置	3 分
4	内外未分区、交通交叉、功能混乱	3 ~ 10 分
5	进站厅与出站厅及内部用房不连通	2 ~ 4 分
6	未设后勤出口及通向二层的楼梯	2 ~ 4 分
7	缺售票厅、缺餐厅、疏散不满足、未设两部楼梯	各扣 4 分
8	缺一般房间、黑房间	1 ~ 2 分 / 间
9	售票室宽度小于 14m，购票空间太小	1 分
10	进、出站大厅面积有误	1 分 / 每 $200m^2$
11	安检口前排队长度小于 10m	1 分 / 每 3m
12	总图台阶出红线、轴线与地界重合	不扣分
13	未设绿化	1 分
14	未设无障碍电梯	3 分
15	母婴候车室未设单独检票、未设卫生间	2 分
16	结构未布置柱网	2 ~ 3 分
17	名称、标高、面积未注，轴线未注	2 ~ 5 分
18	徒手、单线画图、画面不清	1 ~ 5 分

第八章　中国驻某国大使馆设计（2009 年）

一、试题要求

1. 任务描述

我国拟在北半球某国修建一座大使馆，当地气候类似于我国华东地区。建筑层数为 2 层。用地情况及建筑控制线见总平面图（图 8-1）。

2. 场地条件

用地南侧为城市干道，东侧为次干道，北侧为城市绿地，西侧为相邻使馆用地。建筑用地范围 90m × 70m，内有保留大树 1 棵，位置见总平面图（图 8-1）。

3. 场地设计要求

（1）主入口开向南侧城市干道，签证入口开向东侧次干道。主入口处设警卫室和安检室各 15（3 × 5）m^2，附近设 20 个小汽车停车位（可分散布置）；签证入口处设警卫兼安检室 1 个 15（3 × 5）m^2。

（2）接待、签证、办公、大使官邸、办公区厨房应有独立的出入口，各入口之间又宜有联系。签证入口前设室外活动场地面积 200 ~ 350m^2，并与其他区域用活动铁栅分隔。

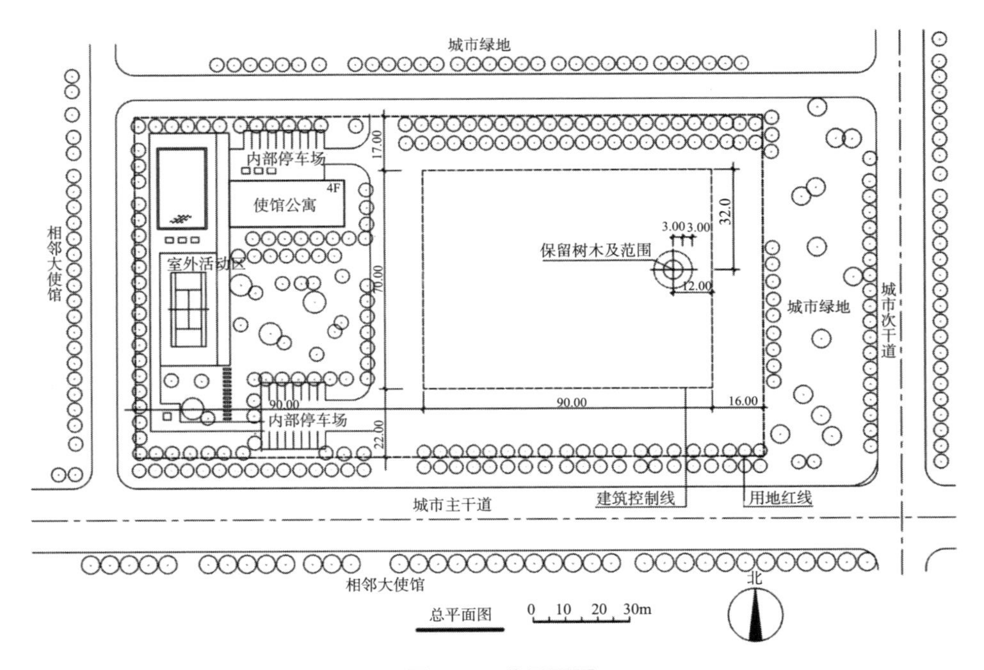

图 8-1　总平面图

4. 建筑设计要求

（1）建筑功能关系见图 8-2，图中双线表示紧密联系。

（2）大使馆分为接待、签证、办公及大使官邸四个区域，各区域均应设单独出入口，每区域内使用相对独立但内部又有一定联系。

（3）办公区厨房有单独出入口，应隐蔽方便。

（4）采用框架—剪力墙结构体系，结构应合理。

（5）签证、办公及大使官邸三个区域层高 3.9m，接待区门厅、多功能厅、接待室、会议室层高≥ 5m，其余用房层高为 3.9m 或 5m。

（6）除备餐、库房、厨房内的更衣室及卫生间、服务间、档案室、机要室外，其余用房应为直接采光。一、二层用房及建筑面积要求分别见表 8-1、表 8-2。

5. 制图要求

（1）总图要求表示道路、绿地、停车场，并标出与道路连接的出入口。

（2）绘制一层及二层平面图，应表达：

1）承重柱与墙体，标注轴线尺寸与总尺寸。

2）布置房间，表示门的位置，不必画窗；标注房间名称及带 * 号房间的轴线面积，标注每层的建筑面积。

（3）主要线条用尺规绘制，卫生洁具等可徒手绘制。布置用房，画出门的开启方向，不用画窗；注明房间名称及带 * 号房间的轴线面积。

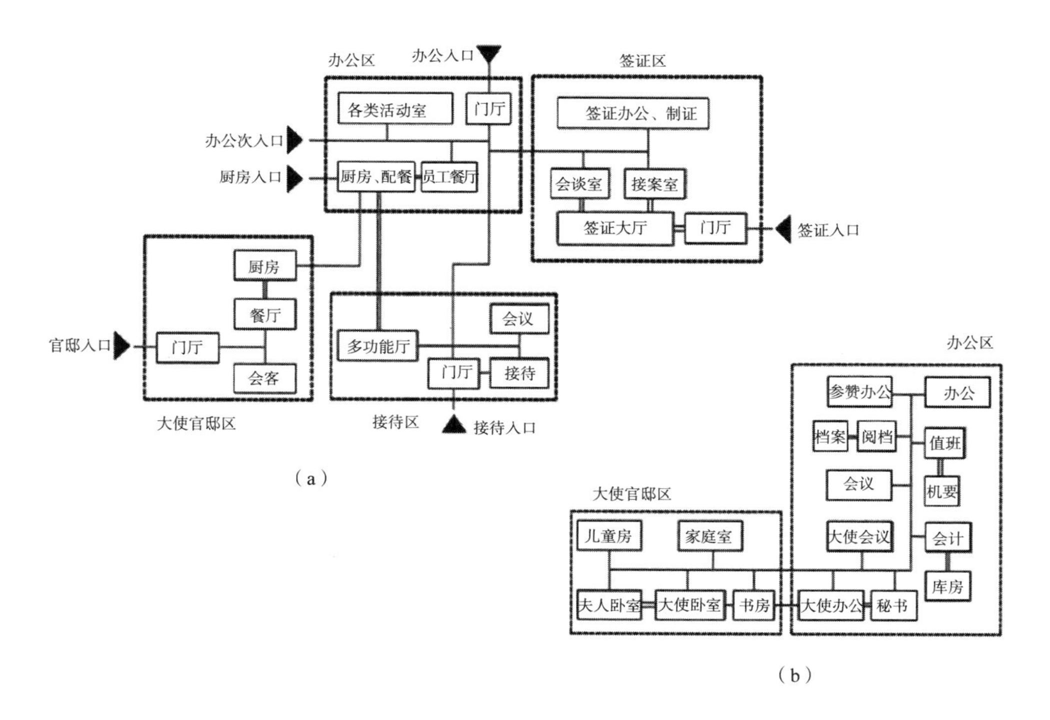

图 8–2　功能关系图

（a）使馆一层主要功能关系图；（b）使馆二层主要功能关系图

一层房间功能及要求　　表 8-1

功能区	房间名称	建筑面积（%）	房间数	备注
接待区 887m²	* 门厅	150	1	
	* 多功能厅	240	1	兼作宴会厅
	休息室	80	1	
	* 接待室	145	1	
	会议室	120	1	
	卫生间	2 × 40	男女各 1	应考虑残疾人厕位
	衣帽间	48	1	
	值班和服务	2 × 12	2	值班、服务各一间
	小计	887		
办公区 785m²	门厅	25	1	
	门卫	16	1	
	会客	24	1	
	活动室（健身、跳操、乒乓球、桌球、棋牌、图书）	6 × 48=228	6	
	职工餐厅	90	1	
	卫生间	2 × 24	2	男、女各一间
	大厨房	150	1	含男、女更衣各 16m²
	备餐间两个	2 × 60	2	职工餐厅和多功能厅各设一间备餐
	配电间	24	1	
签证区 476m²	门厅	80	1	进入大厅须经过安检
	* 签证厅	220（含接待台 60）	1	接待台长度≥ 10m
	卫生间（签证人员用）	2 × 8	2	
	制证办公	2 × 16	2	
	会谈室	2 × 16	2	
	签证办公室	4 × 16	4	
	保安室	16	1	
	库房	16	1	
官邸区 262m²	门厅	50	1	
	会客室	60	1	
	值班室	12	1	
	衣帽间	7	1	
	厨房	27	1	
	餐厅	55	1	
	客房	35	1	带卫生间
	卫生间	16	1	
以上面积合计：2410m²				
建面 23% 走廊、楼梯等面积：740m²				
一层建筑面积：3150m²				
允许一层建筑面积（误差 ± 10% 以内）2835 ~ 3465m²				

二层房间功能及要求　　表 8-2

功能区	房间名称	建筑面积（%）	房间数	备注
官邸区 260m²	* 大使卧室	70	1	均带卫生间
	夫人卧室	54	1	
	儿童卧室	40	1	
	家庭室	40	1	
	书房	28	1	
	储藏间	28	1	
办公区 907m²	大使办公室	56	1	
	* 大使会议室	75	1	
	普通会议室	80	1	
	秘书室	20	1	
	参赞办公室	3 × 48=144	3	
	普通办公室	8 × 24=192	8	
	机要室	140	4	其中机要室 3 间共 116m²，值班室 1 间 24m²
	档案室	80	2	含 32m² 阅档室
	财务室	72	2	含 27m² 库房
	卫生间	2 × 24	2	男、女各一间
以上面积合计：1167m²				
建面 24%　走廊、楼梯等面积：383m²				
二层建筑面积总计：1550m²				
允许二层面积（误差 ±10% 以内）：1395 ~ 1705m²				

二、设计分析

本题场地较大，除去保留树木外，尚余 72m × 70m。处理方法可有两种选择：

（1）将各个功能分区设计在一起，首先将余地用足：70/7.8=8.97 取 8 格，另一侧 72m，暂且一样也取 8，则 8 × 8 × 7.8 × 8.85−3150=744m²。

挖天井面积：744/60=12.4m²，为使平面规整，取 16 格，小草图绘制结果如图 8-3 所示。

（2）按分散式设计考虑

将二层的办公区和官邸区设计成一体，将一层的接待区和签证区各设计成一个单体，相互之间以廊连接。

①面积分析

根据考题一、二层用房面积及一、二层交通面积占建筑面积的比例，得出表 8-3：

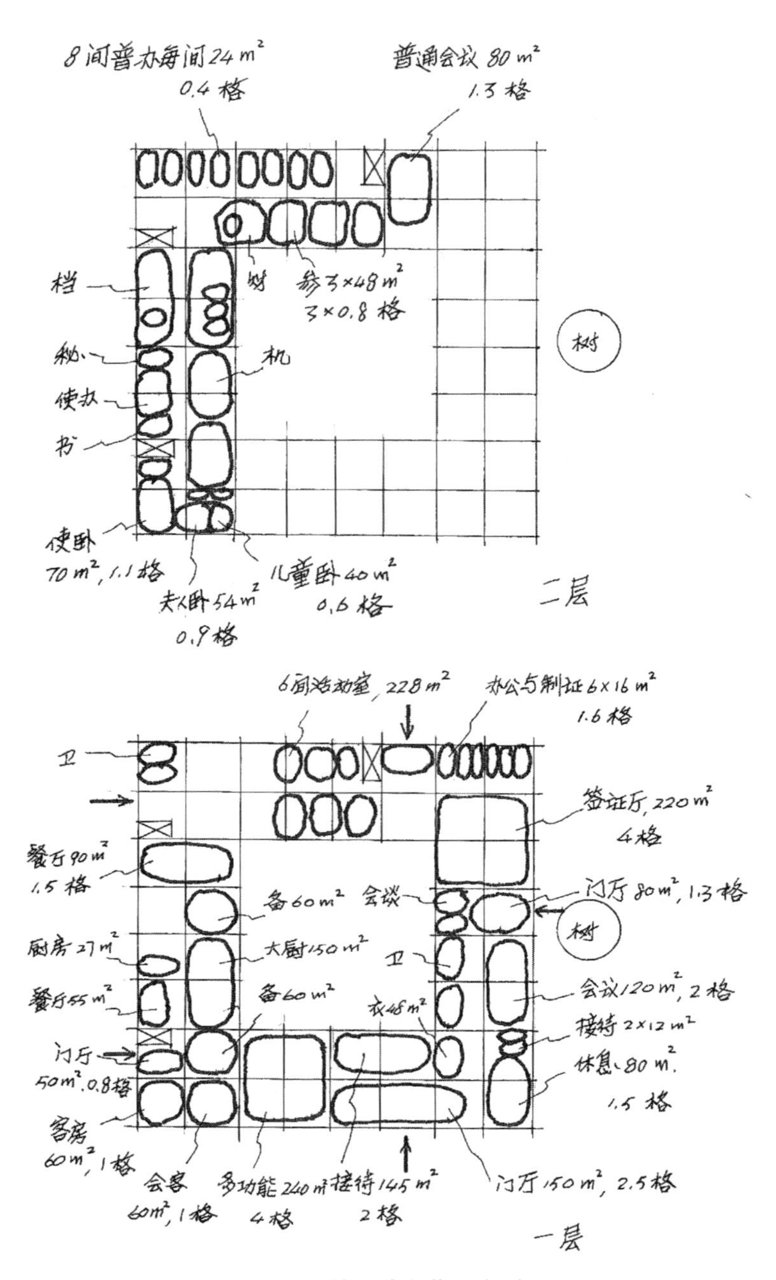

图 8–3　大使馆设计小草图（1）

各区域面积设置　　表 8–3

	一层（m^2）	二层（m^2）
办公区	785	907
官邸区	262	260
走廊、楼梯	325	385
总计	1372	1552

$$平均面积=\frac{1372+1552}{2}=1462\mathrm{m}^2。$$

②柱网分析

选 7.8m × 7.8m 柱网（≈ 60m²），所需柱网格数：1462/60 ≈ 24 格，取 25 格，中间挖 1 格作天井采光（图 8-4）。

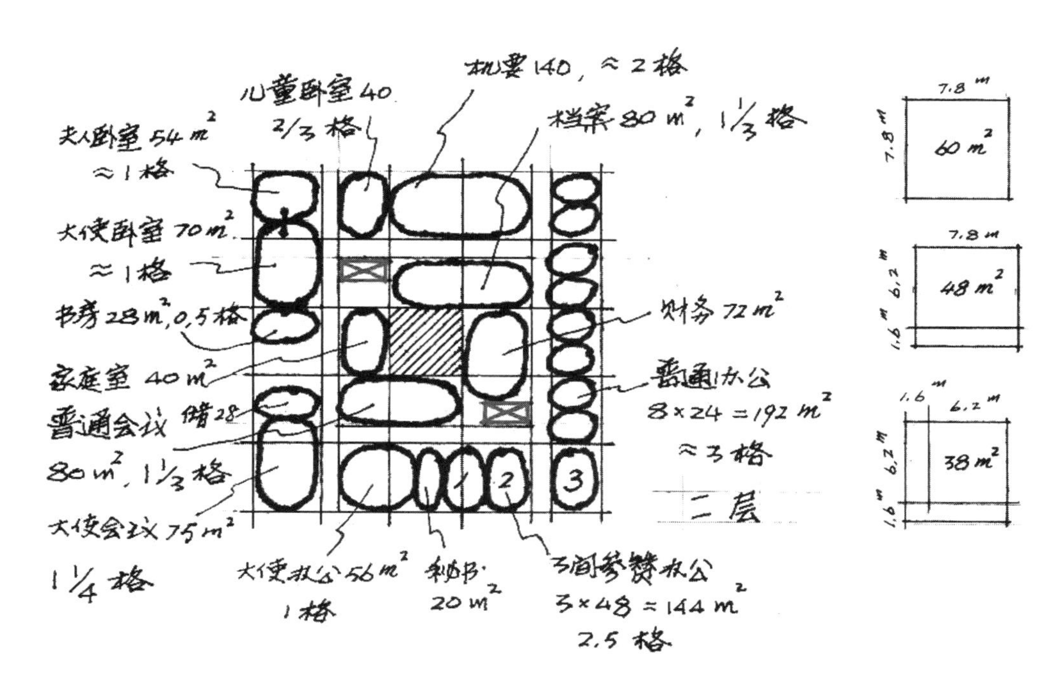

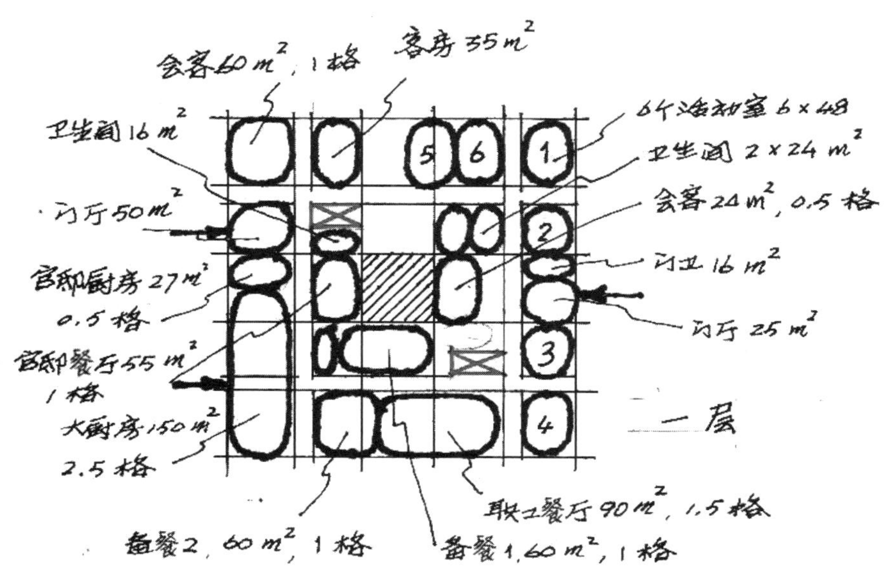

图 8-4　大使馆设计小草图（2）

③将使馆接待区和签证区各设计成单个建筑

在一层房间功能表中，四个功能区的建筑面积 2410m^2，走廊楼梯 740m^2，走廊面积占建筑面积的百分比：740m^2/2410=0.31。应该说明，这只是一种近似的方法。走廊面积占总建筑面积的比例越小，方法的准确度越高。

接待区：

887 × 1.3/60=19.2 取 20 格，绘制小草图如图 8-5 所示。

签证区：

476 × 1.3/60=10.3，取 10 格（2 × 5），不如取 9 格形成方形，绘制小草图如图 8-6 所示。

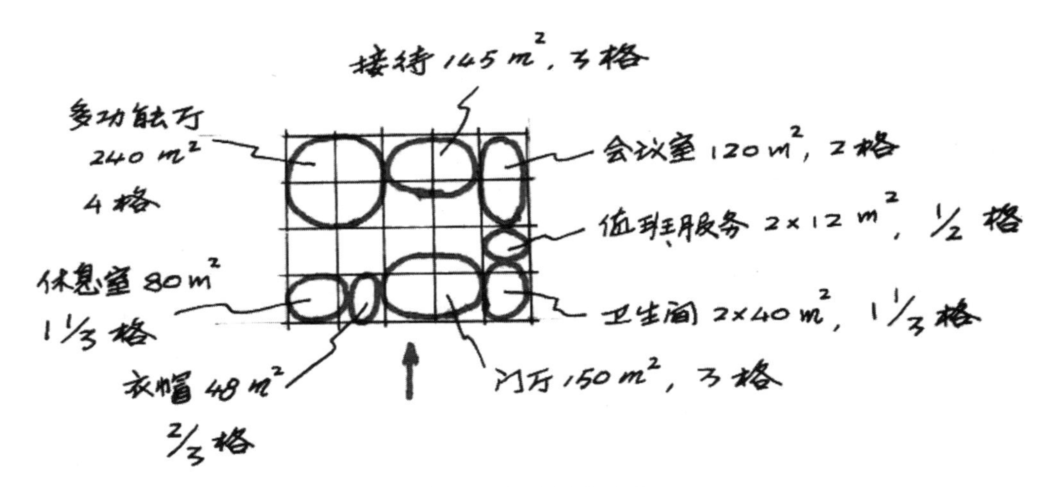

图 8–5　接待区小草图

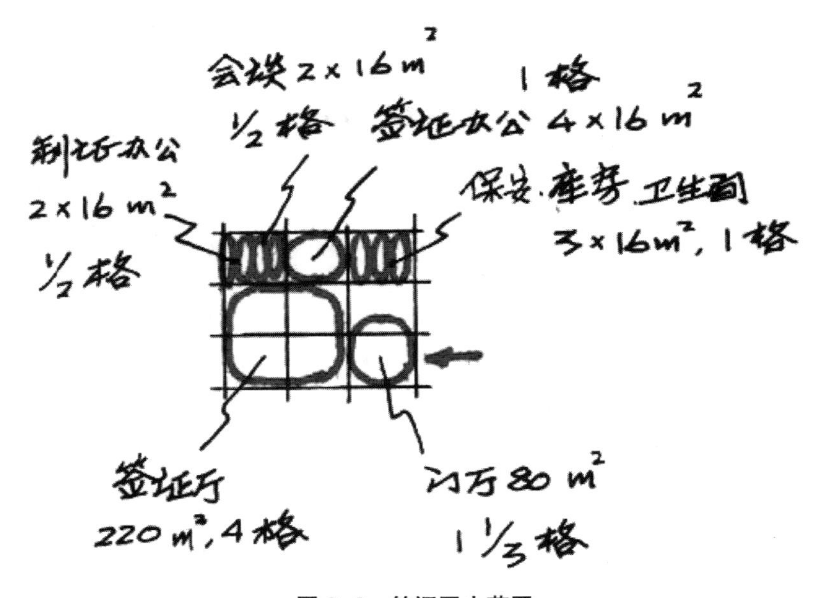

图 8–6　签证区小草图

④ 按小草图所绘设计参考图（图 8-7 ~图 8-9）

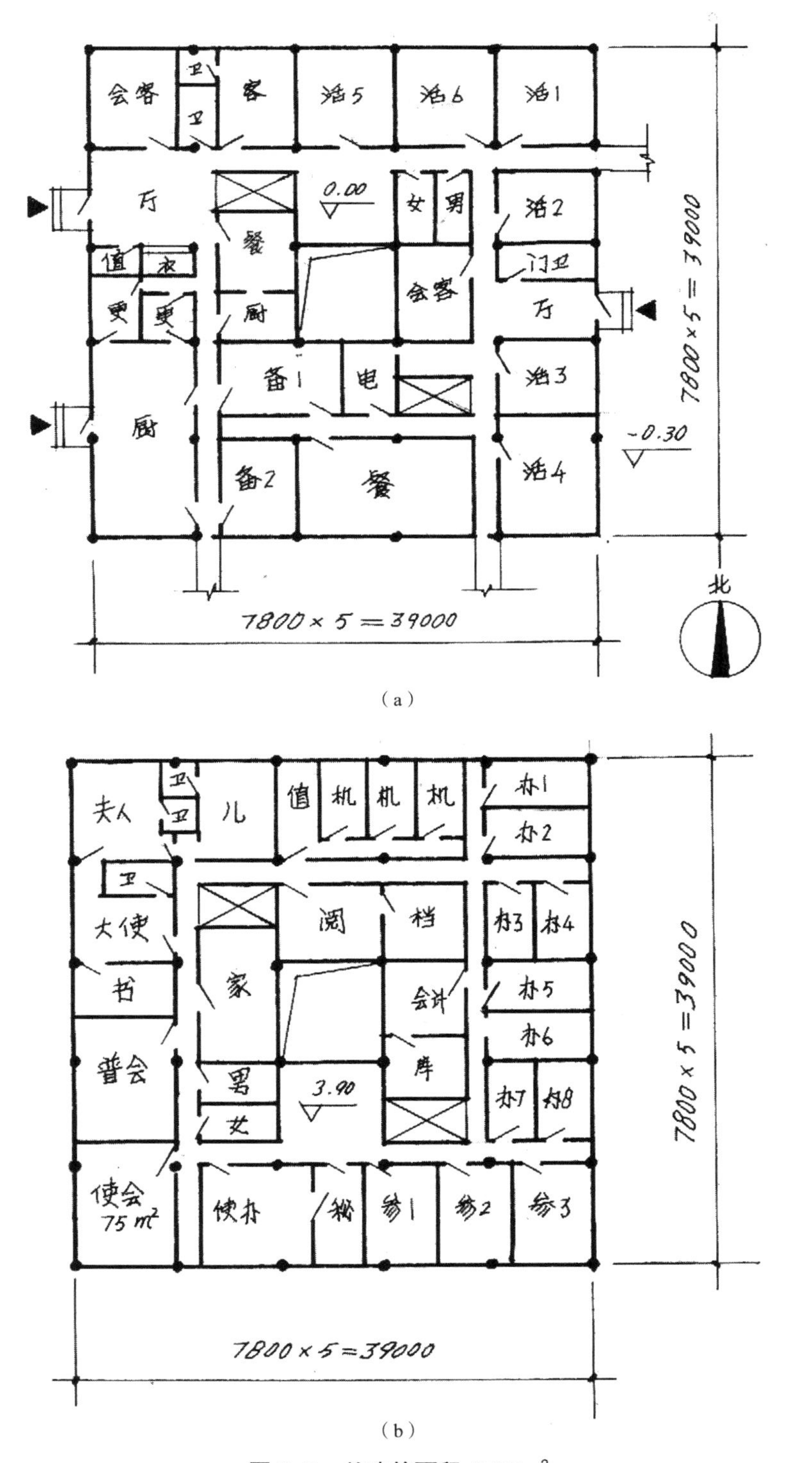

（a）

（b）

图 8-7 总建筑面积 4563m²

（a）办公、官邸一层平面 1460m²；（b）办公、官邸二层平面 1460m²

⑤总平面组合图（图 8-10）

接待区小草图原设计为 4 × 5 柱网，但在总平面组合中将在南北方向超出建筑控制线，遂将其改为 3 × 6 柱网，可以解决上述矛盾。

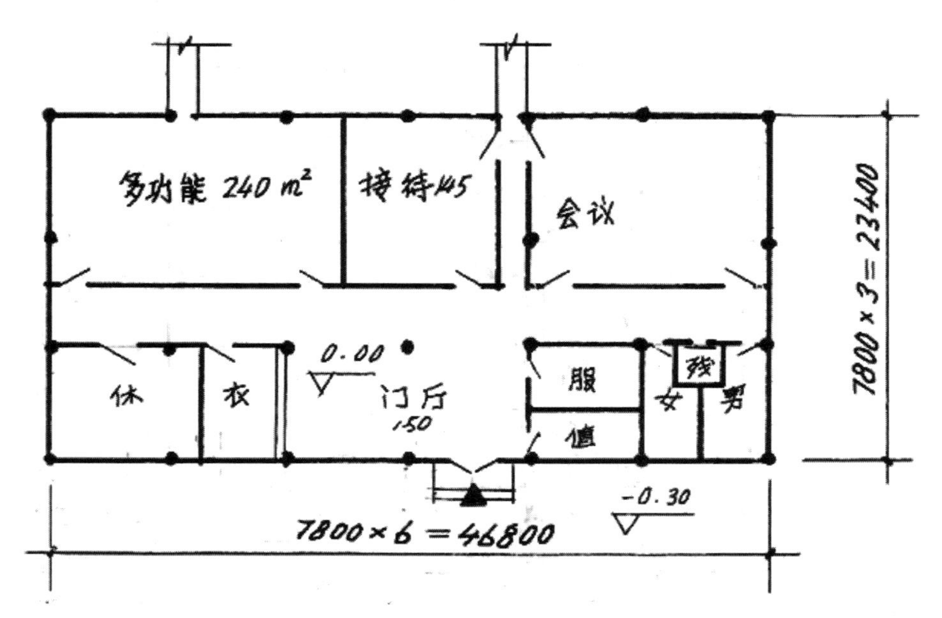

图 8-8　接待厅平面图　1095m²

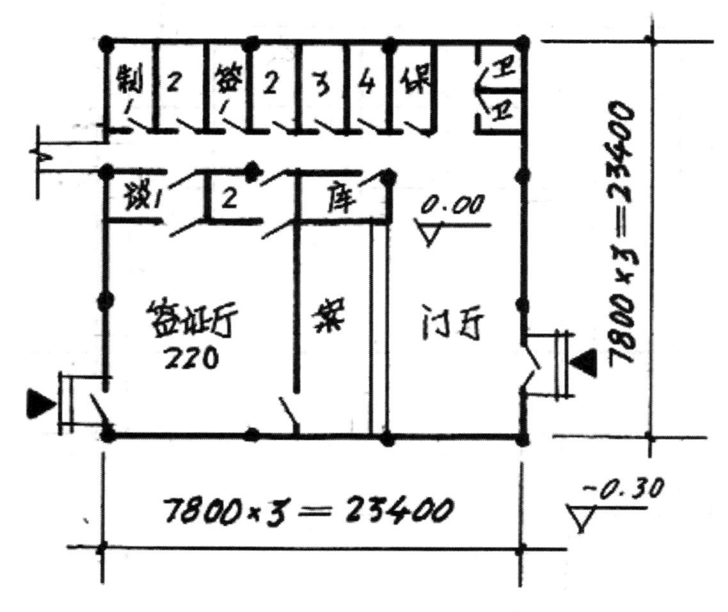

图 8-9　签证区平面　548m²

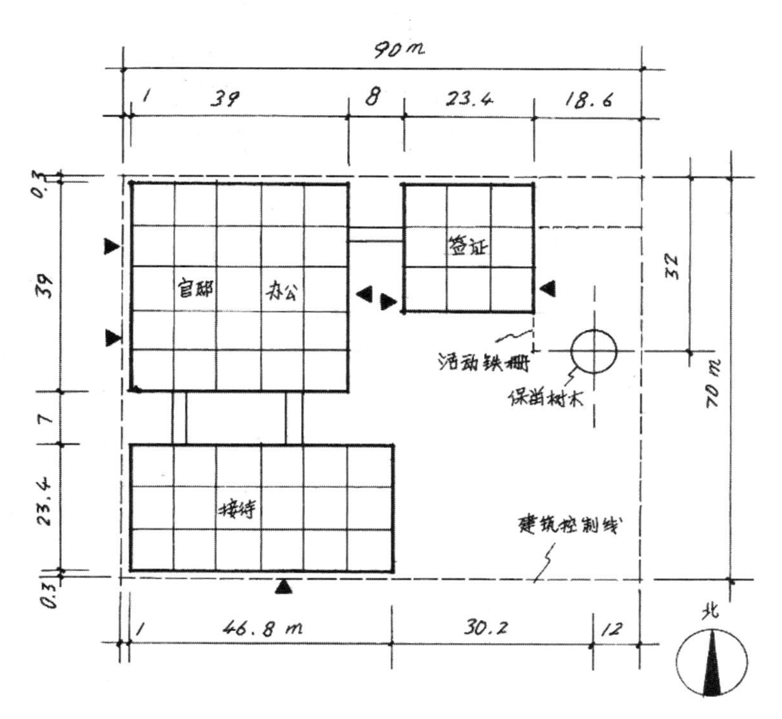

图 8-10　总平面组合图

⑥总平面图（图 8-11）

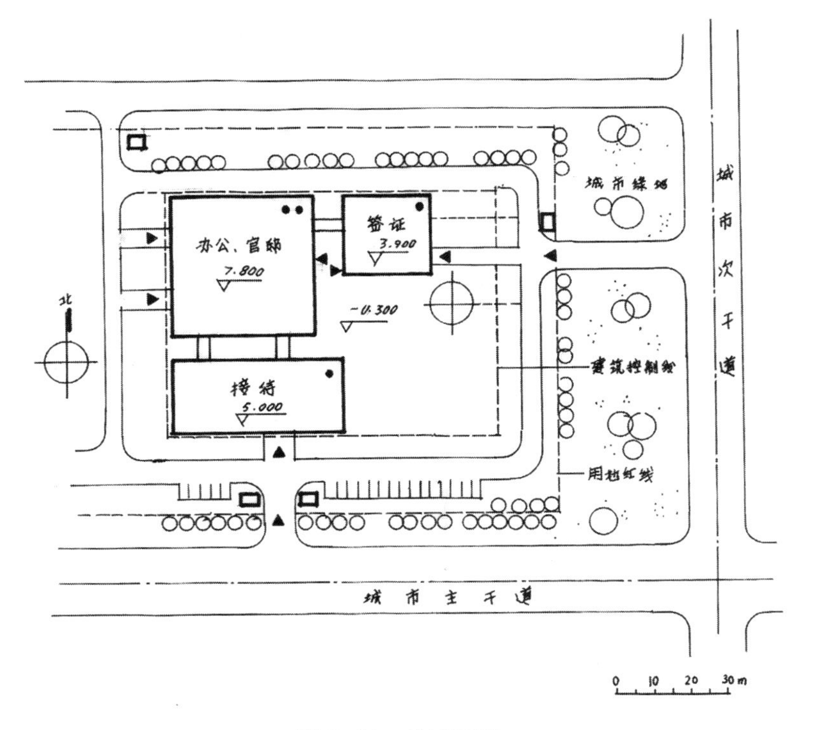

图 8-11　总平面图

三、评分标准（表 8–4）

评分标准　表 8–4

序号	评分项	扣分值
1	建筑物超红线、古树未保留	5 ~ 10 分
2	接待区、签证区未分别通向主次干道	各扣 2 分
3	各城市出入口未设警卫、安检	1 分 / 处
4	场地内道路布置不当、车位不足	1 ~ 3 分
5	未表示建筑物 5 个出入口（四大区及厨房）	1 ~ 3 分
6	四大区分区不清；交通混乱交叉	2 ~ 6 分
7	办公区与其余 3 区内部不通或无门相隔	2 ~ 4 分
8	厨房未设单独入口、未与餐厅紧密相连	2 分 / 处
9	平面布置功能关系明显不良	1 ~ 5 分
10	房间面积明显不符（误差 ±10% 以内）	2 分 / 处
11	厨房内部无男、女更衣、厕所	1 分 / 项
12	缺一般性房间、未注名称	1 分 / 间
13	房间比例不当（＜1：2），或有暗房间	1 ~ 2 分
14	机要、档案、会计、大使和夫人、大使和秘书用房未按双线要求布置	1 ~ 3 分
15	大使官邸未布置至少一个卧室朝南	1 分
16	安全疏散距离不合规范	4 分
17	未设轮椅坡道、残卫	2 分
18	未表示结构承重体系	2 分
19	墙体为单线、未表示门的开启方向	酌情扣 1 ~ 5 分

第九章　门急诊楼改扩建（2010 年）

一、试题要求

1. 任务描述

某医院根据发展需要，拟对原有门急诊楼进行改建并扩建约 3000m^2 二层用房；改扩建后形成新的门急诊楼。

2. 场地条件

场地平整，内部环境和城市道路关系见总平面图（图 9-1），医院主要的人流、车流由东面城市道路进出，建筑控制用地为 72m × 78.5m。

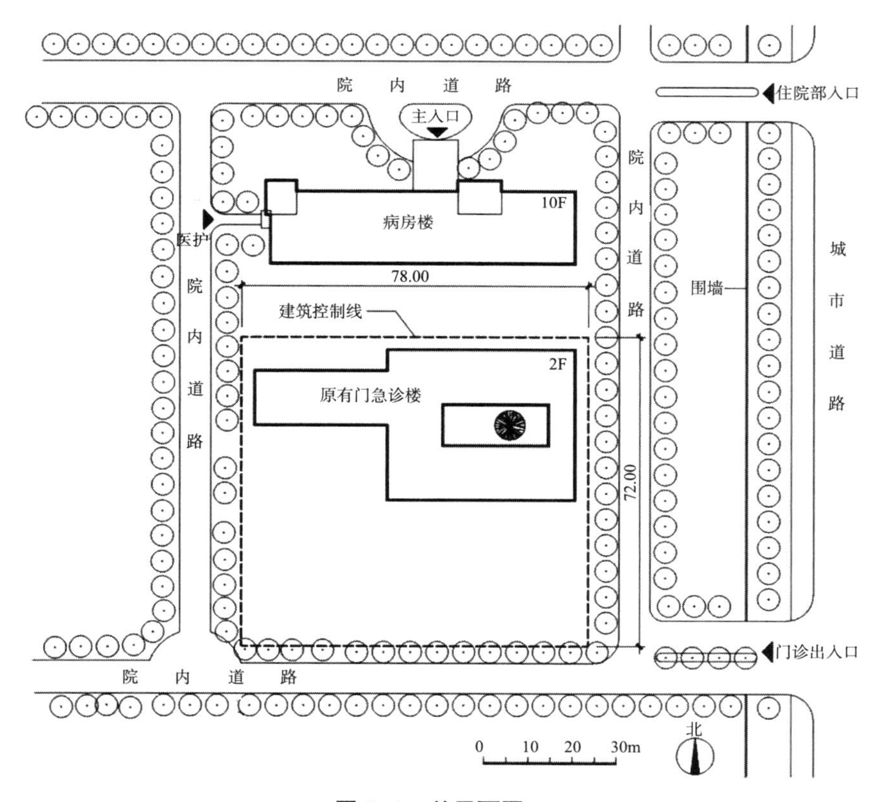

图 9-1　总平面图

3. 原门急诊楼条件

原门急诊楼为二层钢筋混凝土框架结构，柱截面尺寸为 500mm × 500mm，层高 4m，建筑面积 3300m²，室内外高差 300mm；改建时保留原放射科和内科部分，柱网及楼梯间不可改动，墙体可按改扩建需要进行布局调整。

4. 总图设计要求

（1）组织好扩建部分与原门急诊楼关系。

（2）改扩建后门急诊楼一、二层均应有连廊与病房楼相连。

（3）布置 30 辆小型机动车及 200m² 自行车的停车场。

（4）布置各出入口、道路与绿化景观。

（5）台阶、踏步及连廊允许超出建筑控制线。

5. 门急诊楼设计要求

（1）门急诊楼主要用房及要求见表 9-1、表 9-2，主要功能关系如图 9-2 所示。

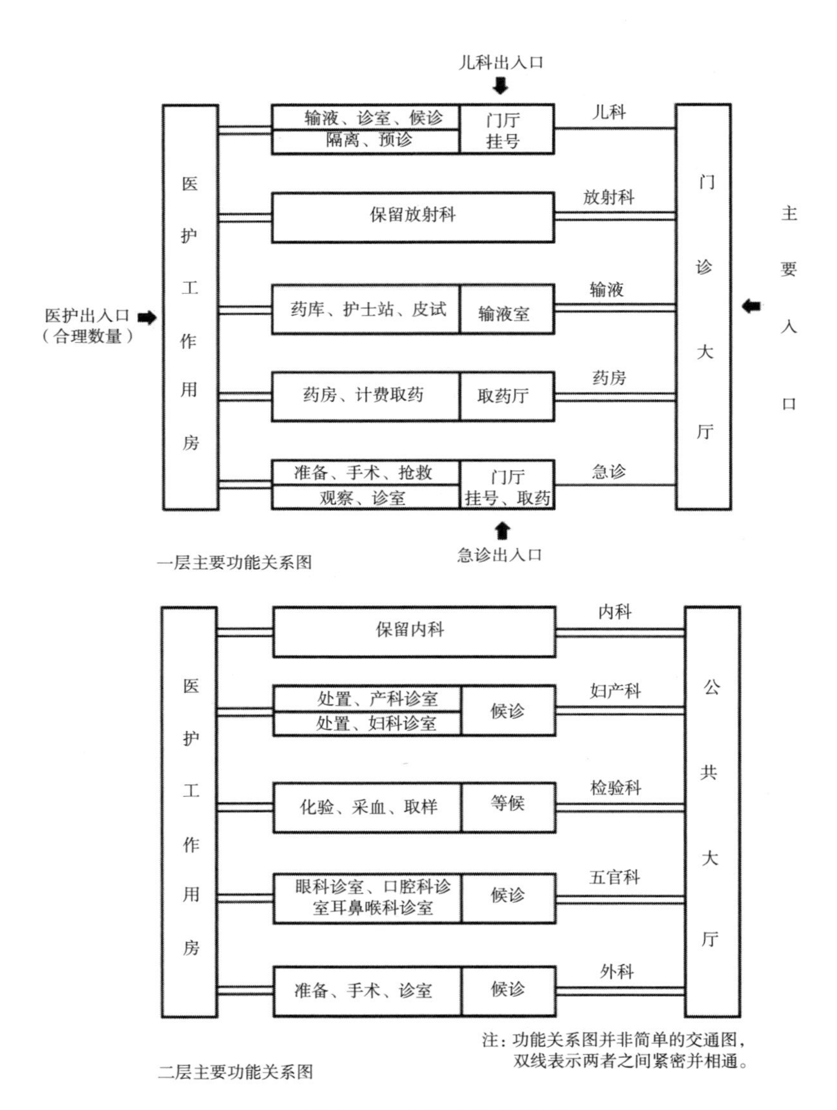

图 9–2　主要功能关系图

（2）改建部分除保留的放射科、内科外，其他部分应在保持结构不变的前提下按题目要求完成改建后的平面布置。

（3）除改建部分外，按题目要求尚需完成约 3000m^2 的扩建部分平面布置，设计中应充分考虑改扩建后门诊楼的完整性。

（4）扩建部分为二层钢筋混凝土框架结构（无抗震设防要求），柱网尺寸宜与原有建筑模数相对应，层高 4m。

（5）病人候诊路线与医护人员路线必须分流；除急诊科外，相关科室应采用集中候诊和二次候诊廊相结合的布置方式。

（6）除暗室、手术室等特殊用房外。其他用房均应有自然采光和通风（允许有采光廊相隔）；公共走廊轴线宽度不小于 4.8m，候诊廊不小于 2.4m，医护走廊不小于 1.5m。

（7）应符合无障碍设计要求及现行相关设计规范要求。

6. 绘图要求

（1）绘制改扩建后的屋顶平面图（含病房楼连廊），绘制并标注各出入口、道路、机动车和自行车停车位置，适当布置绿化景观。

（2）在给出的原建筑一、二层框架平面图（图 9-3、图 9-4）上，分别画出改扩建后的一、二层平面图，内容包括：

1）绘制框架柱、墙体（要求双线表示），布置所有用房，注明房间名称，表示门的开启方向。窗、卫生间器具等不必画。

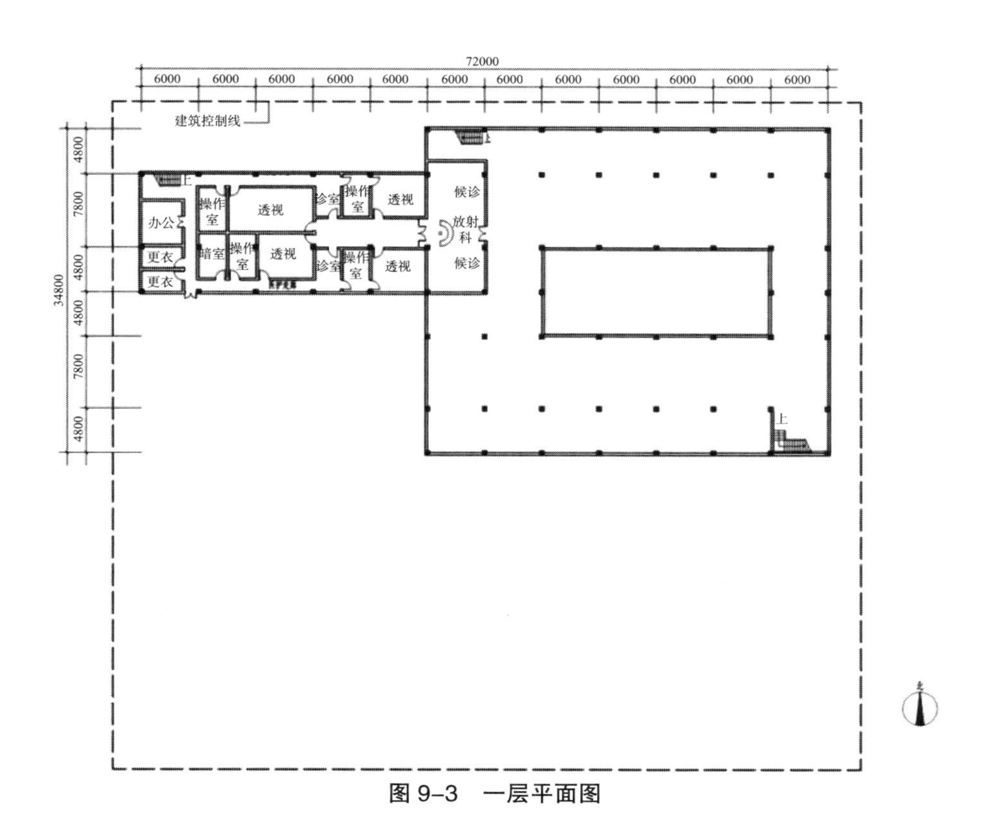

图 9-3　一层平面图

2）标注建筑物的轴线尺寸及总尺寸、地面和楼面相对标高。在试卷右下角指定位置填写一、二层建筑面积和总建筑面积。

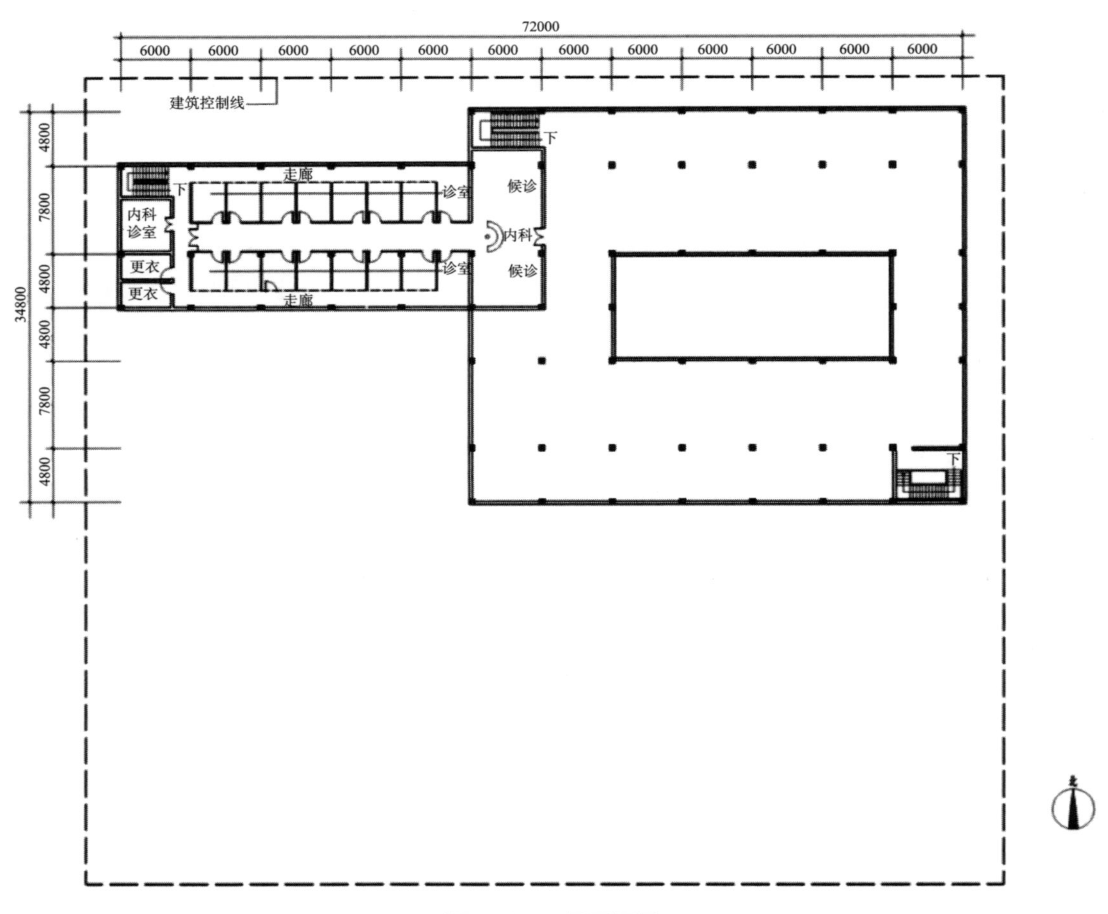

图 9–4　二层平面图

7. 提示

（1）尺寸及面积均以轴线计算，各房间面积及层建筑面积允许误差在规定面积的 ±10% 以内。

（2）使用图例（图 9-5）

图 9–5　图例

一层门急诊主要用房及要求　　表 9–1

区域	房间名称	房间面积（m^2）	间数	说明
门诊大厅 436m^2	大厅	300	1	含自动扶梯、导医位置
	挂号厅	90	1	深度不小于 7m
	挂号收费	46	1	窗口宽度不小于 6m
药房 398m^2	取药厅	150	1	深度不小于 10m
	收费取药	40	1	窗口宽度不小于 10
	药房	190	1	
	药房办公室	18	1	
急诊 401m^2	门厅	80	3	门厅 48m^2，挂号 10m^2，收费取药 22m^2
	候诊室	50		
	诊室	50	5	每间 10m^2
	抢救、手术、准备室	140	3	抢救、手术各 55m^2，手术准备间 30m^2
	观察间	45	1	
	医办、护办	36	2	每间 18m^2
儿科 354m^2	门厅	120	3	门厅 90m^2，挂号、收费、取药、药房各 15m^2
	预诊、隔离室	46	3	预诊 1 间 20m^2；隔离 2 间，每间 13m^2
	输液室	18	1	
	候诊室	80		包括候诊厅、候诊廊
	诊室	60	6	每间 10m^2
	厕所	30	2	男、女各 1 间，每间 15m^2
输液 298m^2	输液室	220	1	
	护士站、皮试、药库	78	3	每间 26m^2
放射科 480m^2	（保留原有平面）	480		
其他 970m^2	公共厕所	80		
	医护人员更衣、厕所	100		成套布置，可按各科室分别或共用设置
	交通面积	790		含公共走廊、医护走廊、楼梯、医用电梯等
	一层建筑面积合计：3337m^2			
	允许一层建筑面积（误差 ±10% 以内）：3003 ~ 3671m^2			

二层门急诊主要用房及要求　　表 9–2

区域	房间名称	房间面积（m^2）	间数	说明
外科 478m^2	候诊室	160		包括候诊厅、候诊廊
	诊室	170	17	每间 10m^2
	病人更衣	28	1	
	手术室、准备间	60	2	手术室、准备间各 30m^2
	医办、护办、研究室	60	3	每间 20m^2

续表

区域	房间名称	房间面积（m^2）	间数	说明
五官科 370m^2	候诊室	160		包括候诊厅、候诊廊
	眼科诊室	60	6	每间 10m^2，其中包括暗室
	耳鼻喉科诊室	60	6	每间 10m^2，其中包括测听室
	口腔科诊室	45	2	口腔诊室 35m^2、石膏室 10m^2
	办公室	45	3	眼科、耳鼻喉科、口腔科各一间，每间 15m^2
妇产科 400m^2	候诊室	160		妇科与产科的候诊厅、候诊廊应分设
	妇科诊室	60	6	每间 10m^2
	妇科处置室	40	3	含病人更衣厕所 10m^2，医护更衣洗手 10m^2
	产科诊室	60	6	每间 10m^2
	产科处置室	40	3	含病人更衣厕所 10m^2，医护更衣洗手 10m^2
	办公室	40	2	妇科、产科各一间，每间 20m^2
检验科 270m^2	检验等候	110	1	
	采血、取样室	40	1	柜台长度不少于 10m
	化验、办公室	120	4	化验三间、办公一间，每间 30m^2
内科 480m^2	（保留原有平面）	480		
其他 1020m^2	公共厕所	80		
	医护更衣、厕所	80		成套布置，可按各科室分别或共用设置
	交通面积	860		含公共走廊、医护走廊、楼梯、医用电梯等
	二层建筑面积合计：3018			
	允许二层建筑面积（误差 ±10% 以内）：2716～3320m^2			

二、设计分析

1. 题目难度大在于题目设计要求中："病人候诊路线与医护人员路线必须分流；除急诊科外，相关科室应采用集中候诊和二次候诊廊相结合的布置方式"。

（1）医患分离：在平面组织上医生、患者要走不同的路线。到诊室之前，医生和患者各走各路。这是目前医院建筑大多采用的设计方法。

（2）二次候诊：为保证诊室秩序，患者先在候诊室候诊，护士根据各诊室大夫看病情况，再安排患者进入诊室门口等候。

2. 两个保留科室，非常准确地诠释了"医患分离"和"二次候诊"是设计其他科室的隐性提示。设计中要充分利用这种已知条件，将复杂的设计问题迎刃而解。

3. 设计中除对保留科室仍要照画无误外，首先要根据实有面积和科室需要合理分配区块，并注意急救和儿科有自己的单独入口。

4. 设计时每个区块房子不多，相对比较简单。但一定要体现医患分离和二次候诊（用护士分诊台表示）。

5. "改建时保留放射科和内科部分，柱网及楼梯间不可改动"是对扩建部分柱网设计的明示，即扩建部分的柱网宜与原有建筑模数相对应。

6. 因是扩建，又有保留科室可借鉴。此处不可生搬硬套正方形柱网，充分利用原柱网——横向 6m；纵向 4.8m、7.8m。柱网排列比较特殊但符合医院科室的专业需要。遇此情况要充分利用已知条件，延续原有柱网，可得事半功倍之利（图 9-6）。

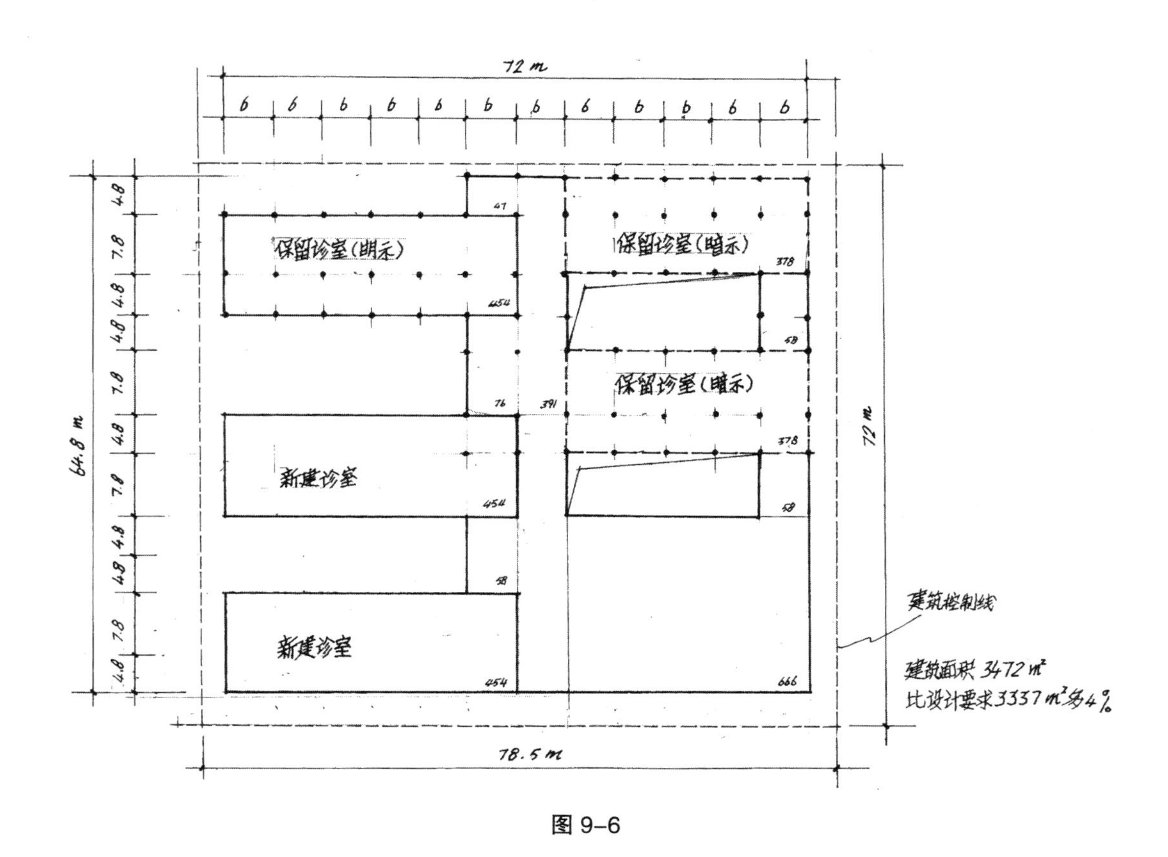

图 9–6

7. 平面既定，下一步是科室分配。从功能关系图中可知，急诊科和儿科都要求有外部直接入口，放在东北和西南较为合理。因急诊科要求面积 401m²，比儿科 354m² 大，所以将西南一角分给急诊科较为合理。

余下中间两部分也是因药房 398m²，比输液 298m² 大，所以将左边较大部分分给药房，右侧则分给输液区（图 9-7）。

设计要求：门诊大厅 436m²，药房 398m²，急诊科 401m²，儿科 354m²，输液区 298m²，放射科 480m²，其他 970m²。

8. 绘制小草图

科室定了也就是功能分区定了，各区块面积不大，房间不多，无需小草图这一环节。

只是我们在作图时，注意各自的特殊要求。例如：挂号和取药区都要求有一定的宽度和深度；妇科与产科的候诊厅、候诊廊应分设；急诊科和外科抢救、手术、准备均应相邻布置等（图 9-8、图 9-9）。

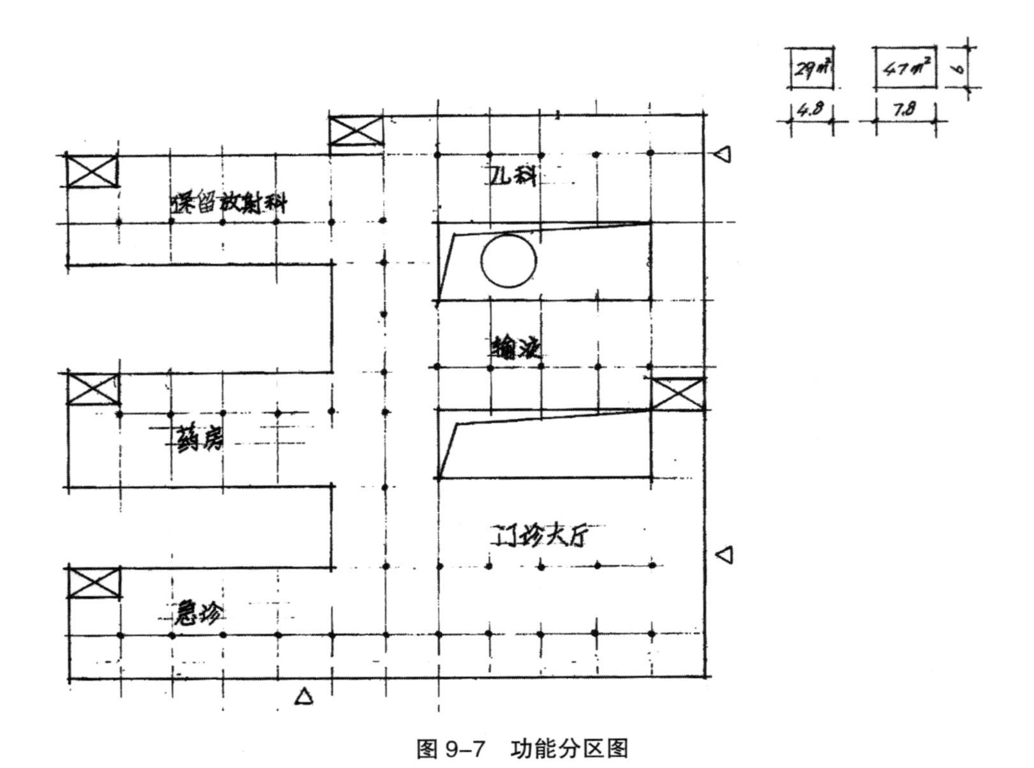

图 9–7　功能分区图

图 9–8　门急诊楼一层平面　建筑面积：3472m²　总面积：6944m²

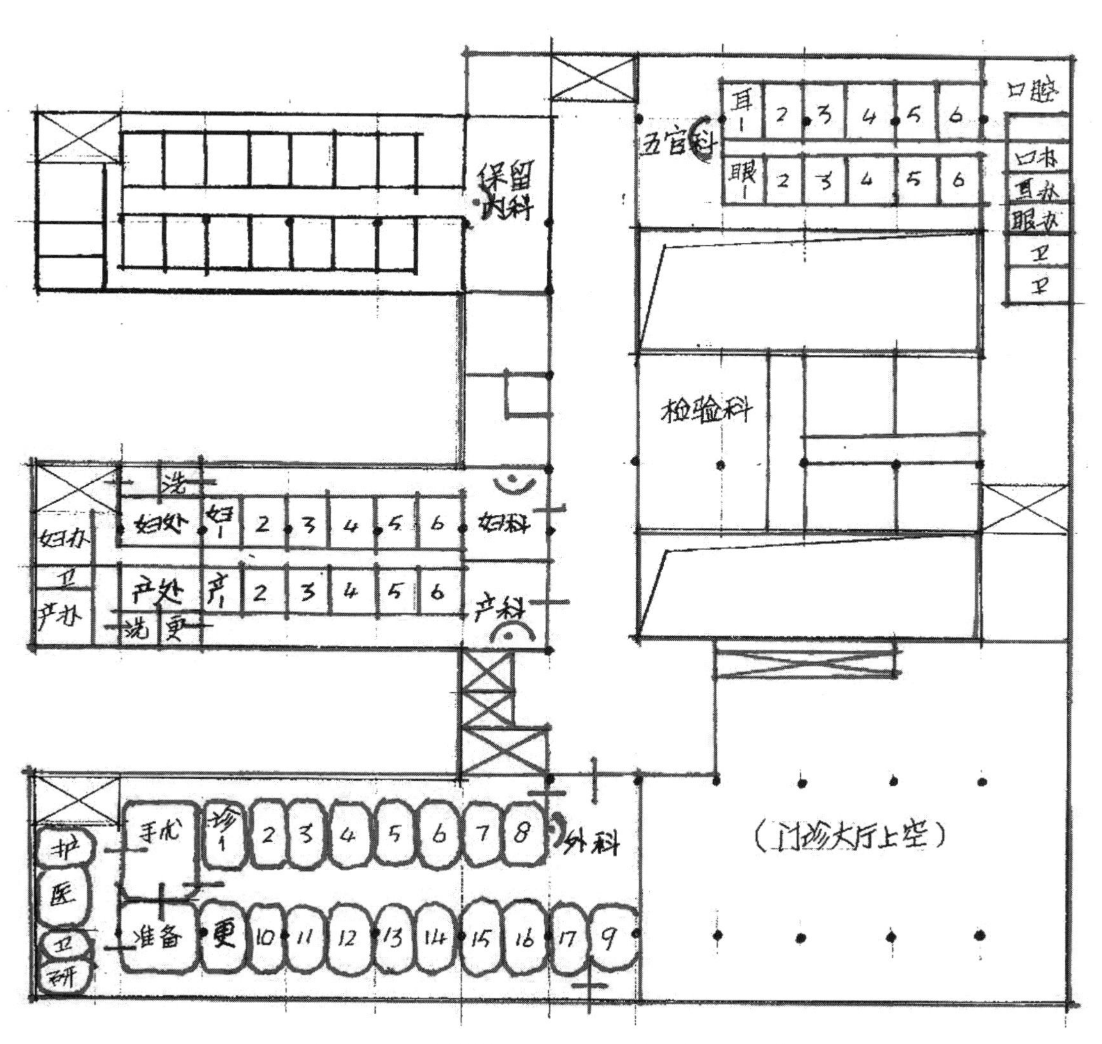

图 9–9 门急诊楼二层平面 建筑面积 3472m²

三、参考答案

1. 一、二层平面图（图 9-10、图 9-11）

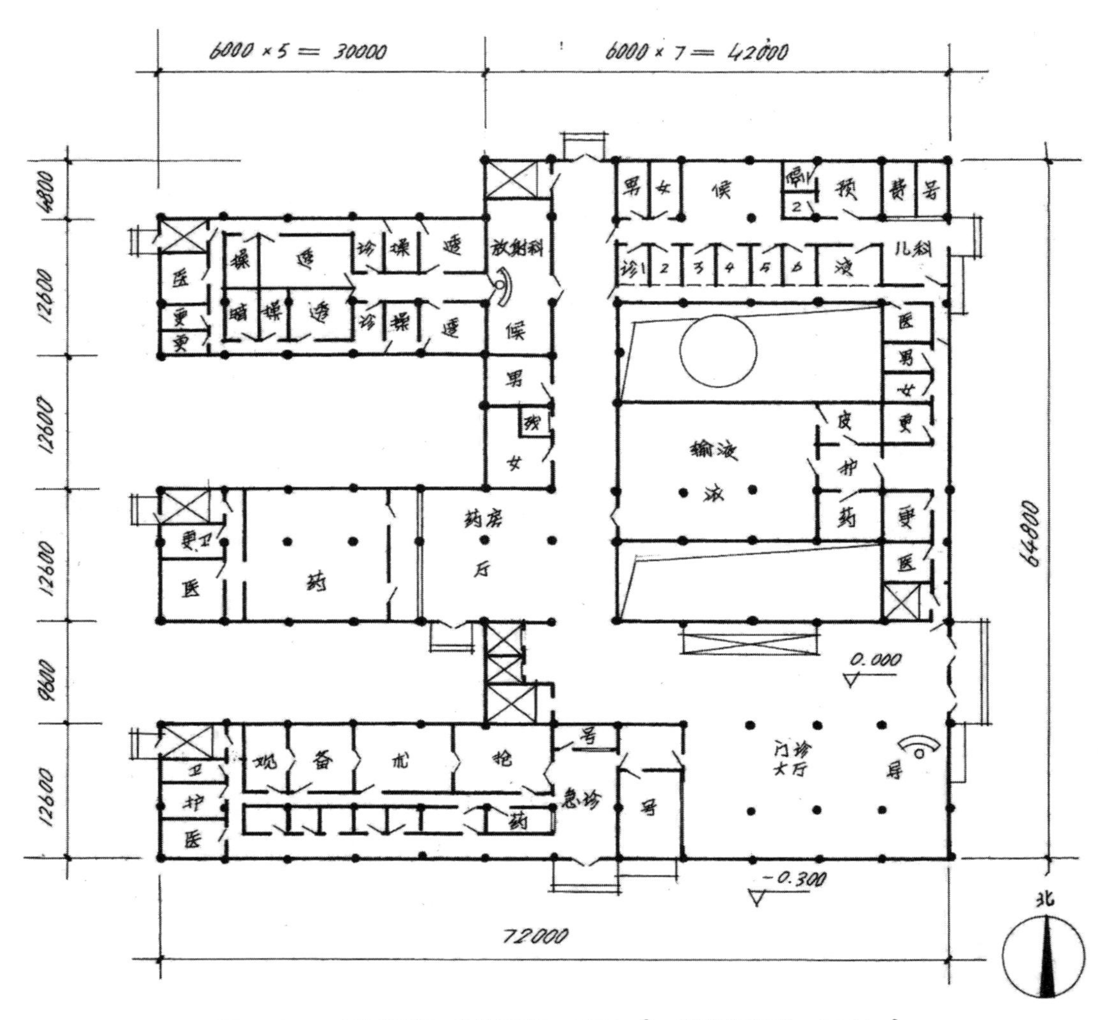

图9–10　一层平面图　建筑面积：3472m²　总建筑面积：6944m²

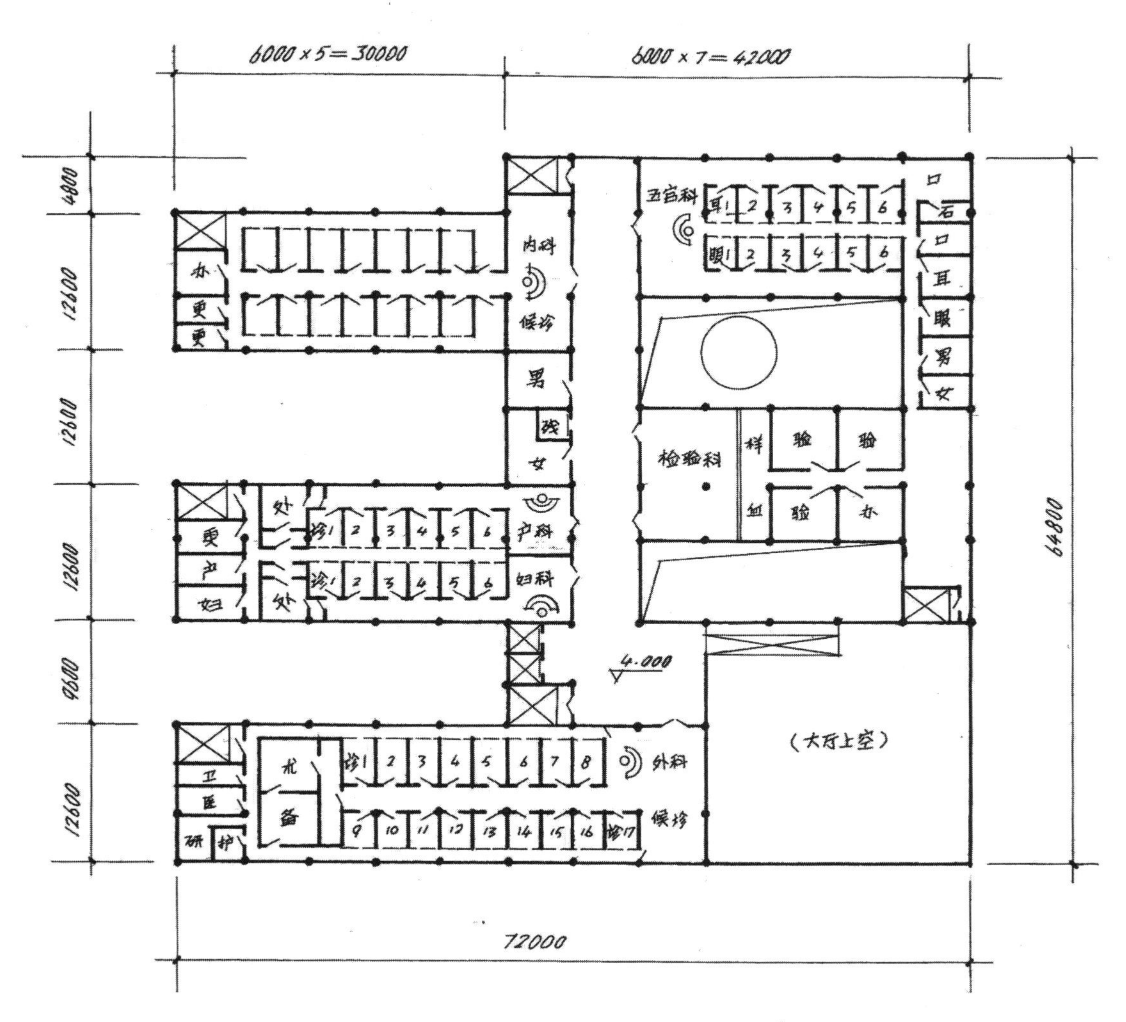

图 9-11　二层平面图　建筑面积：3472m²

2. 总平面图（图 9-12）

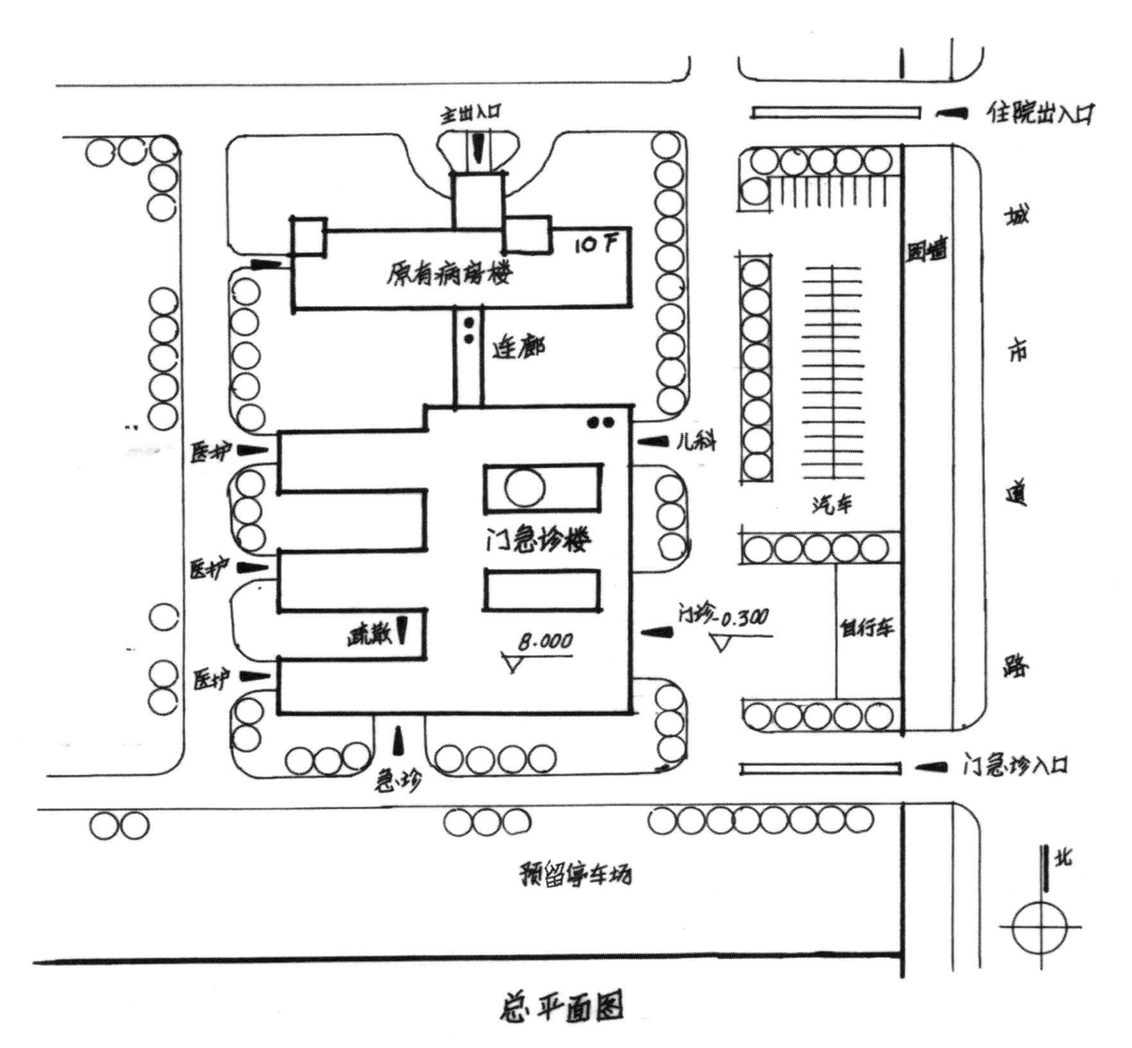

图 9–12 总平面图

四、评分标准（表 9–3）

评分标准 表 9–3

提示			1. 总平面、一层、二层平面图未画（含基本未画）该项为 0 分；其中一层或二层平面图未画时，5、6 项也为 0 分。 2. 每项考核内容扣分小计不得超过该项分值。		
序号	考核项目		分项考核内容	分值	扣分范围
1	总平面（10）	用地布局	主体建筑物超越红线扣 6 分	10	6
			总平面图与单体不符扣 1 ~ 3 分，树未保留扣 3 分，未表示与病房连廊扣 1 分		1 ~ 5

续表

序号	考核项目		分项考核内容	分值	扣分范围
1	总平面（10）	出入口	未标明门诊、急诊、儿科、医护出入口，门诊、急诊、儿科入口处无临时停车处每项扣1分	10	1～3
		道路车位	停车位不足扣1分，未布置停车场扣2分		1～2
			道路未完善或缺扣1～2分		1～2
2	功能布局（12）	功能流线	除放射科、内科保留外，改扩建应有8个科室，缺1扣5分	12	5～10
			交通混乱交叉或患者区与医护工作区无分隔，每处扣1分		1～5
			各科室与公共走道联系不当，或互串联每处扣1分		1～3
		交通	自动扶梯、电梯各2部，少1部扣2分；主通道 <4.8m 扣2分		2～6
			急诊、儿科与门诊完全不通，每处扣1分		1～2
		其他	内天井间距 <8m 扣2分；公共厕所无采光通风扣2分，缺扣5分；诊室、医办暗房间，每间扣1分		1～8
3	一层平面（36）	门诊大厅	门诊大厅（300）面积明显不符扣1～分，缺挂号扣4分	6	1～5
			挂号厅深度（除去走道）<7m 或窗口宽 <6m，每项扣1分		1～2
			大厅内未能看见自动扶梯、电梯，每项扣1分		1～2
		药房	缺药房扣3分，面积（190）明显不符扣1～2分，无进药入口扣2分		1～4
			取药厅深度（除去走道）<10m 或窗口宽 <10m，每项扣1分		1～2
			缺取药、药房办公，每处扣2分		2～4
			无内部更衣厕所（可合用）扣1～2分		1～2
		输液	医患流线交叉扣2～3分，无医护人员入口扣1分		1～4
			缺输液室扣3分，面积（220）明显不符扣1～2分		1～3
			护士站、皮试间、药库各1，缺1间扣1分		1～3
			无内部更衣厕所（可合用）扣1～2分		1～2
		急诊	医患流线交叉扣2～3分，无医护人员入口扣1分	9	1～3
			无急诊出入口扣3分		3
			抢救室未紧邻门厅，且未直通手术室扣1～2分		1～2
			诊室5，观察、抢救、手术、准备、挂号、收费取药、医办、护办各1，缺1间扣1分		1～6
			无内部更衣厕所（可合用）扣1～2分		1～2
		儿科	医患流线交叉扣2～3分，无医护人员入口扣1分		1～3
			无儿科出入口扣3分		3
			隔离室未经预诊扣2分，缺二次候诊区扣1分		1～3
			诊室6，预隔3，输液、挂号收费、药房各1，缺1间扣1分		1～6
			无患者厕所、无内部更衣厕所（可合用）各扣1～2分		1～3

续表

序号	考核项目		分项考核内容	分值	扣分范围
4	二层平面（30）	外科	医患流线交叉扣 2 ~ 3 分，无医护人员入口扣 1 分	8	1 ~ 3
			缺二次候诊区扣 1 分		1
			患者更衣手术准备医护，流线不符扣 1 ~ 2 分		1 ~ 2
			诊室 17，更衣、手术、准备、医办、护办、研究室各 1，缺 1 间扣 1 分		1 ~ 6
			无内部更衣厕所（可合用）各扣 1 ~ 2 分		1 ~ 2
		五官科	医患流线交叉扣 2 ~ 3 分，无医护人员入口扣 1 分	8	1 ~ 3
			缺二次候诊区扣 1 分		1
			眼 6，耳鼻喉 6，口腔 2，办公 3，缺 1 间扣 1 分		1 ~ 6
			无内部更衣厕所（可合用）各扣 1 ~ 2 分		1 ~ 2
		妇产科	医患流线交叉扣 2 ~ 3 分，无医护人员入口扣 1 分	8	1 ~ 3
			妇、产候诊区未分扣 1 分，缺二次候诊区扣 1 分		1 ~ 2
			患者→更衣（厕所）→处置→更衣（洗手）→医护，流线不符各扣 1 分		1 ~ 2
			妇科、产科诊室各 6，更衣（厕所）、处置、更衣（洗手）、办公各 1，缺 1 间扣 1 分		1 ~ 6
			无内部更衣厕所（可合用）各扣 1 ~ 2 分		1 ~ 2
		检验科	医患流线交叉扣 2 ~ 3 分，无医护人员入口扣 1 分	6	1 ~ 3
			等候厅（110）面积明显不符扣 1 ~ 2 分；柜台窗口 <10m 扣 1 分		1 ~ 2
			化验 3，采血取样、办人各 1，缺 1 项扣 1 分		1 ~ 4
			无内部更衣厕所（可合用）各扣 1 ~ 2 分		1 ~ 2
5	规范规定（6）	安全疏散	袋形走道 >20m，楼梯间距离 >70m，各扣 3 分	6	3 ~ 6
			楼梯尺寸明显不够每处扣 1 分		1 ~ 2
			未设残障坡道扣 1 分		1
6	图面表达（6）	结构图面	结构布置不合理扣 2 ~ 3 分，未画柱扣 2 分，改变原有承重结构布局扣 2 分	6	2 ~ 6
			尺寸标注不全或未标扣 1 ~ 2 分		1 ~ 2
			每层面积未标注或不符，房间名称未标注扣 1 ~ 4 分		1 ~ 4
			图面粗糙不清扣 2 ~ 4 分		2 ~ 4
			单线作图扣 2 ~ 6 分		2 ~ 6

第十章　图书馆方案设计（2011 年）

一、试题要求

1. 任务描述

我国华中地区某县级市拟建一座两层、建筑面积约 9100m²、藏书量为 60 万册的中型图书馆。

2. 用地条件

用地条件见总平面图（图 10-1）。该用地地势平坦；北侧临城市主干道，东侧临城市次干道，南侧、西侧为相邻用地。用地西侧有一座保留行政办公楼。图书馆的建筑控制线范围为 68m × 107m。

3. 总平面设计要求

（1）在建筑控制线内布置图书馆建筑（台阶、踏步可超出）。

（2）在用地内预留 4000m² 图书馆发展用地，设置 400m² 少儿室外活动场地。

（3）在用地内合理组织交通流线，设置主、次入口（主入口要求设在城市次干道一侧），建筑各出入口和环境有良好关系。布置社会小汽车停车位 30 个、大客车停车位 3 个、自行车停车场 300m²。

（4）在用地内合理布置绿化景观，用地界限内北侧的绿化用地宽度不小于 15m，东侧、南侧、西侧的绿化用地宽度不小于 5m。应避免城市主干道对阅览室的噪声干扰。

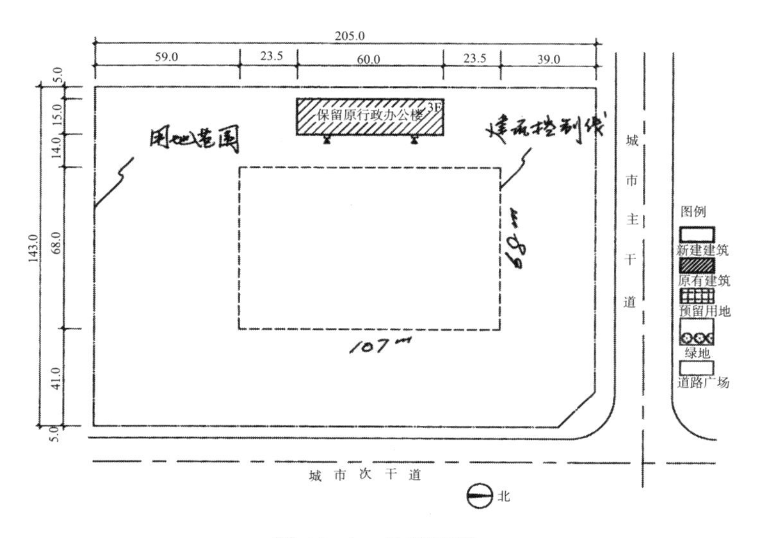

图 10-1　总平面图

4. 建筑设计要求

（1）各用房及要求见表 10-1、表 10-2，功能关系见主要功能关系图（图 10-2）。

（2）图书馆布置应功能关系明确，交通组织合理，读者流线与内部业务流线必须避免交叉。

（3）主要阅览室应为南北向采光，单面采光的阅览室进深不大于 12m，双面采光不大于 24m。当建筑物遮挡阅览室采光面时，其间距应不小于该建筑物的高度。

（4）除书库区、集体视听室及各类库房外，所有用房均应有自然通风、采光。

（5）观众厅应能独立使用并与图书馆一层连通。少儿阅览室应有独立对外出入口。

（6）图书馆一、二层层高均为 4.5m，报告厅层高为 6.6m。

（7）图书馆结构体系采用钢筋混凝土框架结构。

（8）应符合现行国家有关规定和标准要求。

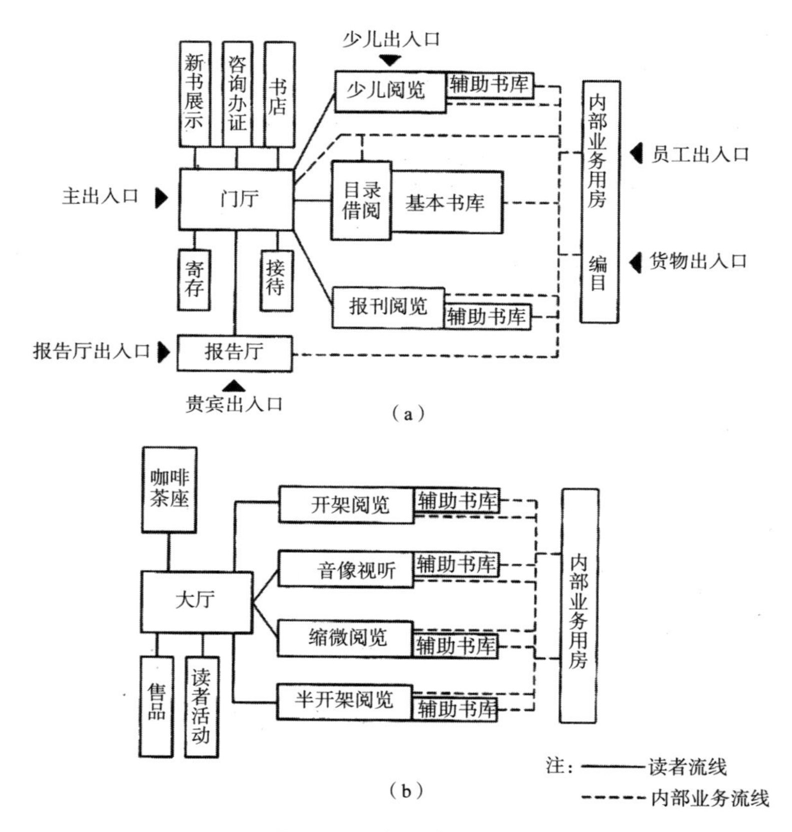

图 10-2　主要功能关系图

（a）一层主要功能关系图;（b）二层主要功能关系图

5. 制图要求

总平面图：

（1）绘制图书馆建筑屋顶平面图并标注层数和相对标高。

（2）布置用地的主、次出入口、建筑各出入口及道路、绿地。标注社会及内部机动车停车位、自行车停车场。

（3）布置图书馆发展用地范围，室外少儿活动场地范围并标注其名称和面积。

平面图：

（1）按要求分别绘制图书馆一层平面图和二层平面图。标注各用房名称。

（2）绘出承重柱、墙体（要求双线表示），表示门的开启方向，窗、卫生间洁具可不表示。

（3）标注建筑轴线尺寸、总尺寸，地面、楼面的相对标高。

（4）标注带 * 号房间的面积（见表 10-1、表 10-2），在一、二层平面图指定位置填写一、二层建筑面积和总建筑面积（面积按轴线计算，各房间面积、各层建筑面积及总建筑面积允许误差均应控制在规定面积的 ±10% 以内）。

一层用房及要求　　**表 10-1**

功能分区	房间名称		建筑面积（m^2）	房间数	设计要求
公共区 1077m^2	* 门厅		540	1	含部分走道
	咨询、办证处		50	1	含服务台
	寄存处		70	1	
	书店		180	1+1	含 35m^2 书库
	新书展示		130	1	
	接待室		35	1	
	男女厕所		72	4	每间 18m^2，分两处布置
书库区 655m^2	* 基本书库		480	1	
	中心借阅处		100	1+2	含借书、还书间，每间 15m^2，服务台长度应不小于 12m
	目录检索		40	1	应靠近中心借阅处
	管理室		35	1	
阅览区 840m^2	* 报刊阅览室		420	1+1	含 70m^2 辅助书库
	* 少儿阅览室		420	1+1	应靠近室外少儿活动场地，含 70m^2 辅助书库
报告厅 640m^2	* 观众厅		350	1+1	设讲台，含 24m^2 放映室
	门厅与休息处		180		
	男女厕所		40	2	每间 20m^2
	贵宾休息室		50	1	应设独立出入口，含厕所
	管理室		20	1	应连通内部服务区
内部业务区 474m^2	编目	拆包室	50	1	按照拆→分→编流程布置（靠近货物出入口）
		分类室	50	1	
		编目室	100	1	
	典藏、美工、装帧室		150	3	每间 50m^2
	男女厕所		24	2	每间 12m^2

续表

功能分区	房间名称	建筑面积（m^2）	房间数	设计要求
内部业务区 474m^2	库房	40	1	
	空调机房	30	1	不宜与阅览室相邻
	消防控制室	30	1	
交通 1214m^2	交通面积	1214m^2		含全部走道、楼梯、电梯等
一层建筑面积 4900m^2（允许误差 ±10% 以内，4410 ~ 5390m^2）				

二层用房及要求 **表 10–2**

功能分区	房间名称		建筑面积（m^2）	房间数	设计要求	
公共区 952m^2	* 大厅		360	1		
	咖啡茶座		280	1	也可开敞式布置，含供应柜台	
	售品部		120	1	也可开敞式布置，含供应柜台	
	读者活动室		120	1		
	男女厕所		72	4	每间 18m^2，分两处设置	
阅览区 1920m^2	* 开架阅览室		580	1+1	含 70m^2 辅助书库	
	* 半开架阅览室		520	1+1	含 250m^2 书库	
	缩微阅览	缩微阅览室	200	1	朝向应北向，含出纳台	
		资料库	100	1		
	音像视听	个人视听室	200	1	含出纳台	
		集体视听室	160	1+2	含控制室 24m^2、库房 10m^2	
		资料库	100	1		
		休息厅	60	1		
内部业务区 464m^2	影像	摄影室	50	1	有门头	按照摄→拷→冲流程布置
		拷贝室	50	1	有门头	
		冲洗室、暗室	50	1+1		
	缩微室		25	1		
	复印室		25	1		
	办公室		100	4	每间 25m^2	
	会议室		70	1		
	管理室		40	1		
	男女厕所		24	2	每间 12m^2	
	空调机房		30	1		
交通 764m^2	交通面积		764		含全部走道、楼梯等	
二层建筑面积 4100m^2（允许误差 ±10% 以内，3690 ~ 4510m^2）						

注：以上面积均以轴线计算，房间面积与总建筑面积允许 ±10% 以内的误差。

二、设计分析

1. 读题印象（图 10-3）

1）图书馆方案设计，是层功能和房间布置并重的题目。设计两层，建筑面积 9100m^2。

2）建筑控制线内用地 68m × 107m=7276m^2。场地北侧是城市主干道，东侧是次干道（读题时应注意指北针没按上北下南绘制），主入口要求设在次干道。

3）在用地范围内，建筑控制线以外，要求预留 4000m^2 图书馆发展用地，并设置 400m^2 的少儿活动场地。

4）有停车和绿化要求。

5）主要阅览室应为南北向采光。

2. 确定平面

本题建筑控制尺寸为 107m × 68m，首先将地块用足：107/7.8=13.7 ≈ 13 柱距；

68/7.8=8.7 ≈ 8 柱距；

13 × 8 × 60.84=6327m^2；

6327−4900=1427m^2，需挖 1427/60.84=23.7 格，取 24 格；

为使三个阅览室能南北向采光，将 24 格天井分成两个 12 格。

用门厅、报告厅和办公两边“围堵”，三个阅览室分置其中，就将两个天井位置确定了（图 10-4）。

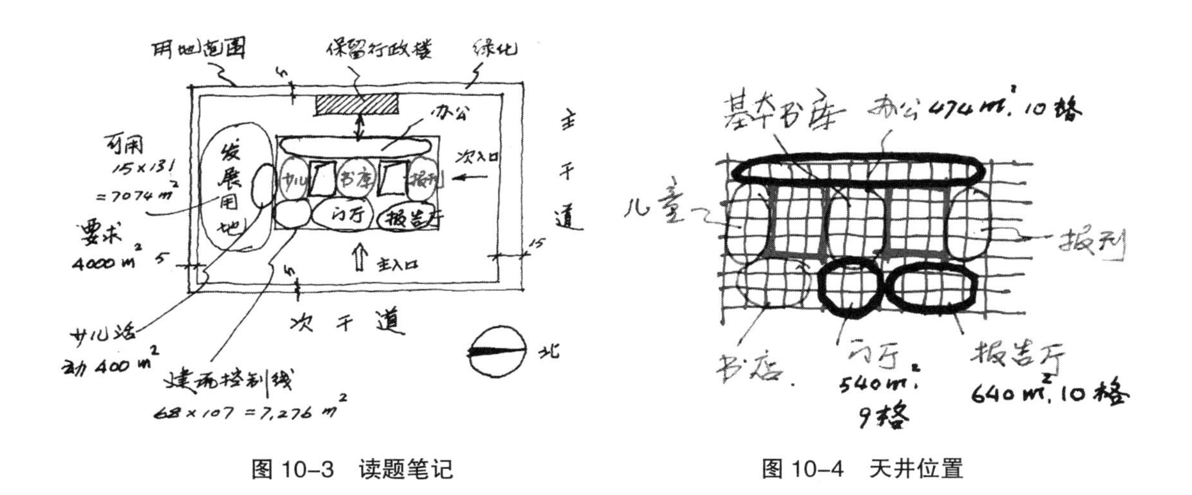

图 10-3　读题笔记　　　　图 10-4　天井位置

3. 绘制小草图（图 10-5）

此步是解题的重点之一，这道门槛过去了就越走越顺。

（1）根据“功能关系图”和“用房及要求”先画出分区位置及轮廓。

（2）大致确定出入口。

（3）依疏散距离（约 30m，一、二级耐火等级可到 40m）确定楼梯位置。

（4）图书馆也和法院、航站楼、医院等公共建筑一样，做到“内外有别”，首要问题是把读者的公共活动和内部办公管理严格区分开来。

（5）不仅要区分明确，流线也必须分开且不能交叉。

（6）作法：两种功能各放一端，相向而行。

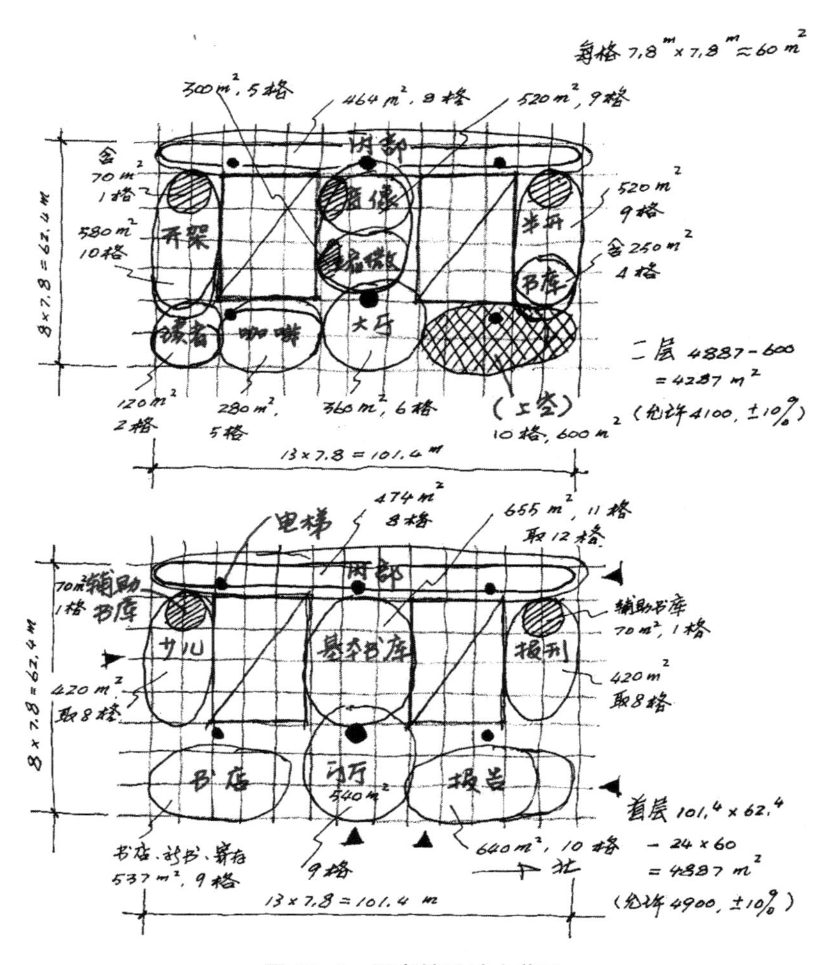

图 10–5　图书馆设计小草图

4. 绘制大草图（图 10-6、图 10-7）

（1）首先将基本书库和两个阅览室位置确定（儿童阅览室画在左侧）。

（2）结合门厅确定公众区房间，并确定楼、电梯和公共卫生间。

（3）将报告厅作为独立区块完成。

（4）最后绘制内部业务区。

（5）依据关系图确定门位置及开启方向，以及各条路径。

（6）依据房间表检查房间数量及面积标注。

三、参考答案

1. 一、二层平面图（图 10-6、图 10-7）

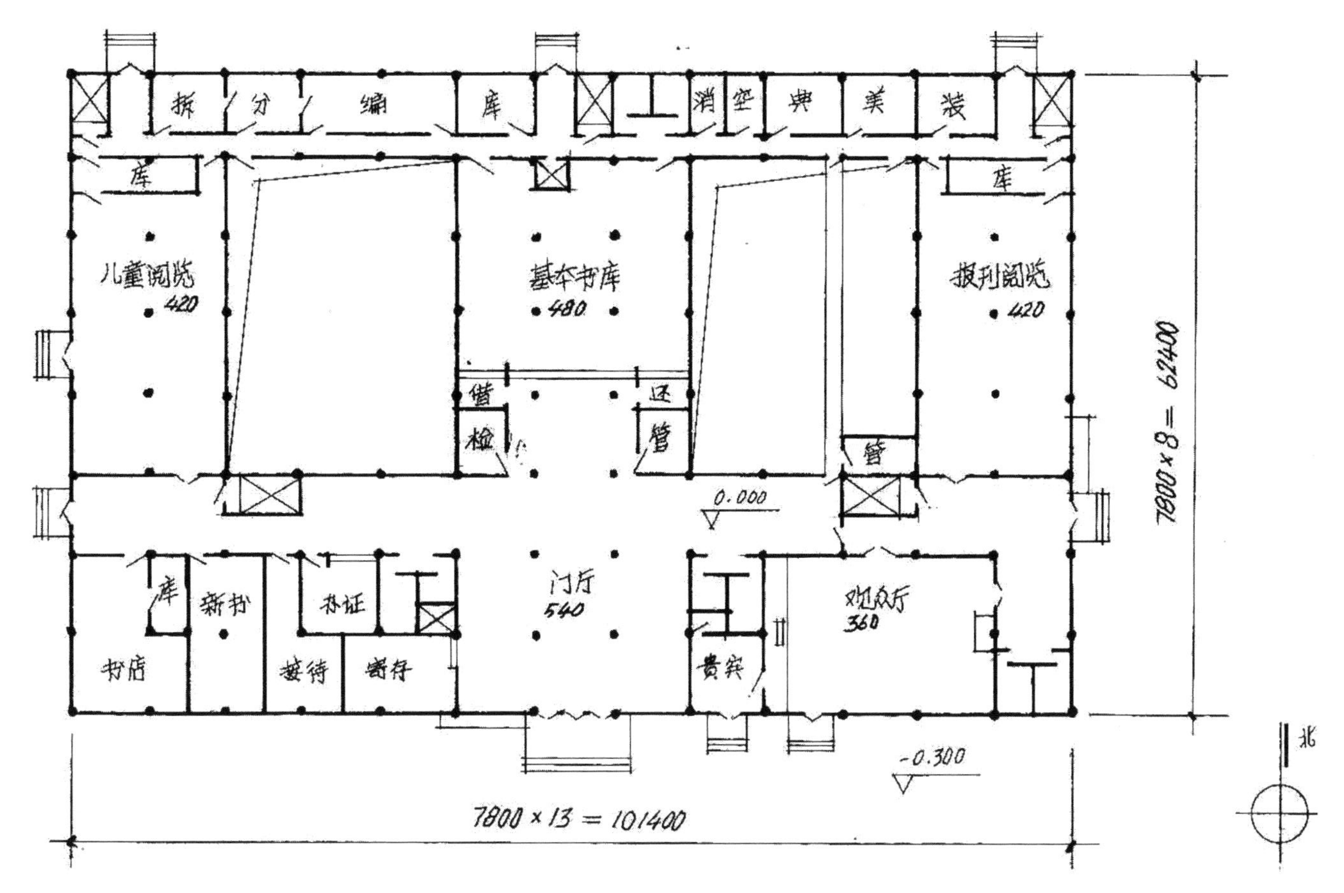

图 10-6　一层平面图　一层建筑面积：4867m²　总建筑面积：9247m²

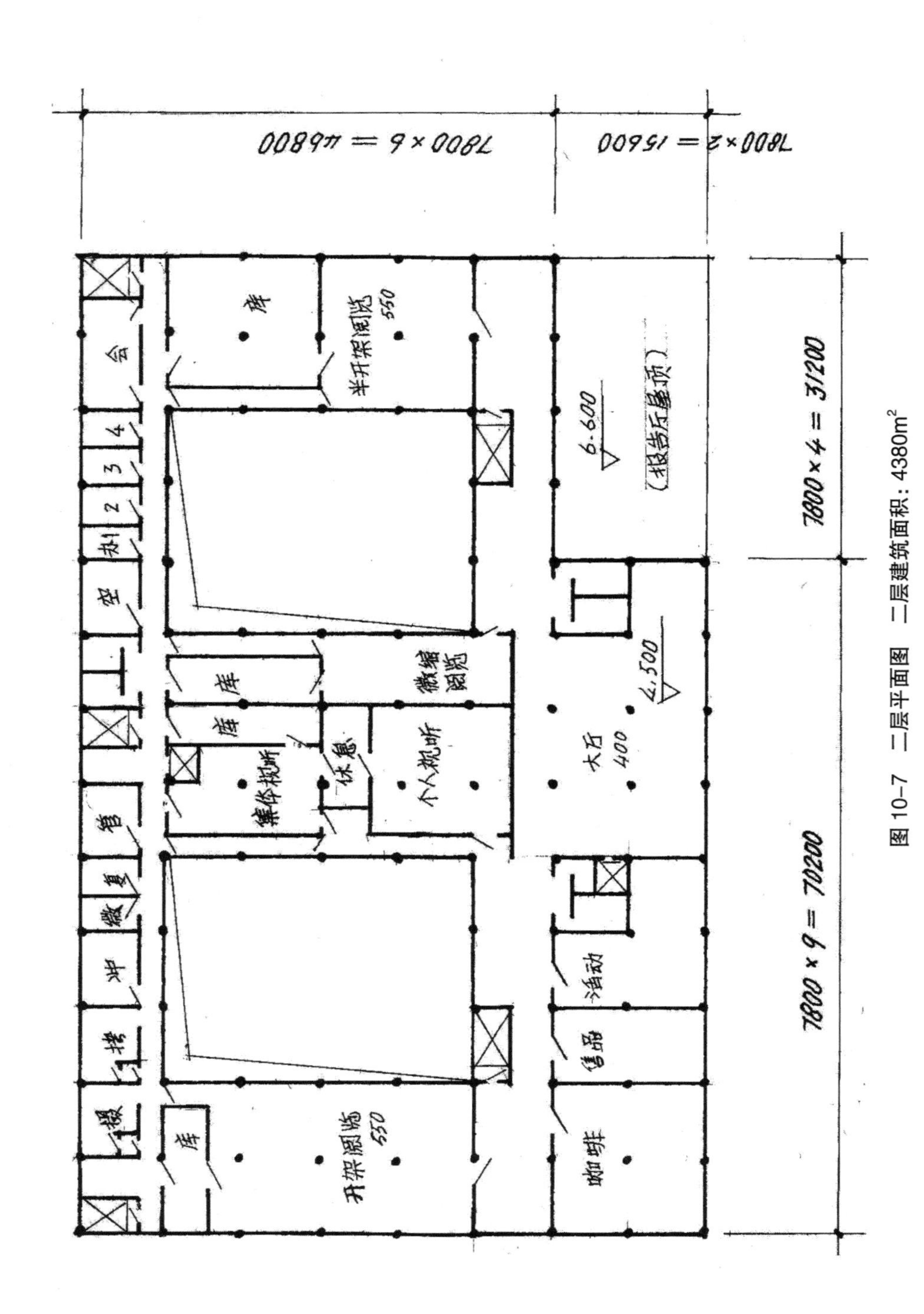

图10-7　二层平面图　二层建筑面积：4380m²

2. 总平面图（图 10-8）

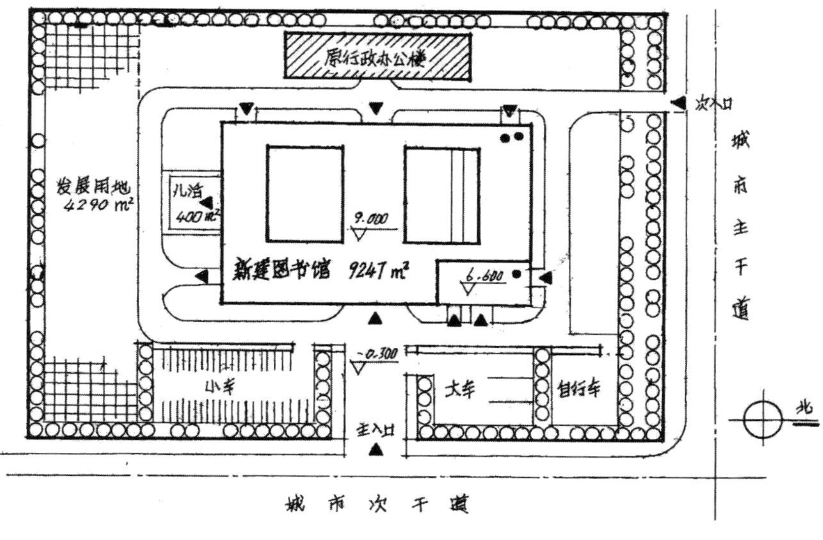

图 10-8　总平面图

四、评分标准（表 10-3）

评分标准　　表 10-3

序号	评分项	扣分值
1	建筑超控制线	15 分
2	总体和单体不符	5 分
3	主入口未在城市次干道，只设了一个场地出入口	5 分
4	场地四周未退线设绿化带	各扣 4 分
5	总图未画道路、未画车位	各扣 2 分
6	读者区和业务区不分、流线交叉	5 ~ 20 分
7	报告厅无单独出入口，未与读者区或业务区联系	2 ~ 5 分
8	除库房、机房、咨询办证间外，暗房	1 分 / 间
9	阅览室单向采光＞ 12m，双面采光＞ 24m	各扣 3 分
10	阅览室天井宽＜ 9m	3 分
11	缺少儿、报刊阅览室及基本书库；缺开架、半开架、缩微、个人视听、集体视听间	各扣 10 分
12	上项面积严重不符	各扣 5 分
13	缺少一般性房间	1 分 / 间
14	袋形走廊＞ 20m，楼梯间距＞ 70m	10 分
15	单线作图，未画门	2 分
16	楼梯间尺寸明显不够	2 分 / 处
17	未标房间名称、未标面积	2 分 / 处

第十一章　博物馆方案设计（2012 年）

一、试题要求

1. 任务描述

在我国中南地区某地级市拟建一座两层、总建筑面积约为 10000m² 的博物馆。

2. 用地条件

用地范围见总平面图（图 11-1），该用地地势平坦，用地西侧为城市主干道，南侧为城市次干道，东侧北侧为城市公园，用地内有湖面以及预留扩建用地，建筑控制线范围为 105m × 72m。

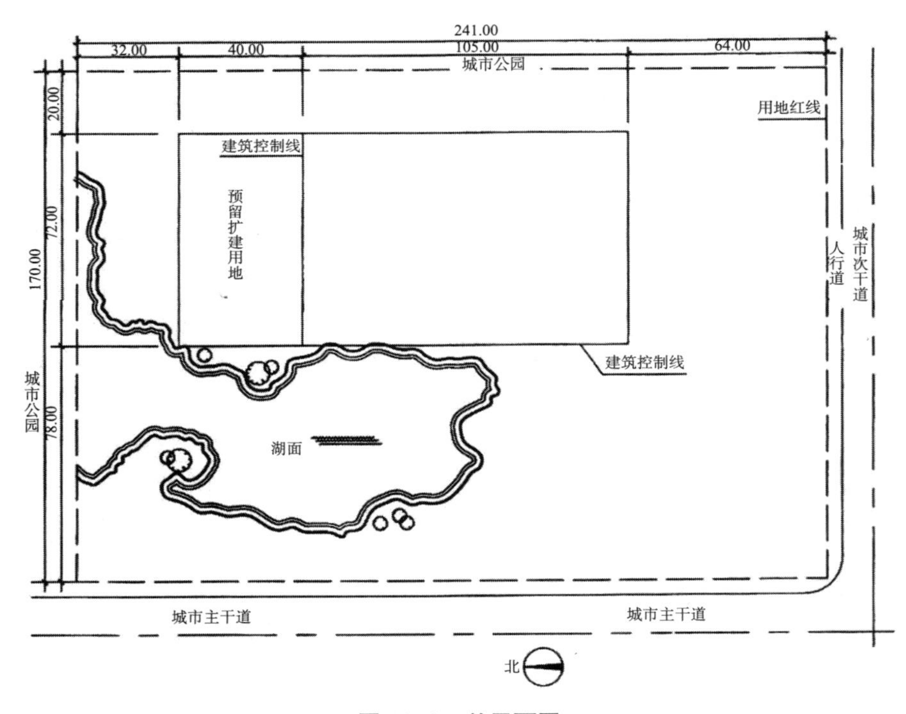

图 11–1　总平面图

3. 总平面设计要求

（1）在建筑控制线内布置博物馆建筑。

（2）在城市次干道上设车辆出入口，主干道上设人行出入口，在用地内布置社会小汽车停车位 20 个，大客车停车位 4 个，自行车停车场 200m²，布置内部与贵宾小汽车停车位12个，内部自行车停车场50m²，在用地内合理组织交通流线。

（3）布置绿化与景观，沿城市主次干道布置15m的绿化带。

4. 建筑设计要求

（1）博物馆布置应分区明确，交通组织合理，避免观众与内部业务流线交叉，其主要功能关系图如图11-2所示。

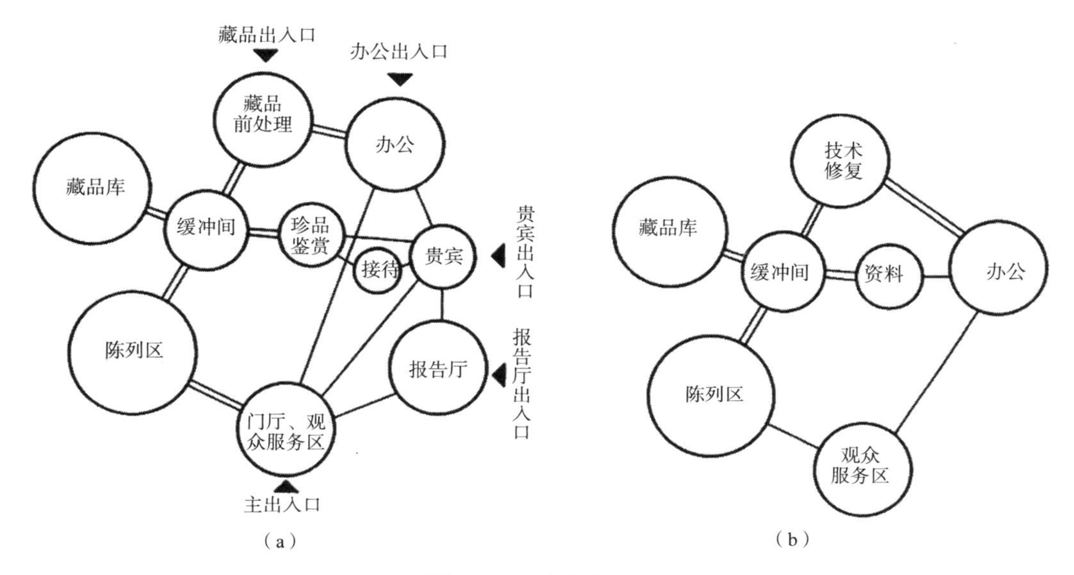

图11-2　功能关系图

（2）博物馆由陈列区、报告厅、观众服务区、藏品库区、技术与办公区五部分组成，各房间及要求见表11-1，表11-2。

（3）陈列区每层设三间陈列室，其中至少两间能自然采光，陈列室应每间能独立使用互不干扰。陈列室跨度不小于20m。陈列区贵宾与报告厅贵宾共用门厅，贵宾参观珍品可经接待室，贵宾可经厅廊参观陈列室。

（4）报告厅应能独立使用。

（5）观众服务区门厅应朝主干道，馆内观众休息活动应能欣赏到湖面景观。

（6）藏品库区接收技术用房的藏品先经缓冲间（含值班、专用货梯）进入藏品库；藏品库四周应设巡视走廊；藏品出库至陈列室、珍品鉴赏室应经缓冲间通过专用的藏品通道送达（图11-2）；藏品库区出入口需设门禁；缓冲间、藏品通道、藏品库不需要天然采光。

（7）技术用房与办公用房应相应独立布置且有独立的门厅及出入口，并与公共区域相通；技术用房包括藏品前处理和技术修复两部分，与其他区域进出须经门禁，库房不需天然采光。

（8）适当布置电梯与自动扶梯。

（9）根据主要功能关系图布置五个主要出入口及必要的疏散出口。

（10）预留扩建用地，主要考虑今后陈列区及藏品库区扩建使用。

（11）博物馆采用钢筋混凝土框架结构，报告厅层高不小于 6m，其他用房层高 4.8m。

（12）设备机房布置在地下室，本设计不必考虑。

一层用房及要求 **表 11-1**

功能区		房间名称	建筑面积（m^2）	间数	备注
陈列区 2056m^2	陈列区 1895m^2	* 陈列室	1245	3	每间 415m^2
		* 通廊	600	1	兼休息，布置自动扶梯
		男女厕所	50	3	男、女各 22m^2，无障碍 6m^2
	贵宾区 161m^2	贵宾接待室	100	1	含服务间、卫生间
		门厅	36	1	与报告厅贵宾共用
		值班室	25	1	与报告厅贵宾共用
报告厅 701m^2		门厅	80	1	
		* 报告厅	310	1	
		休息厅	150	1	
		男女厕所	50	3	男、女各 22m^2，无障碍 6m^2
		音响控制室	36	1	
		贵宾休息室	75	1	含服务间、卫生间，与陈列区贵宾共用门厅、值班室
观众服务区 622m^2		* 门厅	400	1	
		问询服务	36	1	
		售品部	100	1	
		接待室	36	1	
		寄存	50	1	
藏品库区 733m^2		* 藏品库	375	2	2 间藏品库，每间 110m^2 四周设巡视走廊
		缓冲间	110	1	含值班，专用货梯
		藏品通道	100	1	紧密联系陈列室，珍品鉴赏室
		珍品鉴赏室	130	2	贵宾使用，每间 65m^2
		管理室	18	1	
技术与办公区 324m^2	藏品前处理区	门厅	36	1	
		卸货清点	36	1	
		值班室	18	1	
		登录	18	1	
		蒸熏消毒	36	1	应与卸货清点紧密联系
		鉴定	18	1	
		修复	36	1	
		摄影	36	1	
		标本	36	1	
		档案	54	1	

续表

功能区		房间名称	建筑面积（m^2）	间数	备注
技术与办公区 277 m^2	办公区	门厅	72	1	
		值班室	18	1	
		会客室	36	1	
		管理室	72	2	
		监控室	18	1	
		消防控制室	36	1	
		男女厕所	25	2	与藏品前处理共用
其他交通面积			583m^2		含全部走道、过厅、楼梯、电梯等
一层建筑面积			5300m^2		
一层允许建筑面积			4770 ~ 5830m^2		允许误差 ±10% 以内

5. 规范要求

本设计应符合现行国家有关规范和标准要求。

6. 制图要求

（1）在总平面图上绘制博物馆建筑屋顶平面图并标注层数、相对标高和建筑物各主要出入口。

（2）布置用地内绿化、景观，布置用地内通道与各出入口并完成与城市道路的连接，布置停车场并标注各类机动停车数量、自行车停车场面积。

（3）按要求绘制一层平面图与二层平面图，标注各用房名称及表 11-1、表 11-2 中带 * 号房间的面积。

（4）画出承重柱、墙体（双线表示），表示门的开启方向，窗、卫生洁具可不表示。

（5）标志建筑轴线尺寸、总尺寸，地面、楼面的相对标高。

（6）在指定位置填写一、二层建筑面积（面积均按轴线计算，各房间面积、各层建筑面积允许误差控制在规定建筑面积的 ±10% 以内）。

二层用房及要求　　**表 11-2**

功能区		房间名称	建筑面积（m^2）	间数	备注
技术与办公区 878m^2	藏品前处理区 342m^2	书画修复	54	1	含库房 18m^2，室内连通
		织物修复	54	1	含库房 18m^2，室内连通
		金石修复	54	1	含库房 18m^2，室内连通
		瓷器修复	54	1	含库房 18m^2，室内连通
		档案	36	1	
		实验室	54	1	
		复制室	36	1	

续表

功能区		房间名称	建筑面积（m²）	间数	备注
技术与办公区 878m²	办公区 536m²	研究室	180	5	每间 36m²
		会议室	54	1	
		馆长室	36	1	
		办公室	72	4	每间 18m²
		文印室	25	1	
		管理室	108	3	每间 36m²
		库房	36	1	
		男女厕所	25	2	
（17%）其他交通面积			798m²		含走道、楼电梯等
陈列区 1895m²		* 陈列室	1245	3	每间 415m²
		* 通廊	600	1	兼休息，布置自动扶梯
		男女厕所	50	3	男、女各 22m²，无障碍 6m²
观众服务区 450m²		咖啡茶室	150	1	含操作间、库房
		书画商店	150	1	
		售品部	100	1	
		男女厕所	50	3	男、女各 22m²，无障碍 6m²
藏品库区 729m²		* 藏品库	375	2	2 间藏品库，每间 110m² 四周设巡视走廊
		缓冲间	110	1	含值班、专用楼梯
		藏品通道	100	1	
		阅览室	54	1	供研究工作人员用
		资料室	72	1	
		管理室	18	1	
二层建筑面积			4750m²		
二层允许建筑面积			4275 ~ 5225m²（允许误差 ±10% 以内）		

二、设计分析

1. 博物馆 7.8m × 7.8m 柱网方案

因有采光要求，将地块用足。选 7.8m × 7.8m 柱网，每格 60.48m²，则长边可出 105/7.8=13.46 个柱距，取 13 柱距，短边 72/7.8=9.2 取 9 柱距。

柱网面积 7.8 × 7.8 ×（13 × 9）=7118m²

比一层要求面积多 7118–5300=1818m²

需挖出 1818m²/60=30 格（图 11-3）。

2. 绘制小草图（图 11-4）

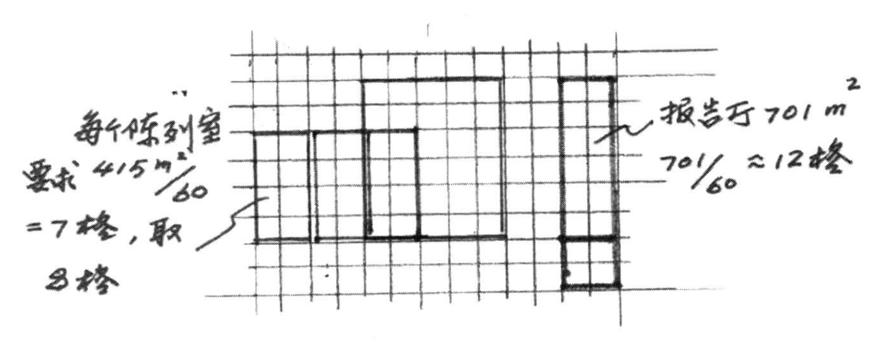

图 11–3

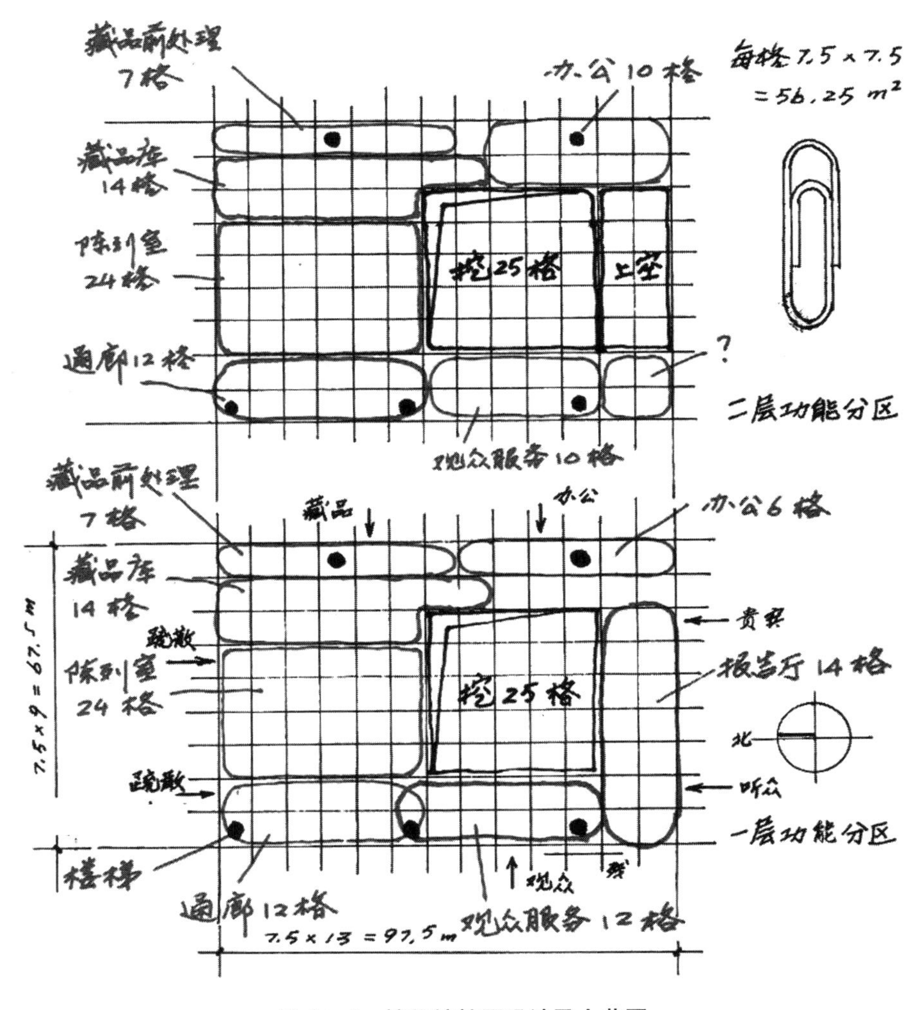

图 11–4　博物馆柱网设计及小草图

3. 绘制大草图（图 11-5、图 11-6）

以表 11-1 中技术与办公区为例，该区房间多为 36m²，或 72m²（2×36），或 18+54=72m²，或 0.5×36=18m²。我们可以 36m² 为基本单元，该区共 19 间房，折合 17 间 36m² 房屋。按功能分区为藏品前处理区和办公区。

那么如何实现 36m² 的房间？我们可将 7.8m×7.8m 柱网，三格四间，或三格五间即可，如图 11-6 所示。

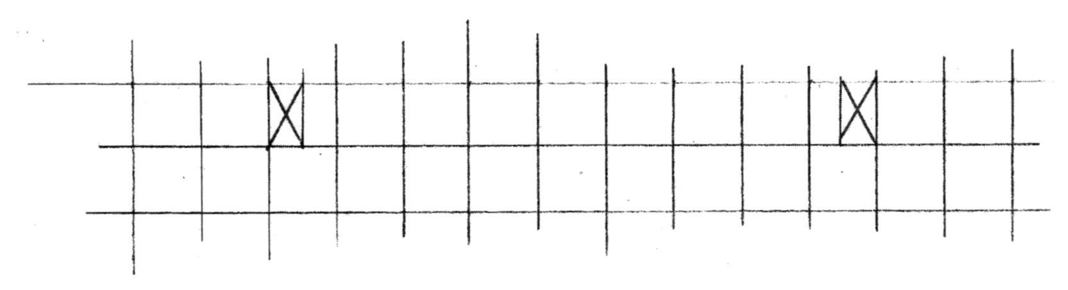

图 11-5　技术与办公区部分大草图

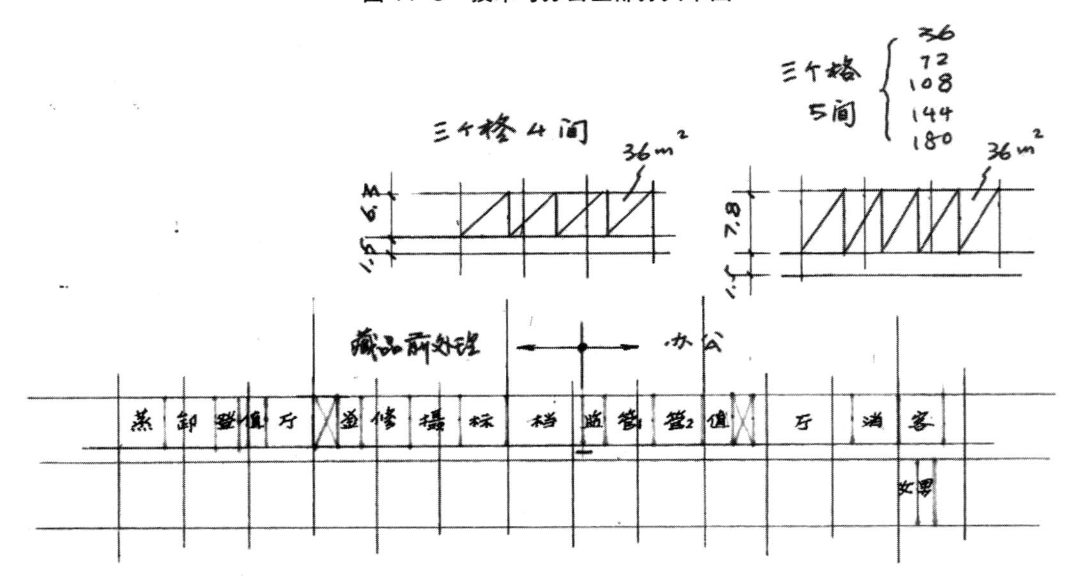

图 11-6　房间就位

1. 经第一轮房间分配后，共 19 间房无误。

2. 第二轮将男女厕所与管 1 互换位置，会客与管 2 互换更便利使用。

3. 两部楼梯可满足消防要求，但袋形走廊过长，可将门厅与楼梯位置互换。

三、参考答案

1. 一、二层平面图（图 11-7、图 11-8）

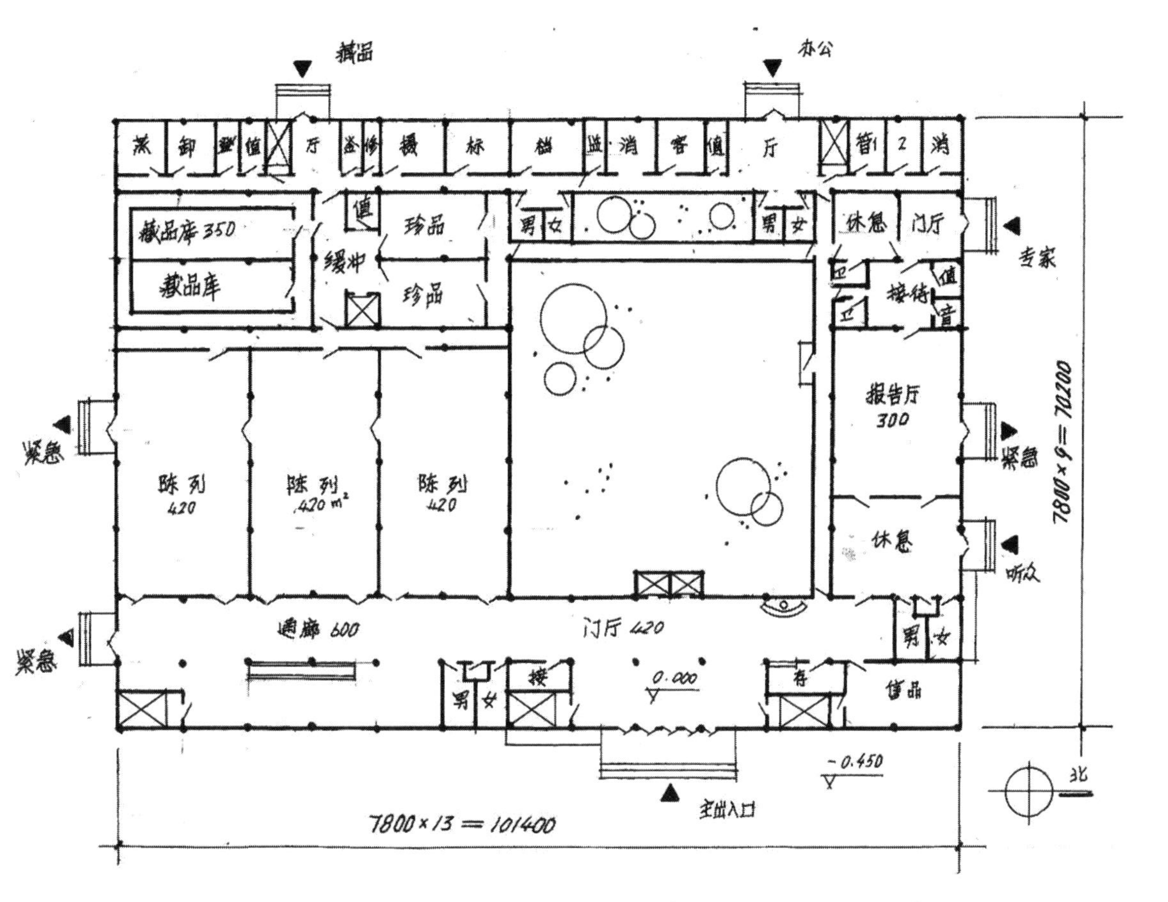

图 11-7　一层平面图　本层建筑面积：5538m²　总建筑面积：10293m²

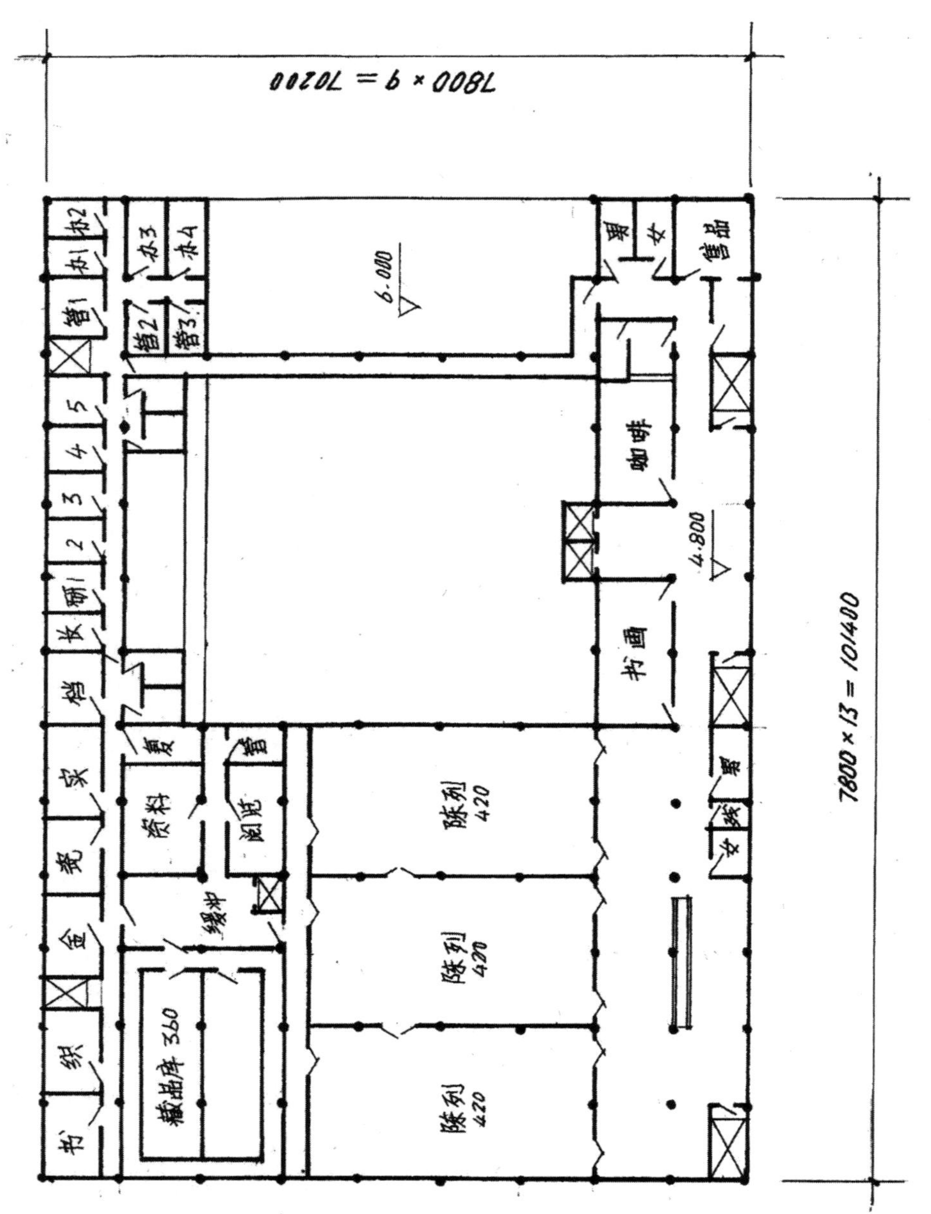

图 11-8 二层平面图 建筑面积：4755m^2

2. 总平面图（图 11-9）

新建博物馆平面多处有凹凸细节，绘制时应与平面图在各个细节处保持一致。本例将消防车道用新建桥完成环路，也可以不做桥而在博物馆西侧修建一个可以调头的小广场。

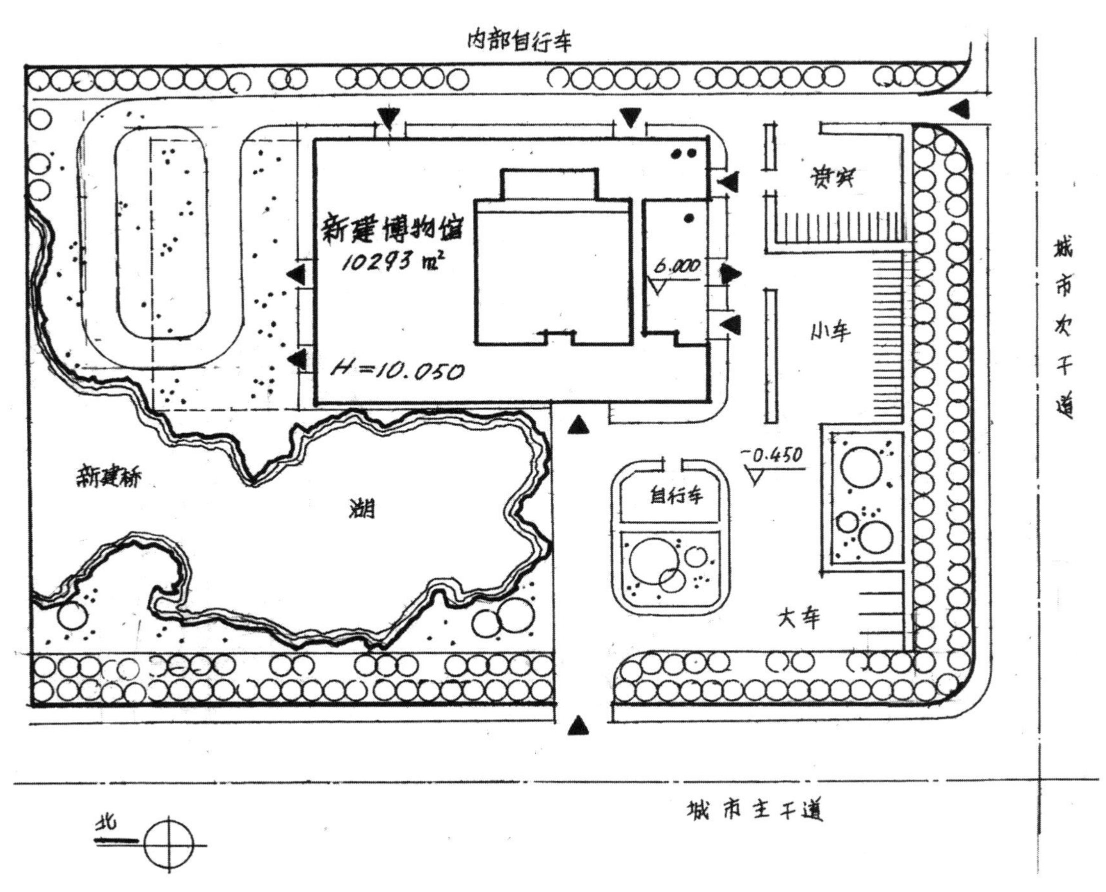

图 11-9 总平面

四、评分标准（表 11–3）

评分标准　　表 11–3

序号	评分项	扣分值
1	一层或二层未画（含基本未画）	不及格
2	总平面未画（含基本未画）	该项为 0 分
3	总体与单体不符	5 分
4	未设车辆出入口、停车场未布置、未表示道路系统	3 分 / 项
5	公众观展与内部业务分区不明或流线交叉	20 分
6	藏品入库、出库不按流程	4 分 / 项
7	藏品前处理与办公流线交叉	4 分
8	各功能分区间无门分隔	2 分
9	陈列室 3 间能独立使用，至少两间自然采光，每间跨度不小于 12m，每违反一项	2 分 / 项
10	报告厅不能单独使用	4 分
11	缺陈列室、通廊、报告厅、观众区门厅、藏品库	10 分 / 项
12	办公区与观众服务区门厅无直接联系	2 分
13	缺一般房间、暗房间	1 分 / 间
14	房门至楼梯间＞ 35m，首层楼梯至室外出口，袋形走廊＞ 20m	5 分 / 项
15	未标房名、面积、未布置电梯、未标楼层面积	2 分 / 项
16	单线作图	5 分

第十二章　超级市场方案设计（2013 年）

一、任务描述

在我国某中型城市拟建一座两层、总建筑面积约 12500m^2 的超级市场（即自选商场），按下列各项要求完成超级市场方案设计。

1. 用地条件

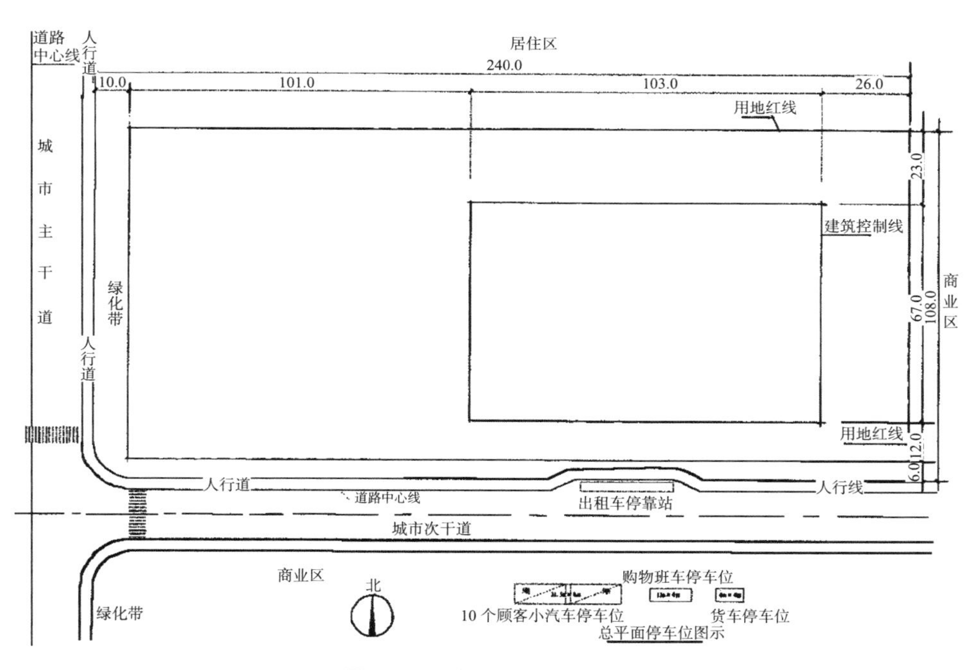

图 12–1　总平面图 1∶500

用地地势平坦；用地西侧临城市主干道，南侧为城市次干道，北侧为居住区，东侧为商业区；用地红线、建筑控制线、出租车停靠站及用地情况如图 12-1 所示。

2. 总平面设计要求

（1）在建筑控制线内布置超级市场建筑。

（2）在用地红线内布置人行、车行流线，布置道路及行人、车辆出入口。在城市主干道上设一处客车出入口，次干道上分设客、货车出入口一处。出入口允许穿越绿化带。

（3）在用地红线内合理布置顾客小汽车停车位 120 个，每 10 个小汽车停车位附设 1 个超市手推车停放点。购物班车停车位 3 个，顾客自行车停车场 200m^2；布置货车停车位

8 个，职工小汽车场 300m²，职工自行车停车场 150m²，相关停车位如图 12-1 所示。

（4）在用地红线内布置绿化。

3. 建筑设计要求

超级市场由顾客服务、卖场、进货储货、内务办公和外租用房 5 个功能区组成，用房、面积及要求见表 12-1、表 12-2。功能关系如图 12-2 所示。选用的设施如图 12-3 所示，相关要求如下：

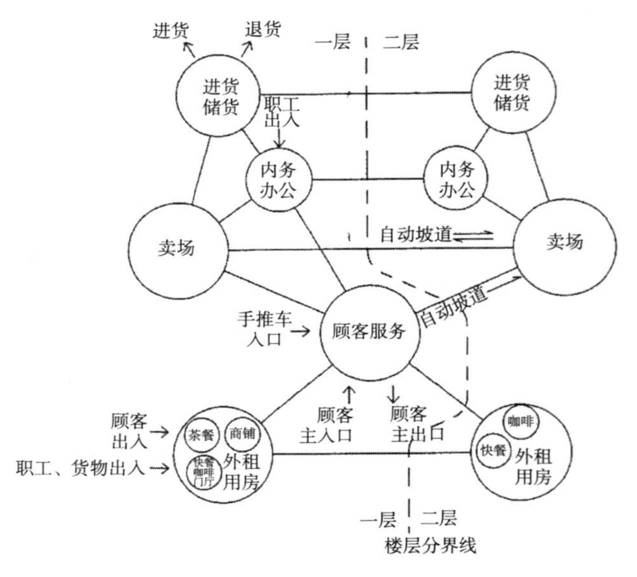

图 12–2　一、二层主要功能关系示意图

（1）顾客服务区

建筑主出、入口。朝向城市主干道，在一层分别设置。宽度均不小于 6m。设一部上行自动坡道供顾客直达二层卖场区，部分顾客亦可直接进入一层卖场区。

（2）卖场区

区内设上、下自动坡道及无障碍电梯各一部。卖场由若干区块和销售间组成，区块间由通道分隔，通道宽度不小于 3m 且中间不得有柱。收银等候区域兼作通道使用。等候长度自收银台边缘计不小于 4m。

（3）进货储物区

分设普通进货处和生鲜进货处。普通进货处设两部货梯。走廊宽度不小于 3m。每层设 2 个补货口为卖场补货，宽度均不小于 2.1m。

（4）内务办公区

设独立出入口，用房均应自然采光。该区出入其他功能区的门均设门禁。一层接待室、洽谈室连通门厅。与本区其他用房应以门禁分隔；二层办公区域应相对独立，与内务区域以门禁分隔。

本区内卫生间允许进货储货与卖场区职工使用。

（5）外租用房区

商铺、茶餐厅、快餐店、咖啡厅对外出入口均朝向城市次干道以方便对外使用，同时一层茶餐厅与二层快餐店、咖啡厅还应尽量便捷联系一层顾客大厅。设一部客货梯通往二层快餐店以方便厨房使用。

（6）安全疏散

二层卖场区的安全疏散总宽度最小为 9.6m，卖场区内任意一点至最近安全出口的直线距离最大为 37.5m。

（7）其他

建筑为钢筋混凝土框架结构，一、二层层高均为 5.4m，建筑面积以轴线计算，各房间面积、各层面积及总建筑面积允许误差控制在给定建筑面积的 ±10% 以内。

一层用房、面积及要求　　**表 12-1**

功能区	房间或区块名称		建筑面积（m^2）	内含间数	要求及备注
顾客服务区 950m^2	* 顾客大厅		640		分设建筑主出、入口，宽度均不小于 6m
	手推车停放		80		设独立外入口，便于室外手推车回收
	存包处		40		面向顾客大厅开口
	客服中心		80		含总服务台，20m^2 售卡室、广播室、货物退换室各 1 间
	休息室		30	1	紧邻顾客大厅
	卫生间		80	4	男、女各 25m^2，残卫、清洁间单独设置
卖场区 2942m^2	收银处		320		布置收银台不少于 10 组，设一处宽度 2.4m 的无购物出口
	* 包装食品区块		360		紧邻收银处，均分二块且相邻布置
	* 散装食品区块		180		
	* 蔬菜水果区块		180		
	* 杂粮干货区块		180		
	* 冷冻食品区块		180		通过补货口连接食品冷冻库
	* 冷藏食品区块		150		通过补货口连接食品冷藏库
	* 豆制品禽蛋区块		150		
	* 酒水区块		80		
	生鲜加工销售间		54	2	销售 18m^2，36m^2 加工间连接进货储货区
	熟食加工销售间		54	2	销售 18m^2，36m^2 加工间连接进货储货区
	面包加工销售间		54	2	销售 18m^2，36m^2 加工间连接进货储货区
	交通		1000		含自动坡道、无障碍电梯、通道等
进货储货区 774m^2	普通	* 普通进货处	210		含收货间 12m^2，有独立外出口的垃圾间 18m^2、货梯 2 部
		普通卸货停车间	54	1	设 4×6m 车位 2 个，内接普通进货处，设卷帘门
		食品常温库	80	1	
	生鲜	* 生鲜卸货处	144		含收货间 12m^2，有独立外出口的垃圾间 18m^2
		生鲜卸货停车间	54	1	设 4×6m 车位 2 个，内接生鲜进货处，设卷帘门
		食品冷藏库	80	1	
		食品冷冻库	80	1	
	辅助用房		72	2	每间 36m^2
内务办公区 300m^2	门厅		30	1	
	接待室		30	1	连通门厅
	洽谈室		60	1	连通门厅
	更衣室		60	2	男、女各 30m^2
	职工餐厅		90	1	不考虑厨房布置
	卫生间		30	3	男、女卫生间及清洁间各 1 间

续表

功能区	房间或区块名称	建筑面积（m^2）	内含间数	要求及备注
外租用房区 674m^2	商铺	480	12	每间 40m^2，均独立对外经营，设独立对外出入口
	茶餐厅	140	1	连通顾客大厅，设独立对外出口
	快餐店、咖啡厅门厅	30	1	联系顾客大厅
	卫生间	24	3	男、女卫生间及清洁间各 1 间。供茶餐厅、二层快餐店与咖啡厅共用，亦可设在二层
交通 540m^2	走廊、过厅、楼梯、电梯等	540		不含顾客大厅和卖场内交通
一层建筑面积 6200m^2（允许误差 ±10%：5580 ~ 6820m^2）				

二层用房、面积及要求 表 12–2

<table>
<tr><th>功能区</th><th colspan="2">房间或区块名称</th><th>建筑面积（m^2）</th><th>内含间数</th><th>要求及备注</th></tr>
<tr><td rowspan="9">卖场区服务区 3480m^2</td><td colspan="2">* 特卖区块</td><td>300</td><td></td><td></td></tr>
<tr><td colspan="2">* 办公体育用品区块</td><td>300</td><td></td><td>靠墙设置</td></tr>
<tr><td colspan="2">* 日用百货区块</td><td>460</td><td></td><td>均分二间且相邻布置</td></tr>
<tr><td colspan="2">* 服装区块</td><td>460</td><td></td><td>均分二间且相邻布置</td></tr>
<tr><td colspan="2">* 家电用品区块</td><td>460</td><td></td><td>均分二间且相邻布置</td></tr>
<tr><td colspan="2">* 家用清洁区块</td><td>50</td><td></td><td></td></tr>
<tr><td colspan="2">* 数码用品区块</td><td>120</td><td></td><td>含 20m^2 体验间 2 间</td></tr>
<tr><td colspan="2">* 图书音像区块</td><td>120</td><td></td><td>含 20m^2 音像、视听各 1 间</td></tr>
<tr><td colspan="2">交通</td><td>1210</td><td></td><td>含自动坡道、无障碍电梯、通道等</td></tr>
<tr><td>进货储货区 640m^2</td><td colspan="2">库房</td><td>640</td><td>4</td><td>每间 160m^2</td></tr>
<tr><td rowspan="11">内务办公区 720m^2</td><td rowspan="5">内务</td><td>业务室</td><td>90</td><td>1</td><td>含控制 24m^2、库房 10m^2</td></tr>
<tr><td>会议室</td><td>90</td><td>1</td><td></td></tr>
<tr><td>职工活动室</td><td>90</td><td>1</td><td></td></tr>
<tr><td>职工休息室</td><td>90</td><td>1</td><td></td></tr>
<tr><td>卫生间</td><td>30</td><td>1</td><td>男、女卫生间及清洁间各 1 间</td></tr>
<tr><td rowspan="6">办公</td><td>安全监控室</td><td>30</td><td>1</td><td></td></tr>
<tr><td>办公室</td><td>90</td><td>3</td><td>每间 30m^2</td></tr>
<tr><td>收银室</td><td>60</td><td>2</td><td>30m^2 收银、金库各 1 间，金库为套间</td></tr>
<tr><td>财务室</td><td>30</td><td>1</td><td></td></tr>
<tr><td>店长室</td><td>90</td><td>3</td><td>每间 30m^2</td></tr>
<tr><td>卫生间</td><td>30</td><td>1</td><td>男、女卫生间及清洁间各 1 间</td></tr>
<tr><td rowspan="2">540m^2</td><td colspan="2">快餐店</td><td>400</td><td>2</td><td>含 330m^2 餐厅，内含服务台 30m^2、厨房 70m^2、客货梯 1 部</td></tr>
<tr><td colspan="2">咖啡厅</td><td>140</td><td>1</td><td>内含服务台 15m^2</td></tr>
<tr><td>交通 764m^2</td><td colspan="2">走廊、过厅、楼梯、电梯等</td><td>764</td><td></td><td>不含卖场内交通</td></tr>
<tr><td colspan="6">二层总建筑面积为 6240m^2（允许误差 ±10%：5616 ~ 6864m^2）</td></tr>
</table>

一、二层总建筑面积为 12440m²（允许误差 ±10%：11196 ~ 13684m²）。

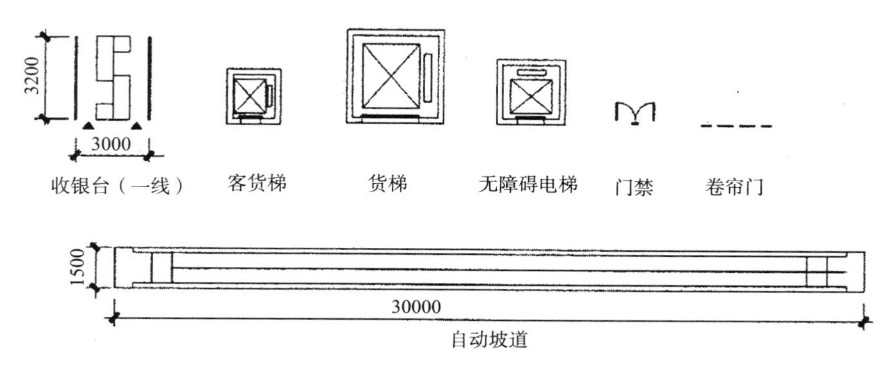

图 12-3　平面图用设施图示及图例 1：200

4. 规范要求

本设计应符合现行国家有关规范及标准要求。

5. 制图要求

总平面图：

（1）绘制超级市场建筑屋顶平面图并标注层数和相对标高。

（2）布置并标注行人及车辆出入口、建筑各出入口、机动车停车位（场）、自行车停车场，布置道路及绿化。

平面图：

（1）绘制一、二层平面图。画出承重柱、墙体（双线）、门的开启方向及应有的门禁，窗、卫生洁具可不表示。标注建筑各出入口、各区块及各用房名称，标注带 * 号房间或区块（见表 12-1、表 12-2）的面积。

（2）标注建筑轴线尺寸、总尺寸及地面、楼面的标高。在（试卷 3、4 页左下角）指定位置填写一、二层建筑面积和总建筑面积。

二、超级市场方案设计

1. 柱网

选 $7.8 \times 7.8 = 60.84\text{m}^2 \approx 60\text{m}^2$。

2. 确定平面

题目要求：

一层建筑面积 6.200m²；

二层建筑面积 6.240m²。

每层所需柱网格数：

6200/60 = 103 个格。

本题场地尺寸为 103m × 67m。

场地长边可容：

103m/7.8m＝13.21 ≈ 13 柱距。

场地短边尚需：

103 个格 /13＝7.92 ≈ 8 柱距。

面积检验：

$13 \times 8 \times 60.84 = 6327m^2$，

比要求多 1% 合适。

3. 绘制小草图（图 12-4）

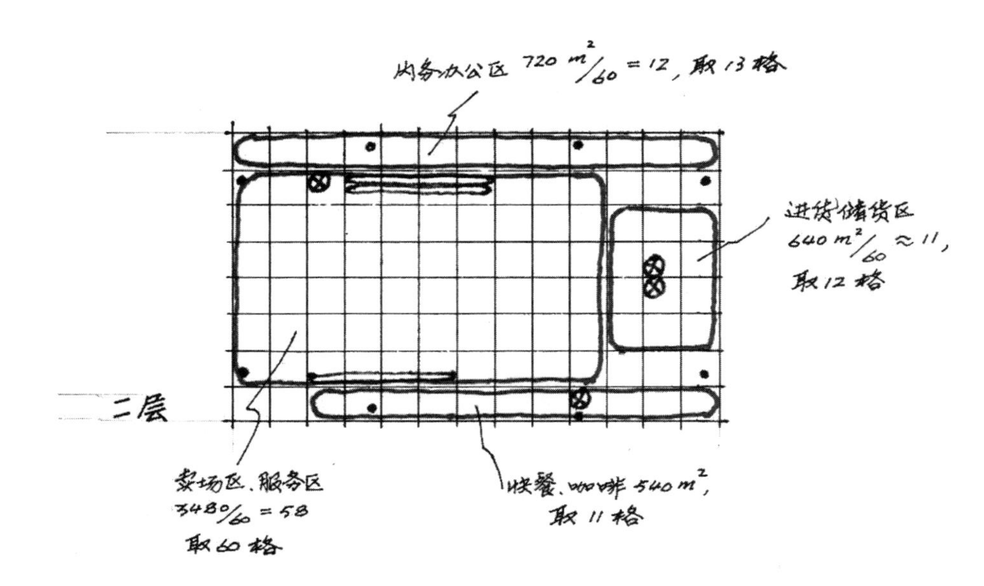

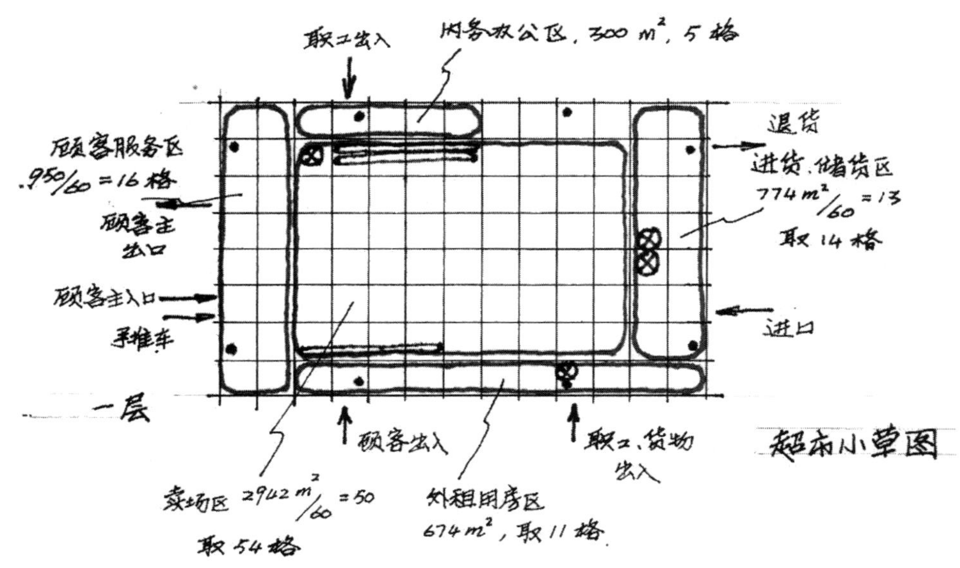

图 12–4 超市小草图

4. 绘制大草图（图 12-5）

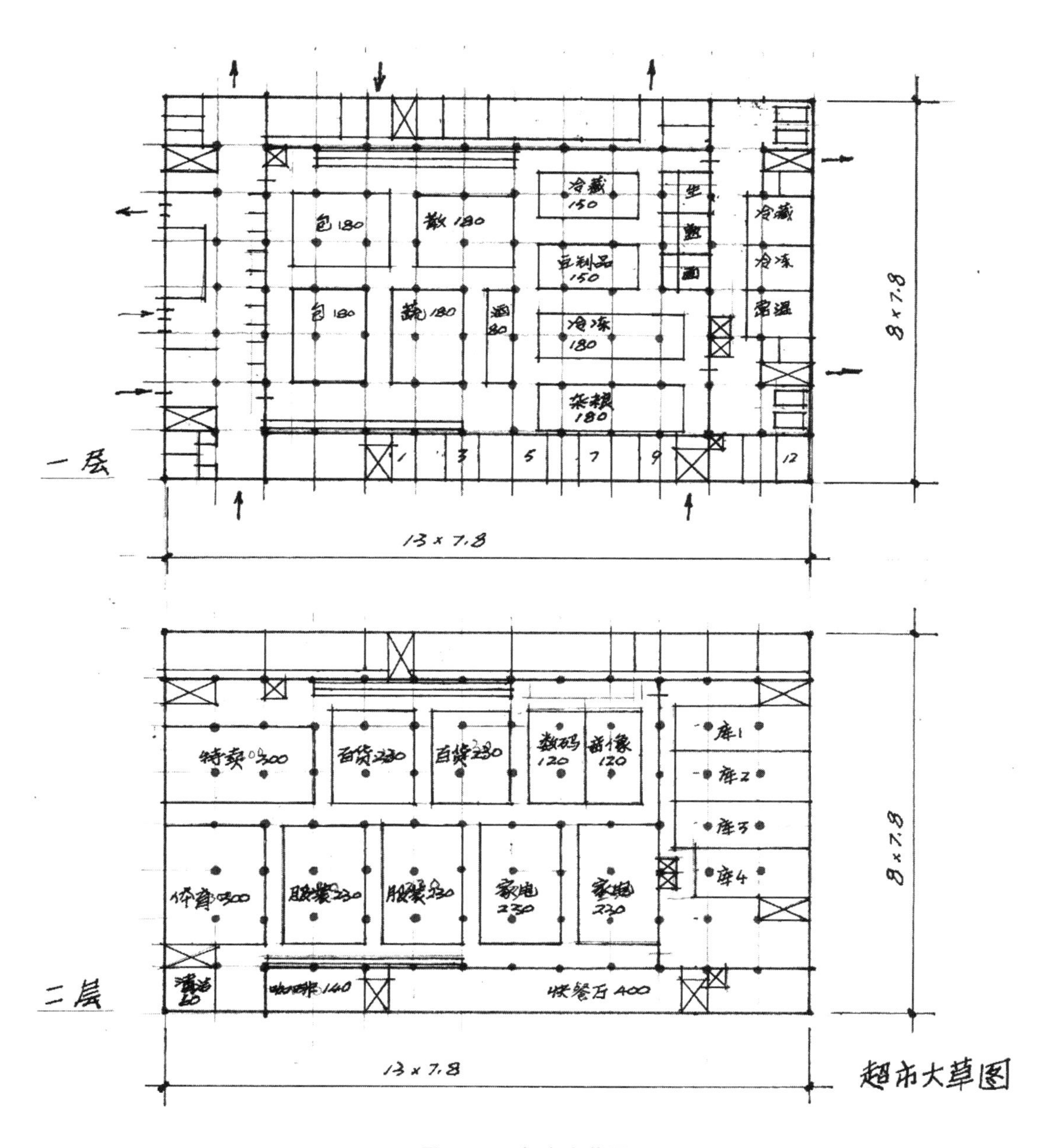

图 12-5　超市大草图

三、参考答案

1. 一、二层平面图（图 12-6、图 12-7）

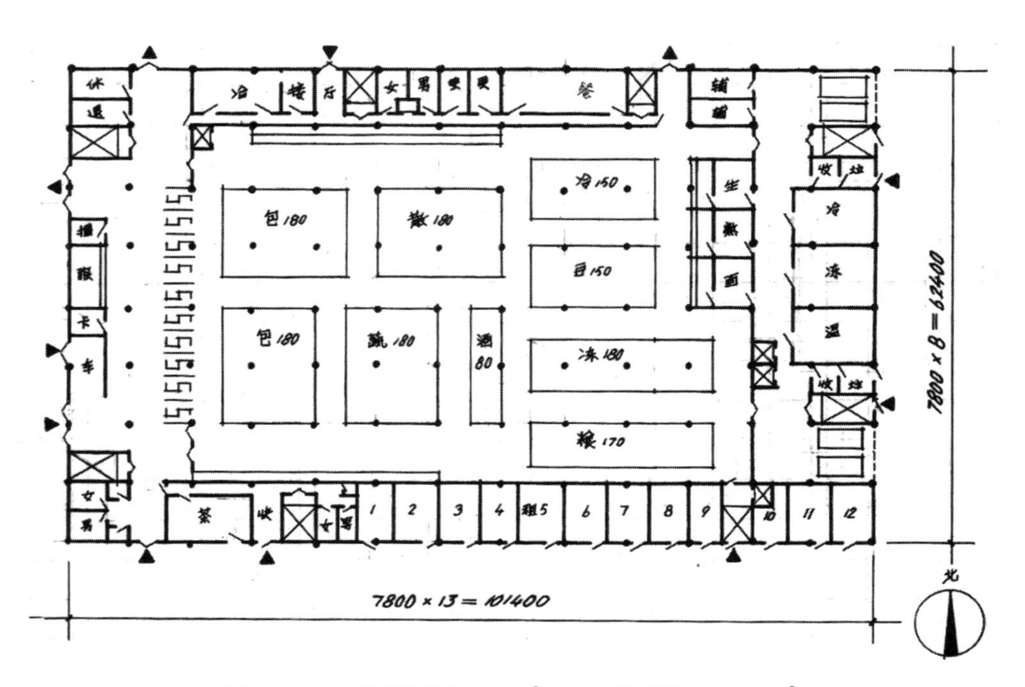

图 12–6　一层平面图 6327m²　总建筑面积：12655m²

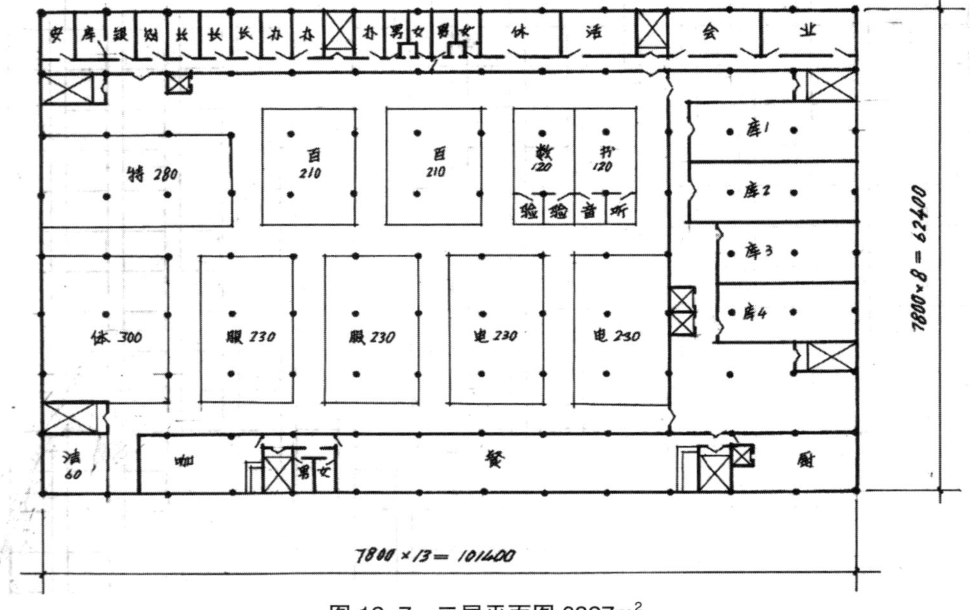

图 12–7　二层平面图 6327m²

2. 总平面图（图 12-8）

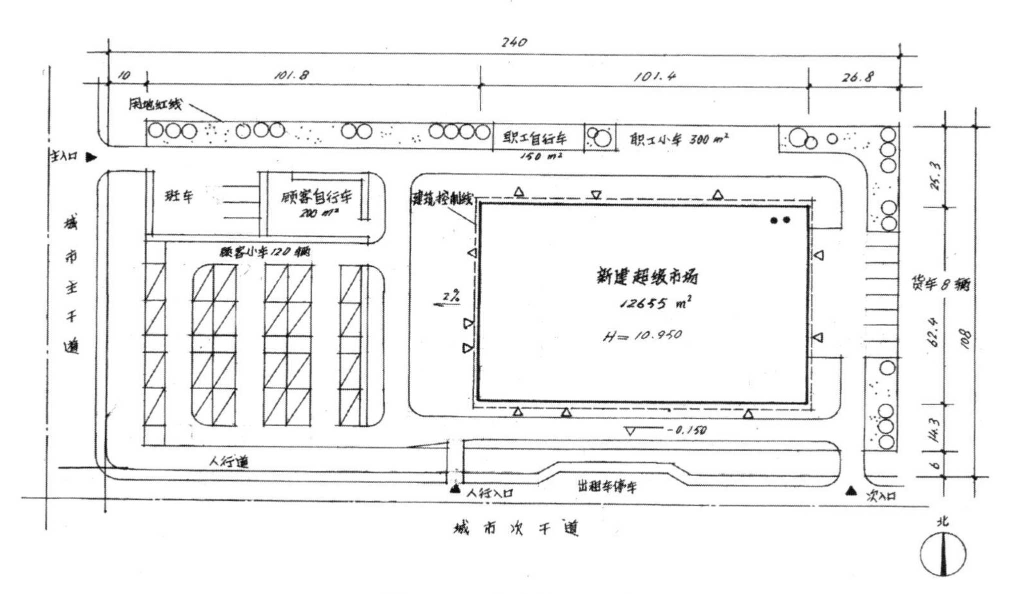

图 12–8　超市总平面图

四、评分标准（表 12–3）

评分标准　　表 12–3

<table>
<tr><td colspan="3">提示</td><td colspan="4">1. 一层或二层平面图未画（含基本未画）该项为 0 分，序号 4 项也为 0 分，为不及格卷。
2. 总平面图未画（含基本未画）该项为 0 分。
3. 扣到 45 分后即为不及格卷</td></tr>
<tr><td>序号</td><td colspan="2">考核项目</td><td colspan="2">分项考核内容</td><td>分值</td><td>扣分范围</td></tr>
<tr><td rowspan="6">1</td><td rowspan="6">总平面（15 分）</td><td rowspan="6">整体布局及交通绿化</td><td colspan="2">建筑超出控制线扣 15 分（不包括台阶、坡道、雨篷等）</td><td rowspan="6">15</td><td>15</td></tr>
<tr><td colspan="2">总体与单体不符扣 3 分，未表示层数或标高或表示错误各扣 1 分</td><td>1 ~ 3</td></tr>
<tr><td colspan="2">场地机动车缺 1 处扣 2 分，未按要求设置，或开口距路口≤ 70m，各扣 2 分</td><td>2 ~ 6</td></tr>
<tr><td colspan="2">道路未表示扣 3 分，表示不全或组织不合理各扣 1 ~ 2 分，未做绿化设计各扣 1 分</td><td>1 ~ 3</td></tr>
<tr><td colspan="2">机动车：顾客停车场未画扣 4 分，职工、货、班停车场未画、布置不当、未分区设置各扣 2 分，职工停车场未标注面积扣 1 分；
自行车：停车场未画，各扣 2 分；未标注面积各扣 1 分</td><td>1 ~ 8</td></tr>
<tr><td colspan="2">建筑出入口，顾客 2，货物 2、手推车、办公，未标或缺一个扣 1 分</td><td>1 ~ 3</td></tr>
<tr><td rowspan="2">2</td><td rowspan="2">一层平面（40 分）</td><td rowspan="2">功能布局</td><td colspan="2">卖场区、办公区、进货储货区、外租商铺区之间，分区不明或流线交叉扣 20 分（功能分区明确但未按要求连通，按下述各款扣分）</td><td rowspan="2">40</td><td>20</td></tr>
<tr><td>服务区</td><td>未布置由服务区直达二层卖场区的自动扶梯，扣 5 分；
超市主出入口未朝向主干道或未分别设置，各扣 1 分；
手推车停放未设置或设置不当，扣 2 分；
未设置卖场入口，扣 1 分，未设无购物出口，扣 1 分</td><td>1 ~ 8</td></tr>
</table>

续表

序号	考核项目		分项考核内容		分值	扣分范围
2	一层平面（40分）	功能布局	卖场区	未分设 9 个独立区块、不同区块间主通道小于 3m 或中间有柱，各扣 2 分 面包、熟食、生鲜销售与其加工间未布置在一起，各扣 1 分； 上述 3 个加工间与库区未相邻或联系不当，各扣 1 分； 包装食品区块未紧邻收银处，扣 2 分； 收银处未画，扣 4 分；排队等候距离小于 4m，扣 2 分；数量、宽度不足，各扣 1 分； 无障碍电梯未设在卖场区、卖场区内设卫生间，各扣 2 分	40	1 ~ 14
			库区	货物未按：缺货停车间——进货处——库房（加工间）——卖场区，扣 4 分； 普通区、生鲜进货区未分别设置，扣 2 分； 2 个补货口，缺 1 个扣 3 分；补货口未直接通库区走廊或未直通卖场区通道，各扣 3 分； 库区未设走廊，扣 2 分；宽度小于 3m，扣 1 分； 货梯设于库房内，扣 2 分		1 ~ 10
			办公区	服务、卖场、库区之间未连通，各扣 2 分；未设门禁，各扣 1 分； 对外洽谈区和接待区未连通门厅或未与其他用房分隔，各扣 1 分； 办公用房（不含卫生间）无自然采光，每间扣 1 分		1 ~ 8
			外租区	咖啡厅及快餐店、茶餐厅、外租商铺、快餐货物未设独立出入口，各出入口未朝向城市次干道，各扣 1 分； 茶餐厅未与顾客大厅直接联系，扣 1 分； 快餐咖啡门厅未与顾客大厅直接联系，扣 1 分		1 ~ 5
			垂直交通	未布置自动扶梯 2（卖场内）、快餐客货梯 1 部、库区货梯 2 部（需位于普通进货处）、无障碍电梯 1 部（需位于卖场内），各扣 2 分		2 ~ 6
		缺房间或面积	售货区块 9、顾客大厅（640m^2）、进货处 2（210m^2+144m^2），缺 1 扣 3 分； 面积严重不符（+10%），各扣 2 分；未标注面积，各扣 1 分			1 ~ 10
			服务区 8 间：手推车停放、存包处、客服中心 4、休息室、卫生间； 卖场区 6 间：生鲜加工销售间 2、熟食加工销售间 2、面包加工销售间 2； 库区 7 间：普通卸货停车间、食品常温库、食品冷藏库、食品冷冻库、生鲜卸货停车间、辅助用房 2； 服务区 7 间：门厅、接待室、洽谈室、更衣 2、职工餐厅、卫生间；外租区 15 间：商铺 12、茶餐厅、咖啡快餐门厅、卫生间； 缺 1 间扣 1 分			1 ~ 5

第十三章　老年养护院方案设计（2014 年）

根据《老年养护院建设标准》和《养老设施建筑设计规范》的定义，老年养护院是为失能（介护）、半失能（介助）老年人提供生活照料、健康护理、康复娱乐、社会工作等服务的专业照料机构。

一、任务描述

在我国南方某城市，拟新建二层 96 张床位的小型老年养护院，总建筑面积 7000m^2。

用地条件：用地地势平坦，东侧为城市主干道、南侧为城市公园、西侧为住宅区、北侧为城市次干道。用地情况详见总平面图（图 13-1）。

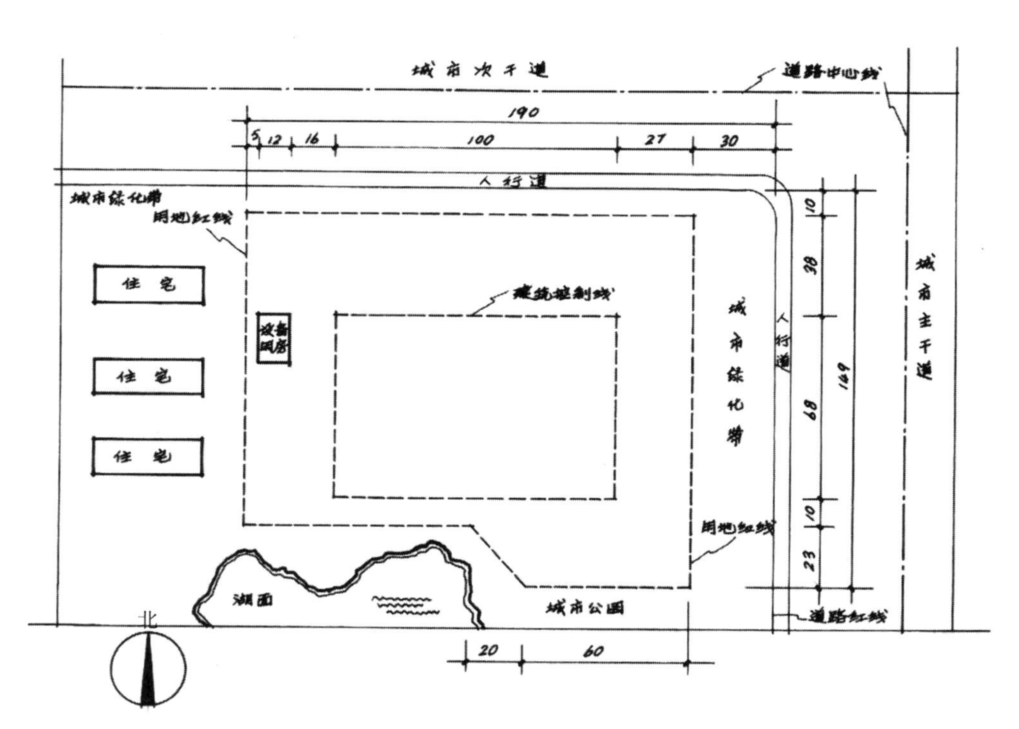

图 13-1　总平面图 1：500

1. 总平面设计要求

（1）在建筑控制线内布置老年养护院建筑。

（2）在用地红线内组织交通流线，布置基地出入口及道路。在城市次干道上设主次出入口各一个。

（3）在用地红线内布置 40 个小汽车停车位 (内含残疾人停车位，可不表示)、1 个救护车停车位、2 个货车停车位，布置职工及访客自行车停车场各 50m^2。

（4）在用地红线内合理布置绿化及场地，设一个不小于 400m^2 的衣物晾晒场（要求临近洗衣房）和 1 个不小于 800m^2 的老年人室外集中活动场地（要求临近城市公园）。

2. 建筑设计要求

（1）老年养护院建筑由五个功能区组成，包括：入住服务区、卫生保健区、生活养护区、公共活动区、办公与附屋用房区。各区域分区明确、相对独立。用房及要求详见表 13-1、表 13-2，主要功能关系如图 13-2 所示，平面居室布置及图例如图 13-3 所示。

（2）入住服务区：结合建筑主出入口布置，与各区联系方便，与办公、卫生保健、公共活动区的交往厅（廊）联系紧密。

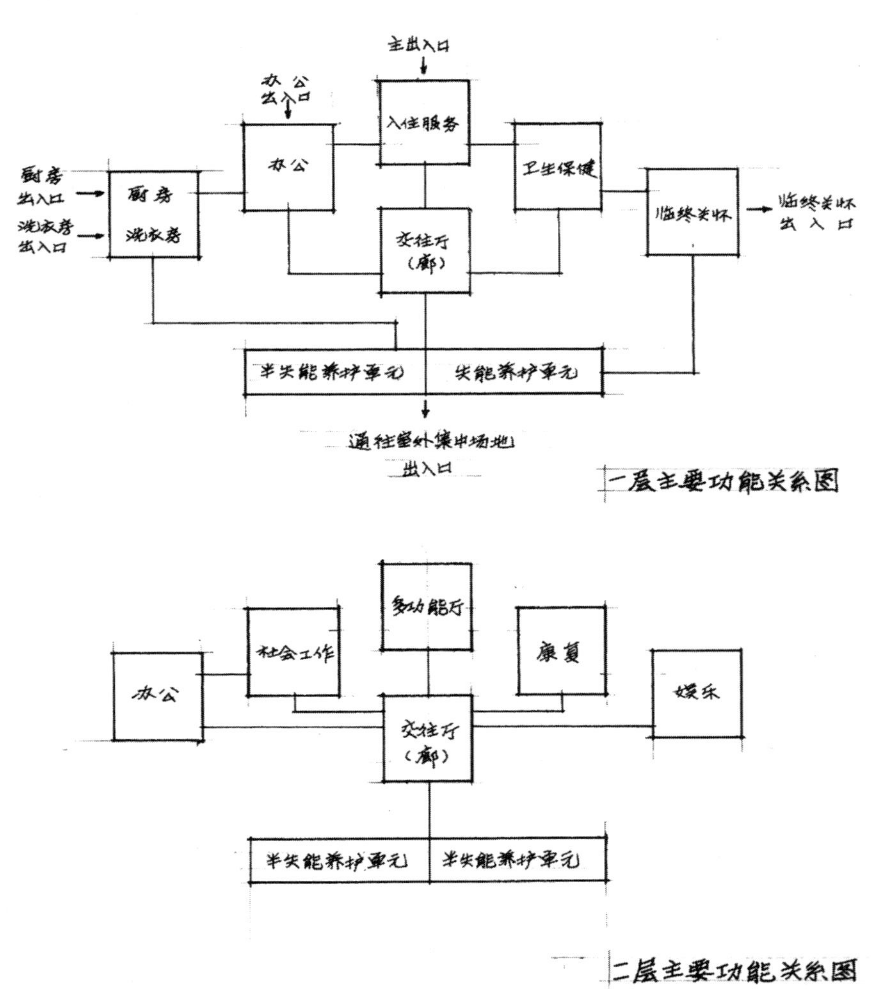

图 13-2　老年养护院功能关系图

（3）卫生保健区：是老年养护院的必要医疗用房，需方便老年人就医和急救。其中临终关怀室应靠近抢救室，相对独立布置，且有独立对外出入口。

（4）生活养护区：是老年人的生活起居场所，由失能养护单元和半失能养护单元组成。一层设置 1 个失能养护单元和 1 个半失能养护单元；二层设置 2 个半失能养护单元。养护单元内除亲情居室外，所有居室均须南向布置，居住环境安静，并直接面向城市公园景观。其中失能养护单元应设专用廊道直通临终关怀室。

（5）公共活动区：包括交往厅（廊）、多功能厅、娱乐、康复、社会工作用房五部分。交往厅（廊）应与生活养护区、入住服务区联系紧密；社会工作用房应与办公用房联系紧密。

（6）办公与附属用房区：办公用房、厨房和洗衣房应相对独立，并分别设置专用出入口。办公用房应与其他各区联系方便，便于管理。厨房、洗衣房应布置合理，流线清晰，并设一条送餐与洁衣的专用服务廊道直通生活养护区。

（7）本建筑内须设 2 台医用电梯、2 台送餐电梯和 1 条连接一、二层的无障碍坡道（坡道坡度≤ 1∶12，坡道净宽≥ 1.8m，平台深度≥ 1.8m）。

（8）本建筑内除生活养护区的走廊净宽不小于 2.4m 外，其他区域的走廊净宽不小于 1.8m。

（9）根据主要功能关系图布置 6 个主要出入口及必要的疏散口。

（10）本建筑为钢筋混凝土框架结构（不考虑设置抗震缝），建筑层高：一层为 4.2m，二层为 3.9m。

（11）本建筑内房间除药房、消毒室、库房、抢救中的器械室和居室中的卫生间外，均应天然采光和自然通风。

3. 规范及要求：本设计应符合国家的有关规范和标准要求。

4. 制图要求

（1）总平面图

1）绘制老年养护院建筑屋顶平面图并标注相对标高，注明建筑各主要出入口。

2）绘制并标注基地主次出入口、道路和绿化、机动车停车位和自行车停车场、衣物晾晒场和老年人室外集中活动场地。

（2）平面图

1）绘制一、二层平面图，表示出柱、墙（双线）、门（表示开启方向），窗、卫生洁具可不表示。

2）标注建筑轴线尺寸、总尺寸，标注室内楼、地面及室外地面相对标高。

3）注明房间或空间名称，标注带 * 号房间见表 13-1、表 13-2 的面积，各房间面积允许误差在规定面积的 ±10% 以内，在 3、4 页（指试卷的页数）中指定位置填写一、二层建筑面积，允许误差在规定面积的 ±5% 以内。

注：房间及各层建筑面积均以轴线计算。

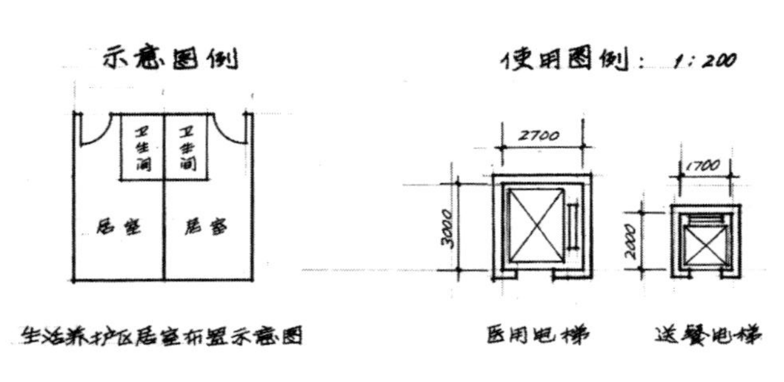

图 13-3 平面居室布置示意图及图例

一层用房及要求 表 13-1

房间及空间名称			建筑面积（m^2）	间数	备注
入住服务区	* 门厅		170	1	含总服务台、轮椅停放处
入住服务区	总值班兼监控室		18	1	靠近建筑主出入口
入住服务区	入住登记室		18	1	
入住服务区	接待室		36	2	每间 18m^2
入住服务区	健康评估室		36	2	每间 18m^2
入住服务区	商店		45	1	
入住服务区	理发室		15	1	
入住服务区	公共卫生间		36	1（套）	男、女各 13m^2，无障碍 5m^2，污洗 5m^2
卫生保健区	护士站		36	1	
卫生保健区	诊疗室		108	6	每间 18m^2
卫生保健区	检查室		36	2	每间 18m^2
卫生保健区	药房		26	1	
卫生保健区	医护办公室		36	2	每间 18m^2
卫生保健区	* 抢救室		45	1（套）	含 10m^2 器械室 1 间
卫生保健区	隔房观察室		36	1	有相对独立的区域和出入口，含卫生间 1 间
卫生保健区	消毒室		15	1	
卫生保健区	库房		15	1	
卫生保健区	* 临终关怀室		104	1（套）	含 18m^2 病房 2 间、5m^2 卫生间 2 间、58m^2 家居休息室
卫生保健区	公共卫生间		15	1（套）	含 5m^2 独立卫生间 3 间
生活养护区	半失能养护单元（24 床）	居室	324	12	每间 2 张床位，面积 27m^2，布置见示意图例
生活养护区	半失能养护单元（24 床）	* 餐厅兼活动厅	54	1	
生活养护区	半失能养护单元（24 床）	备餐间	26	1	内含或靠近送餐电梯
生活养护区	半失能养护单元（24 床）	护理站	18	1	
生活养护区	半失能养护单元（24 床）	护理值班室	15	1	含卫生间 1 间
生活养护区	半失能养护单元（24 床）	助浴间	21	1	
生活养护区	半失能养护单元（24 床）	亲情居室	36	1	
生活养护区	半失能养护单元（24 床）	污洗间	10	1	设独立出口

续表

房间及空间名称			建筑面积（m^2）	间数	备注
生活养护区	半失能养护单元（24 床）	库房	5	1	
		公共卫生间	5	1	
生活养护区	失能养护单元（24 床）	居室	324	12	每间 2 张床位，面积 $27m^2$，布置见示意图例
		备餐间	26	1	内含或靠近送餐电梯
		检查室	18	1	
		治疗室	18	1	
		护理站	36	1	
		护理值班室	15	1	含卫生间 1 间
		助浴间	42	1	每间 $21m^2$
		污洗间	10	1	设独立出口
		库房	5	1	
		公共卫生间	5	1	
		专用廊道			直通临终关怀室
公共活动区		* 交往厅（廊）	145	1	
办公与附属用房区	办公	办公门厅	26	1	
		值班室	18	1	
		公共卫生间	30	1（套）	男、女各 $15m^2$
	附属用房	* 职工餐厅	52	1	
		* 厨房	260	1（套）	含门厅 $12m^2$，收货 $10m^2$，男、女更衣各 $10m^2$，库房 2 间各 $10m^2$，加工区 $168m^2$，备餐间 $30m^2$
		* 洗衣房	120	1（套）	合理分设接收与发放出入口，内含更衣 $10m^2$
		配餐与洁衣的专用服务廊道	直通生活养护区，靠近厨房与洗衣房，合理布置配送车停放处		
其他	交通面积（走道、无障碍坡道、楼梯、电梯等）约 $1240m^2$				
一层建筑面积 $3750m^2$					

二层用房及要求　　　　表 13–2

房间及空间名称			建筑面积（m^2）	间数	备注
生活养护区	本区设 2 个半失能养护单元，每个单元的用房及要求与表 13-1 “半失能养护单元”相同				
公共活动区	* 交往厅（廊）		160	1	
	* 多功能厅		84	1	
	康复	* 物理康复室	72	1	
		* 作业康复室	36	1	
		语言康复室	26	1	
		库房	26	1	
	娱乐	* 阅览室	52	1	
		书画室	36	1	

续表

房间及空间名称			建筑面积（m²）	间数	备注
公共活动区	娱乐	亲情网络室	36	1	
		棋牌室	72	2	每间 36m²
		库房	10	1	
	社会工作	心理咨询室	72	4	每间 18m²
		社会工作室	36	2	每间 18m²
	公共卫生间		36	1（套）	男、女各 13m²，无障碍 5m²，污洗 5m²
办公与附属用房区	办公室		90	5	每间 18m²
	档案室		26	1	
	会议室		36	1	
	培训室		52	1	
	公共卫生间		30	1（套）	男、女各 15m²
其他	交通面积（走道、无障碍坡道、楼梯、电梯等）约 1160m²				
二层建筑面积 3176m²					

二、设计分析

1. 这是一个类似疗养院和医院的建筑。

2. 从总平面中可以看出：北侧是主入口；南侧相连公园且采光良好，宜布置养护居室；西侧有设备用房一处，可布置后勤用房；余下东侧布置医疗和公共活动。

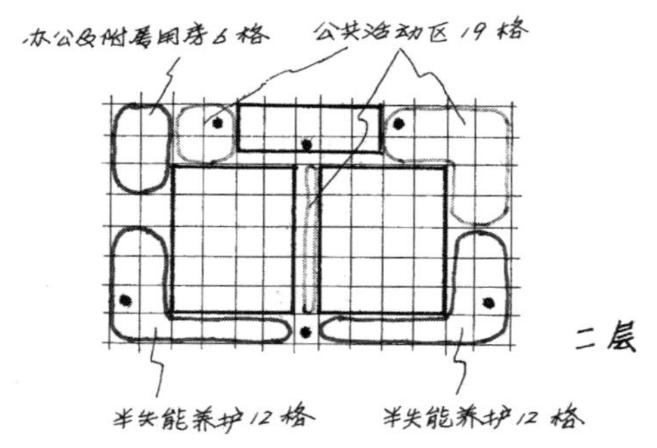

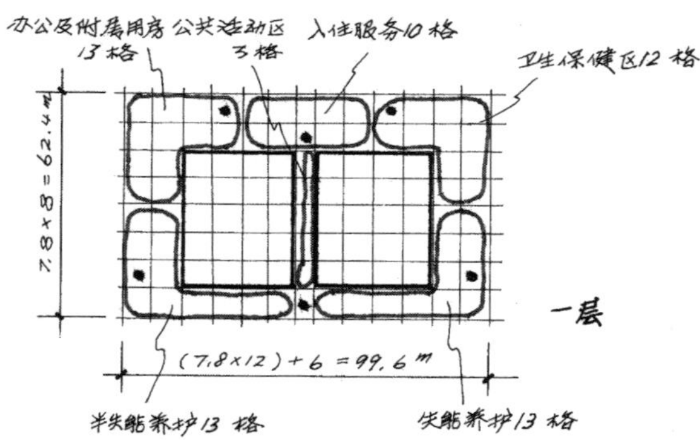

图 13-4　老年养护院小草图

3. 从主要功能关系图看，基本上是一条南北贯通廊道，左右分置各功能房间，没有双线连接。

4. 从题目给出的失能养护单元 12 间，半失能养护单元 12 间，中间一条贯穿南北的通道，可以断定东西方向最少需要 25 间房，才能满足设计要求。

5. 一层用房分为四区（入住、卫生、生活、办公）一廊，二层用房分三区（生活、公共、办公）一廊。

6. 一层平面要求 6 个出入口，4 部电梯（医用 2，送餐 2）和一条连接二层的无障碍坡道。

7. 绘制小草图（图 13-4）。

本题东西向必须有 13 个开间（柱

距）才能满足设计要求。

如柱网选用 7.8m，则 7.8 × 13=101.4m ＞ 100m，改用（7.8 × 12）+6=99.6m ＜ 100m，可行。

南北向最多可布 68/7.8=8.7，取 8 × 7.8=62.4m。

需挖天井面积：（99.6 × 62.4）–3750 = 2465m^2，40 格，挖 2 个天井，每个 20 格。

老年养护院小草图（按 7.8m × 7.8m 柱网，图 13-5）。

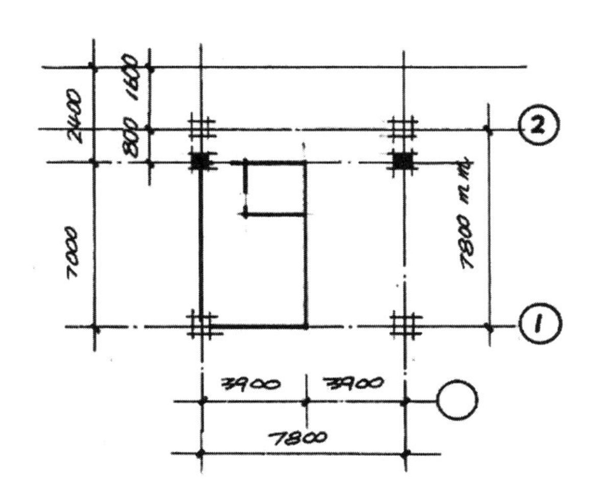

图 13–5　7.8m × 7.8m 柱网布置

本题一层和二层交通面积较大，将其按比例分配到各区。

一层分配系数：

$$K=\frac{1240}{3750-1240}=0.49=49\%$$

入住服务 374 × 1.5=561m^2，10 格；

卫生保健区 472 × 1.5=708m^2，12 格；

半失能养护单元 514 × 1.5=771m^2，13 格；

失能养护单元 499 × 1.5=749m^2，13 格；

公共活动区 145 × 1.5=218m^2，3 格；

办公及附属用房 506 × 1.5=759m^2，13 格。

二层分配系数：

$$K=\frac{1160}{3175-1160}=0.57=57\%$$

二层面积比一层少 3750–3176=574m^2，再去掉 9 格；

2 个半失能养护区，面积与一层同 514 × 1.5=771m^2，13 格；

公共活动区 754 × 1.57=1184m^2，20 格；

办公及附属用房 234 × 1.57=367m^2，6 格。

8. 绘制大草图。

（1）对小草图柱网的修正（图 13-6）

题目规定养护单元居室面积 $27m^2$，走道净宽 2.4m，在给定开间 7800/2=3900mm 情况下，居室进深应为 27/3.9=6.92m，取 7m。为此将②号轴下调 0.8m，据此新轴上返 2.4m 即形成走道。

（2）修正轴线后，新增建筑面积：$8 \times 7.8 \times 2.4=150m^2$，比设计面积仅少 150–（$99.6 \times 0.8$）$=70m^2$，可以。

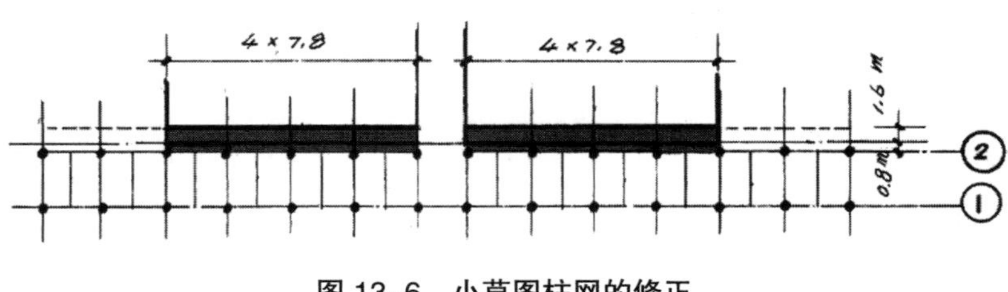

图 13–6　小草图柱网的修正

三、参考答案

考虑到二层面积比一层少很多，以及满足功能关系图的要求。最后平面在图 13-3 的基础上进行了调整，如图 13-7、图 13-8 所示。总平面图如图 13-9 所示。

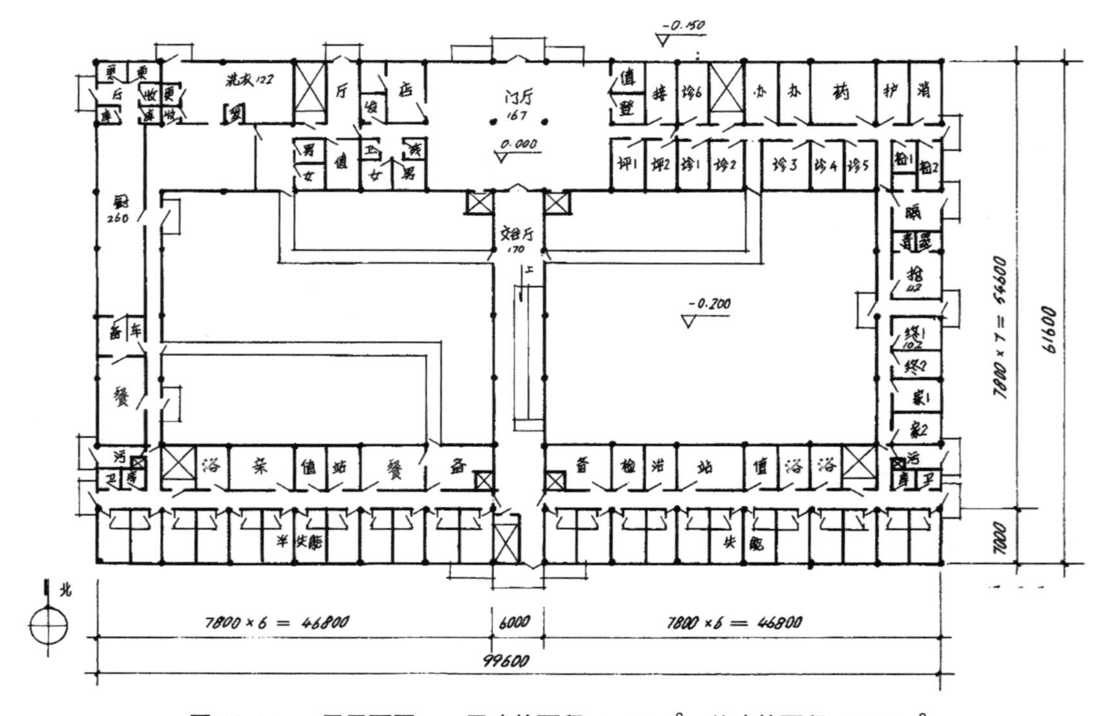

图 13–7　一层平面图　一层建筑面积：$3951m^2$　总建筑面积：$7135m^2$

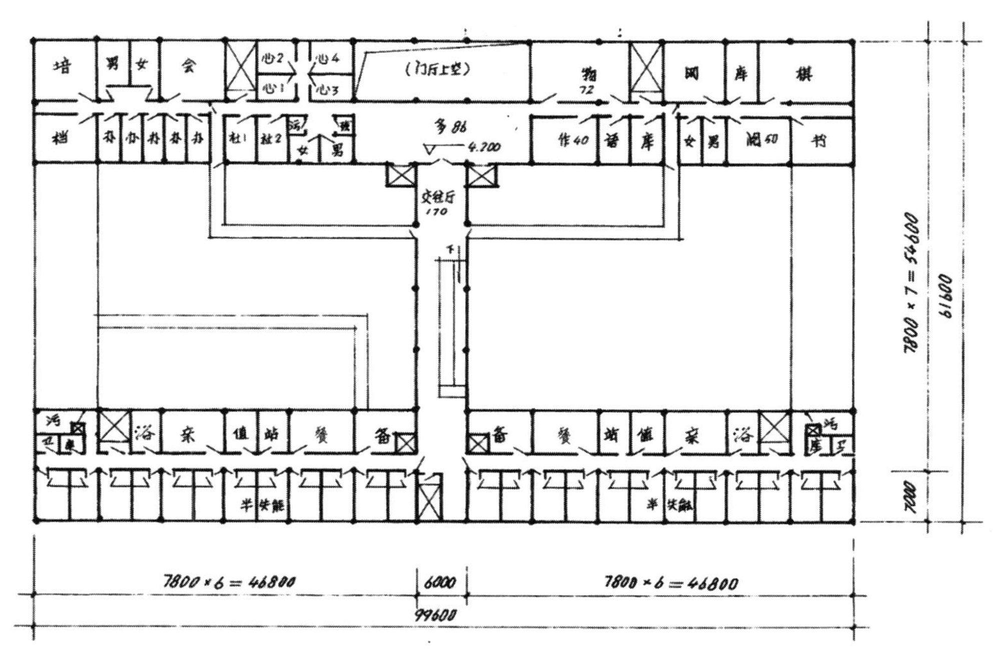

图 13–8　二层平面图　二层建筑面积 3184m²

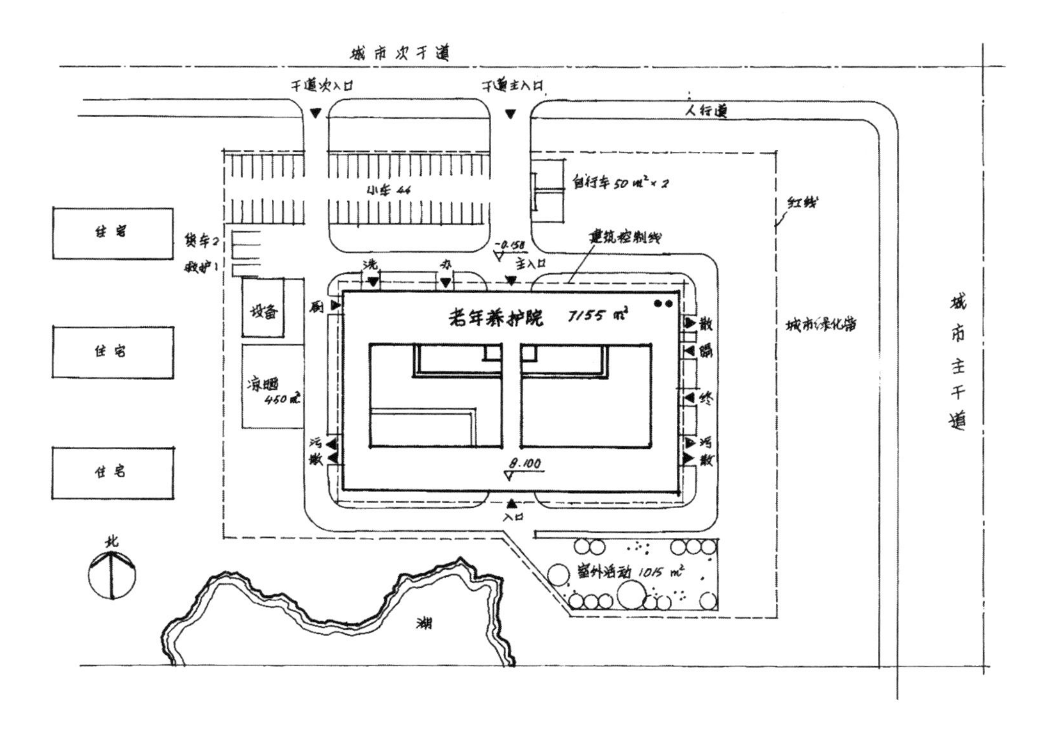

图 13–9　总平面图

四、评分标准（表 13–3）

评分标准　　表 13–3

序号	考核项目			分项考核内容	分值	扣分范围
提示				1. 一层或二层平面图未画（含基本未画）该项为 0 分，序号 4 项也为 0 分，为不及格卷。 2. 总平面图未画（含基本未画）该项为 0 分。 3. 扣到 45 分后即为不及格卷		
1	总平面（15 分）	整体布局及交通绿化		建筑物超出控制线或未画扣 15 分（不包括台阶、坡道、雨篷等）	15	15
				场地出入口（2 处）未设在城市次干道、缺一处、开口距主干道路口 < 70m、主干道上设出入口，各扣 3 分		3 ~ 6
				基地内道路未表示扣 3 分，表示不全或流线不全理，扣 1 ~ 2 分		1 ~ 3
				机动车停车场未画（含基本未画），扣 3 分；车位不足（40 个），未布置救护车停车位（1 个）、货车停车位（2 个），职工及访客自行车停车场（各 1 处），或布置不合理，各扣 1 分		1 ~ 6
				未布置衣物晾晒场（400m^2）、老年人室外集中活动场地（800m^2），各扣 2 分；位置不合理、面积不足，或未布置绿化，各扣 1 分		1 ~ 5
				总平面图与单体不符，扣 2 分；未标注层数或相对标高，扣 1 分		1 ~ 3
				未标注建筑出入口（6 个），缺一个扣 1 分		1 ~ 3
2	一层平面（45 分）	功能布局	功能分区	入住服务、卫生保健、生活养护、公共活动、附属办公区域未相对独立设置，缺区、分区不明确或不合理，每处扣 5 分	45	5 ~ 20
			入住服务	入住服务与办公、卫生保健、公共活动区的交往厅（廊）联系不紧密，各扣 2 分；与生活养护区联系不便，扣 1 分		1 ~ 4
				功能房间布置不合理或流线交叉，扣 3 分；总值班兼监控室未靠近建筑主入口，公共卫生间布置不合理，各扣 1 分		1 ~ 4
			卫生保健	功能用房布局或流线不合理，扣 1 ~ 4 分		1 ~ 4
				临终关怀室未相对独立，扣 5 分；内部未画或布置不合理、未靠近抢救室、未设置独立对外出入口，各扣 3 分		3 ~ 8
				隔离观察室未相对独立、未设独立对外出入口，扣 3 分；未设卫生间，扣 1 分		1 ~ 4
			生活养护	养护单元居室（除亲情居室外），未朝南向布置，或未面向城市公园景观，各扣 6 分；居室开间小于 3.3m 或缺居室房间，扣 6 分		6 ~ 12
				相邻养护单元分区不明确，扣 4 分； 单元内功能布局不合理，例如护理站与居室联系不正确，扣 2 ~ 5 分； 餐厅兼活动厅与备餐间未紧密相邻设置，每处扣 1 分； 养护单元未设置通往室外活动场地的出口，或设置不合理扣 1 分		1 ~ 10
				失能养护单元未设专用廊道直通向临终关怀室，扣 5 分		5
				配餐间未设（靠近）送餐电梯或布置不合理，污洗间位置不合理或未设置独立的出入口，各扣 2 分		2 ~ 6
			公共活动	交往厅（廊）与生活养护区联系不紧密、尺度或设计不合理，各扣 3 分		3 ~ 6
			附属办公	办公用房、厨房和洗衣机未相对独立布置，未分别设置专用出入口，各扣 3 分		3 ~ 6
				厨房（含门厅，收货，男、女更衣，库房 2 间，加工区，备餐间）布置不合理，洗衣房（含更衣）未合理分设接收与发放出入口，各扣 3 分		3 ~ 6
				未设置专用的送餐与洁衣专用服务廊道，扣 6 分；设置不合理、洁污不分区或穿越养护单元，扣 4 分		3 ~ 6

续表

序号	考核项目			分项考核内容	分值	扣分范围
3	缺房间或面积			未在指定位置标注一层建筑面积（3750 ㎡），或误差面积大于 ±5% 以上，扣 1 分	30	1～6
				缺带 * 号房间：门厅（170m^2）、抢救室（45m^2）、临终关怀室（104m^2）、餐厅兼活动厅（54m^2）、交往厅（廊）（145m^2）、职工餐厅（52m^2）、厨房（260m^2）、洗衣房（120m^2），每间扣 2 分； 未标注带 * 号房间面积，或面积严重不符，每间扣 1 分； 缺其他房间，每间扣 1 分		5～15
	二层平面（30 分）	整体布局及交通绿化	功能分区	生活养护、公共活动、附属办公区域未相对独立设置，缺区、分区不明确或不合理，每处扣 5 分		6～12
			生活养护	养护单元居室（除亲情居室外），未朝南向布置，或未面向城市公园景观，各扣 6 分，居室开间小于 3.3m 或缺居室房间，扣 6 分		1～6
				相邻养护单元分区不明确，扣 2 分； 单元内功能布局不合理，例如护理站与居室联系不正，扣 2～5 分； 餐厅兼活动厅与备餐未紧密相邻设置，每处扣 1 分		2～4
				配餐间未设（靠近）送餐电梯或布置不合理，污洗间位置不合理，各扣 2 分		3～6
			生活养护	交往厅（廊）与生活养护区联系不紧密、尺度或设计不合理，各扣 3 分		1～6
				康复、娱乐、社会工作各区域未相对独立，或流线不合理，各扣 3 分； 社会工作用房与办公用房联系不紧密、未设公共卫生间或功能房间布置不合理，各扣 1 分		2～4
			附属办公	办公用房未相对独立与各区联系不方便，或穿越其他功能区，各扣 2 分		
			缺房间或面积	未在指定位置标注二层建筑面积（3176m^2），或误差面积大于 ±5% 以上，扣 1 分		1
				缺带“*”号房间：交往厅（廊）（160m^2）、多功能厅（84m^2）、物理康复室（72m^2）、作业康复室（36m^2）、餐厅兼活动厅（54m^2），每间扣 2 分； 未标注带 * 号房间面积，或面积严重不符，每间扣 1 分； 缺其他房间，每间扣 1 分		1～6
4	规范和图面（12 分）			房间疏散门至最近安全出口：袋形走廊＞ 20m，两出口之间＞ 35m，首层楼梯距室外出口＞ 15m，各扣 5 分	12	5
				未设置电梯或连接一、二层的无障碍坡道，各扣 4 分；设置不合理，各扣 2 分；疏散楼梯未封闭或设计不合理，扣 2 分		1～6
				主出入口、生活养护区通往室外场地出入口未设无障碍坡道，生活养护区的走廊净宽小于 2.4m，或其他区域的走廊净宽小于 1.8m，各扣 1 分		1～2

第十四章　旅馆扩建项目方案设计（2017 年）

一、任务描述

因旅馆发展需要，拟扩建一座九层高的旅馆建筑（其中旅馆客房布置在二~九层）。按下列要求设计并绘制总平面图和一、二层平面图，其中一层建筑面积 4100m^2，二层建筑面积 3800m^2。

1. 用地条件

基地东侧、北侧为城市道路，西侧为住宅区，南侧临城市公园。基地内地势平坦，有保留的既有旅馆建筑一座和保留大树若干，具体情况详见总平面图（图 14-1）。

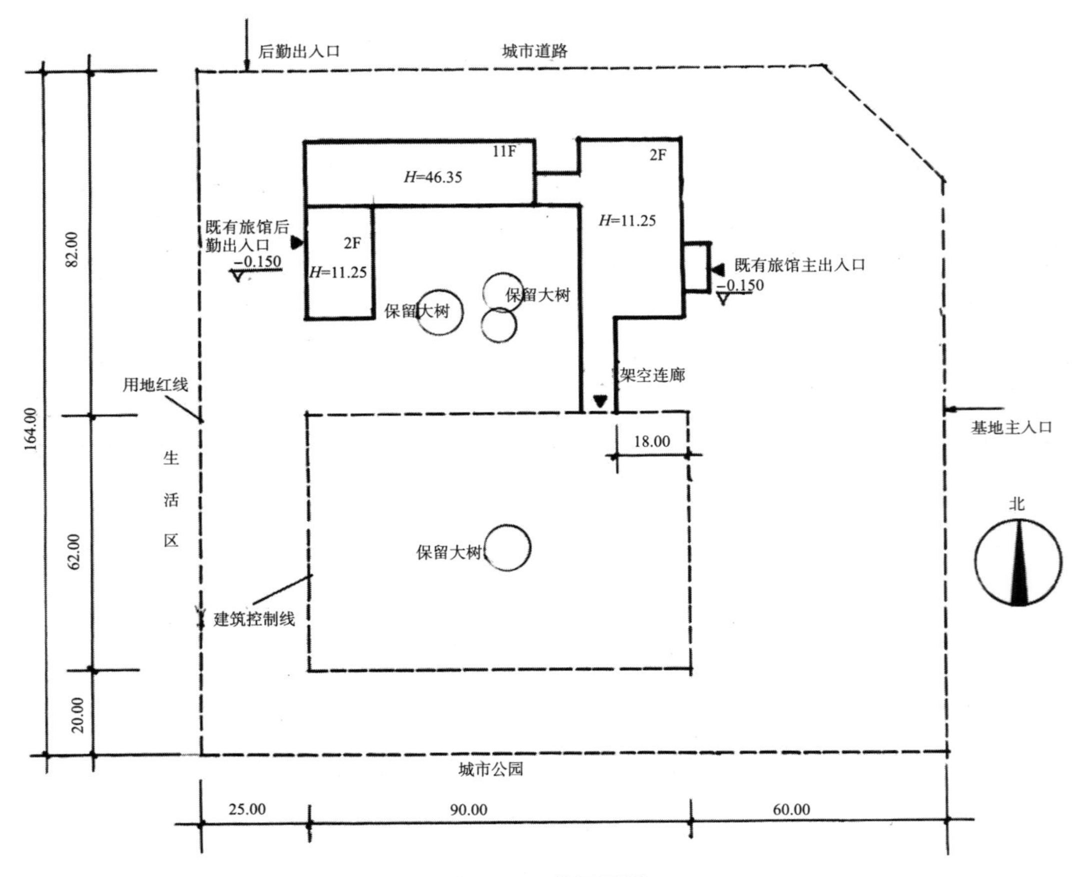

图 14-1　总平面图

2. 总平面设计要求

根据给定的基地主出入口、后勤出入口、道路、既有旅馆建筑、保留大树等条件进行如下设计：

（1）在用地红线内完善基地内部道路系统、布置绿地及停车场地（新增：小轿车停车位 20 个、货车停车位 2 个、非机动车停车场一处 100m^2）。

（2）在建筑控制线内布置扩建旅馆建筑（雨篷、台阶允许突出建筑控制线）。

（3）扩建旅馆建筑通过给定的架空连廊与既有旅馆建筑相连接。

（4）扩建旅馆建筑应设主出入口，次出入口、货物出入口、员工出入口、垃圾出口及必要的疏散口。扩建旅馆建筑的主出入口设于东侧；次出入口设于给定的架空连廊下，主要为宴会（会议）区客人服务，同时便于与既有旅馆建筑联系。

3. 建筑设计要求

扩建旅馆建筑主要由公共部分、客房部分、辅助部分三部分组成，各部分应分区明确，相对独立。用房、面积及要求详见表 14-1、表 14-2，主要功能关系见示意图（图 14-2）。

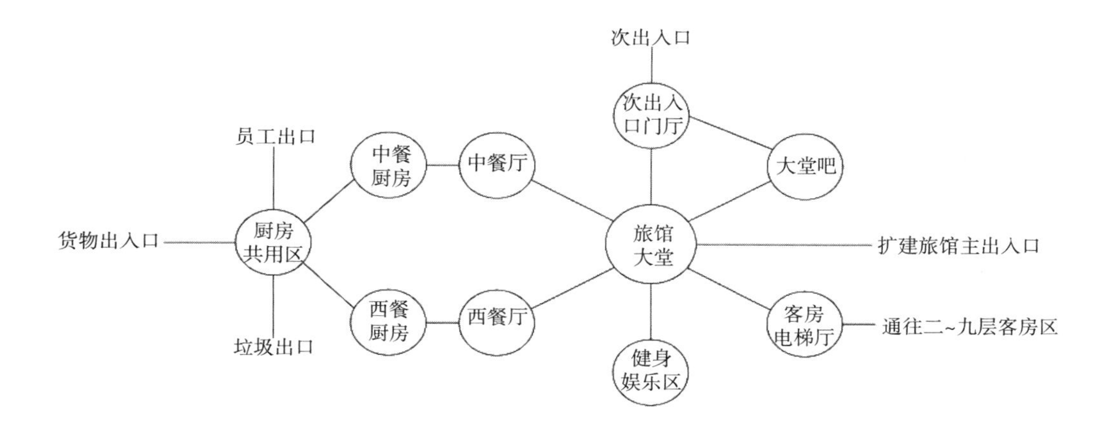

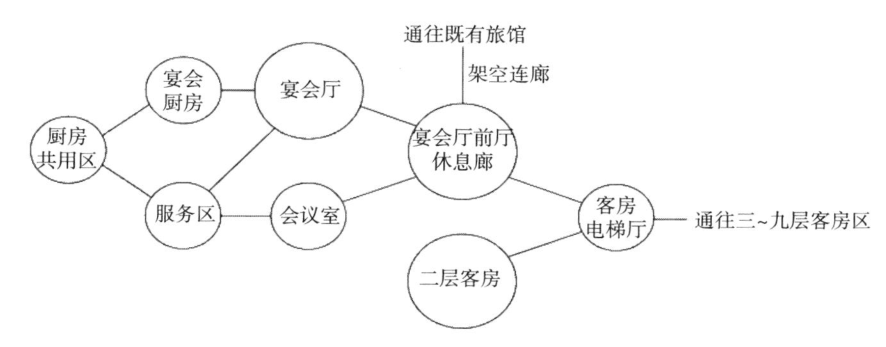

图 14–2　功能关系图

1. 公共部分

（1）扩建旅馆大堂与餐饮区、宴会（会议）区、健身娱乐区及客房区联系方便。大堂总服务台位置应明显，视野良好。

（2）次出入口门厅设 2 台客梯和楼梯与二层宴会（会议）区联系，二层宴会厅前厅与宴会厅、给定的架空连廊联系紧密。

（3）一层中餐厅、西餐厅、健身娱乐用房的布置应相对独立，并直接面向城市公园或基地内保留大树的景观。

（4）健身娱乐区的客人经专用休息厅进入健身房与台球室。

2. 客房部分

（1）客房楼应临近城市公园布置。按城市规划要求，客房楼东西长度不大于 60m。

（2）客房楼设 2 台电梯、1 台货梯（兼消防电梯）和相应楼梯。

（3）二~九层为客房标准层，每层设 23 间标准间，其中直接面向城市公园的客房不少于 14 间。客房不得贴邻电梯井道布置，服务间邻近货梯厅。

3. 辅助部分

（1）辅助部分应分设货物出入口、员工出入口及紧急出口。

（2）在货物门厅中设 1 台货梯，在垃圾电梯厅中设 1 台垃圾电梯。

（3）货物由货物门厅经收验后进入各层库房；员工由员工门厅经更衣后进入各厨房区或服务区；垃圾收集至各层垃圾间，经一层垃圾电梯厅出口运出。

（4）厨房加工制作的食品经备餐间送往餐厅；洗碗间须与餐厅和备餐间直接联系；洗碗间与加工制作间产生的垃圾通过走道运至垃圾间，经一层垃圾电梯厅出口运出。

（5）二层茶水间、家具库的布置便于服务宴会厅和会议室。

4. 其他

（1）本建筑为钢筋混凝土框架结构（不考虑设置变形缝）。

（2）建筑层高：一层层高 6m；二层宴会厅层高 6m，客房层高 3.9m，其余用房层高 5.1m；二~九层客房层高 3.9m。建筑室内外高差 150mm。给定的架空连廊与二层室内楼面相通。

（3）除更衣室、库房、收验间、备餐间、洗碗间、茶水间、家具库、公共卫生间、行李间、声光控制室、客房卫生间、客房服务间、消毒间外，其余用房均应天然采光和自然通风。

（4）本题目不要求布置地下车库及出入口、消防控制室等设备用房和附属设施。

5. 本题目不要求设置设备转换层及同层排水设施。

6. 规范及要求：本设计应符合国家相关现行规范的规定。

一层用房、面积及要求　　表 14–1

房间及空间名称			建筑面积（m^2）	间数	备注
公共部分 $2505m^2$	旅馆大堂区 $1090m^2$	* 大堂	400	1	含前台办公室 $40m^2$、行李间 $20m^2$、库房 $10m^2$
		* 大堂吧	260	1	
		商店	90	1	
		商务中心	45	1	
		次出入口门厅	130	1	含 2 台电梯、一部楼梯、通向二层宴会（会议）区
		客房电梯厅	70	1	含 2 台客梯、一部楼梯、可结合大堂适当布置
		客房货梯厅	40	1	含 1 台货梯（兼消防电梯）、一部楼梯
		公共卫生间	55	3	男、女各 $25m^2$，无障碍卫生间 $5m^2$
	餐饮区、健身娱乐区 $1415m^2$	* 中餐厅	600	1	
		* 西餐厅	260	1	
		公共卫生间	85	4	男、女各 $35m^2$，无障碍卫生间 $5m^2$，清洁间 $10m^2$
		休息厅	80	1	含接待服务台
		* 健身房	260	1	含男、女更衣各 $30m^2$（含卫生间）
		台球室	130	1	
辅助部分 $795m^2$	厨房共用区 $235m^2$	货物门厅	55	1	含一台货梯
		收验室	25	1	
		垃圾电梯厅	20	1	含一台垃圾电梯，并直接对外开门
		垃圾间	15	1	与垃圾电梯相邻
		员工门厅	30	1	含一部专用电梯
		员工更衣室	90	1	含男、女更衣各 $45m^2$（含卫生间）
	中餐厨房区 $330m^2$	* 加工制作间	180	1	
		备餐间	40	1	
		洗碗间	30	1	
		库房	80	2	每间 $40m^2$，与加工制作间相邻
	西餐厨房区 $223m^2$	* 加工制作间	120	1	
		备餐间	30	1	
		洗碗间	30	1	
		库房	50	2	每间 $25m^2$，与加工制作间相邻
其他交通面积（走道、楼梯等）约 $800m^2$					
一层建筑面积 $4100m^2$（允许误差 ±5%：3895 ~ $4305m^2$）					

二层用房、面积及要求 表 14-2

房间及空间名称			建筑面积（m^2）	间数	备注
公共部分	宴会会议区 1970m^2	* 宴会厅	660	1	含声光控制室 15m^2
		* 宴会厅前厅	390	1	含通向一层次出入口的 2 台电梯和一部楼梯
		休息廊	260	1	服务于宴会厅与会议室
		公共卫生间（前厅）	55	3	男、女各 25m^2，无障碍卫生间 5m^2 服务于宴会厅前厅
		休息室	130	2	每间 65m^2
		* 会议室	390	3	每间 130m^2
		公共卫生间（会议）	85	4	男、女各 25m^2，无障碍卫生间 5m^2，清洁间 10m^2 服务于宴会厅与会议室
辅助部分 610m^2	厨房公共区 120m^2	货物电梯厅	55	1	含 1 台货梯
		总厨办公室	30	1	
		垃圾电梯厅	20	1	含 1 台垃圾电梯
		垃圾间	15	1	与垃圾电梯厅相邻
	宴会厨房区 415m^2	* 加工制作间	260	1	
		备餐间	50	1	
		洗碗间	30	1	
		库房	75	3	每间 25m^2，与加工制作间相邻
	服务区 75m^2	茶水间	30	1	方便服务宴会厅、会议室
		家具库	45	1	方便服务宴会厅、会议室
客房部分	客房区 880m^2	客房电梯厅	70	1	含 2 台客梯、一部楼梯
		客房标准间	736	23	每间 32m^2，客房标准间可参照提供的图例设计
		服务间	14	1	
		消毒间	20	1	
		客房货梯厅	40	1	含 2 台货梯（兼消防电梯）、一部楼梯
其他交通面积（走道、楼梯等）约 340m^2					
二层建筑面积 3800m^2（允许误差 ±5%：3610 ~ 3990m^2）					

二、设计分析

1. 该扩建项目为客房和裙房合一的综合体。客房九层已属高层之列，此为一级注册建筑师执业资格考试以来的首次。

2. 该题分区较多，功能流线明确，出入口及楼梯、货梯、电梯要求较多。

3. 现场共两处有“保留大树，并建筑有采光要求”，二者可结合考虑。

4. 建筑层高因房而异，应注意各部分在平面上的连接，以及在总图上各个部分的标高。

5. 题目强调：“不要求设置设备转换层及同层排水设施”。意味着客房（二~九层）下不应是餐饮类的房间。

6. 绘制小草图（图 14-4）。

（1）本题建筑有采光要求，又有保留大树在用地中央，可将二者同时考虑。首先将地块用足：取 7.8m × 7.8m 柱网，东西向可出 90m/7.8m ≈ 11，南北向可出 60m/7.8m ≈ 7。

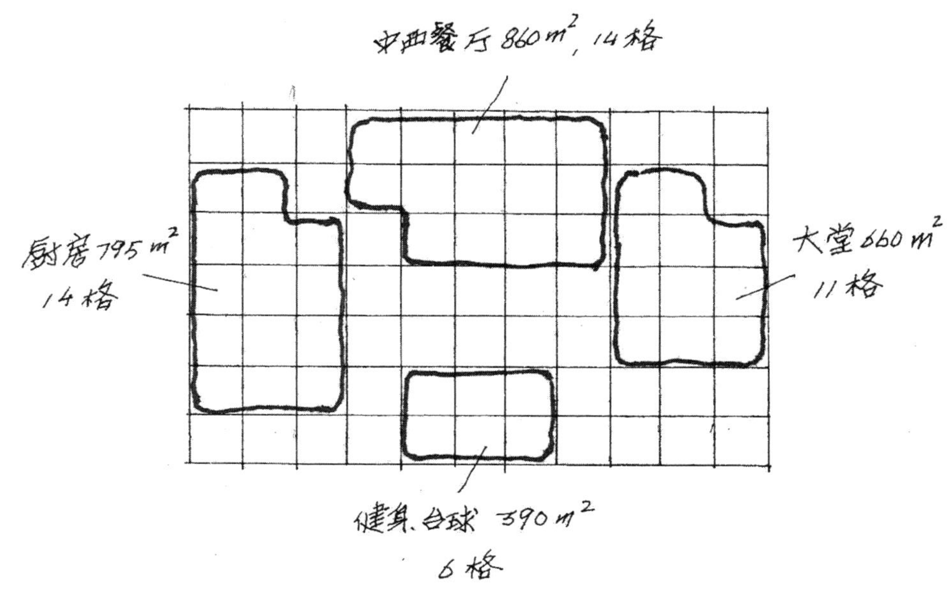

图 14-3　旅馆扩建天井位置确定方法

（2）需开天井面积（11 × 7 × 60.84）–4100=585m²，需挖去 585/60 ≈ 10 格。剩 67 格。

（3）利用各方向的功能区初步确定天井位置（图 14-3）。

（4）为准确绘制小草图，将交通面积分配至各功能区（图 14-4）。

一层：分配系数：$K=\dfrac{800}{4100-800}=0.24$，则

大堂区：1090 × 1.24/60=22.5，取 22 格；

餐区、健身区：1415 × 1.24/60=29.2，取 29 格；

共用厨区：235 × 1.24/60=4.85，取 5 格；

中厨区：330 × 1.24/60=6.82，取 7 格；

西厨区：230 × 1.24/60=4.7，取 5 格。

二层：分配系数：$K=\dfrac{340}{3800-340}=0.1$，则

宴会区：1970 × 1.1/60=36.12，取 36 格；

厨房公共区：120 × 1.1/60=2.2，取 2 格；

宴会厨区：415 × 1.1/60=7.6，取 8 格；

服务区：75 × 1.1/60=1.4，取 1 格；

客房区：880 × 1.1/60=16.1，取 16 格。

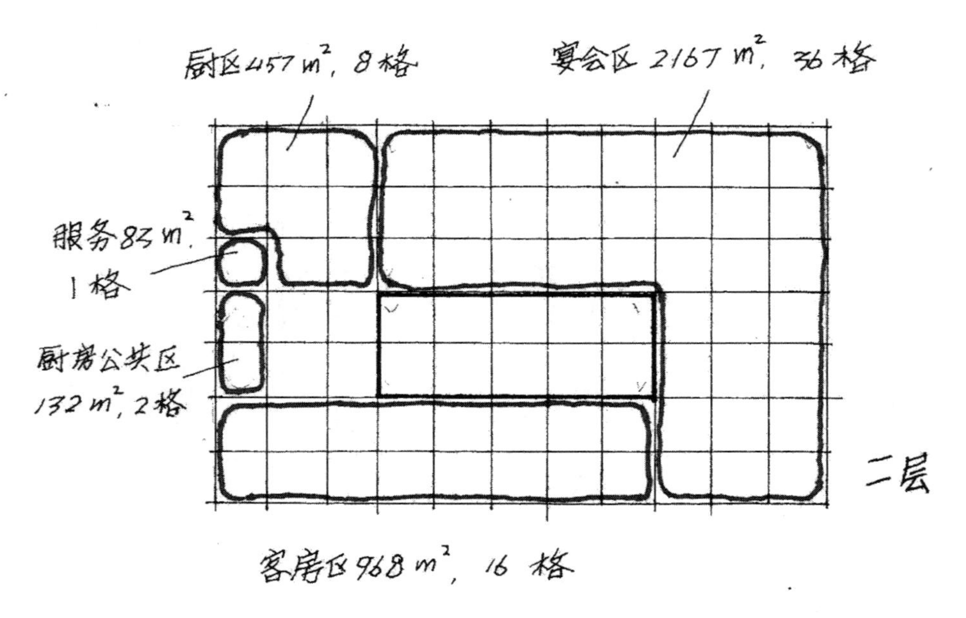

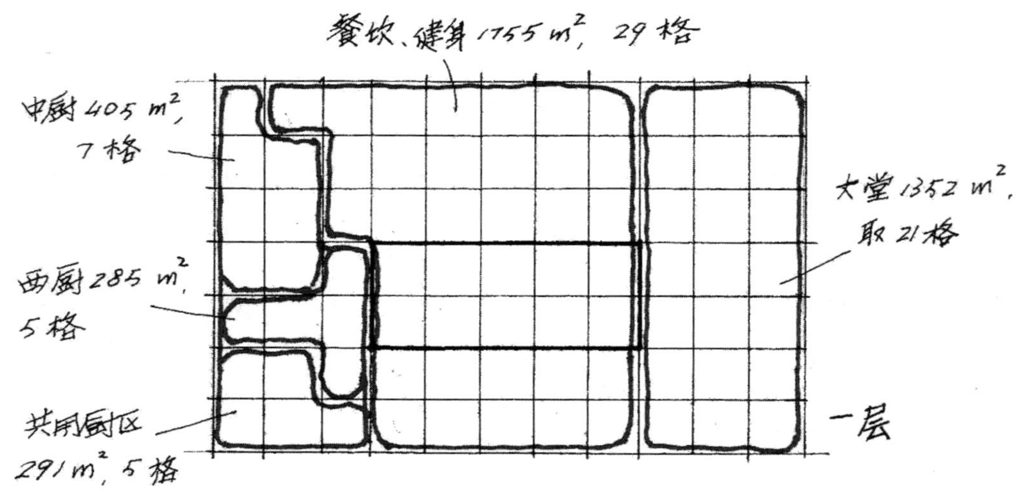

图 14–4　旅馆扩建小草图

7. 绘制大草图（图 14-5、图 14-6）。

（1）首先宜由有条件限制的中、西餐厅和客房楼定位开始。继而确定中、西餐加工区和宴会大厅。

（2）按房间表确定所要求的电梯、楼梯、货梯、垃圾电梯的位置。位于客房楼范围的楼电梯，要考虑防烟要求。

（3）带 * 号的房间面积要画准确，其他房间依情况可稍大或稍小。

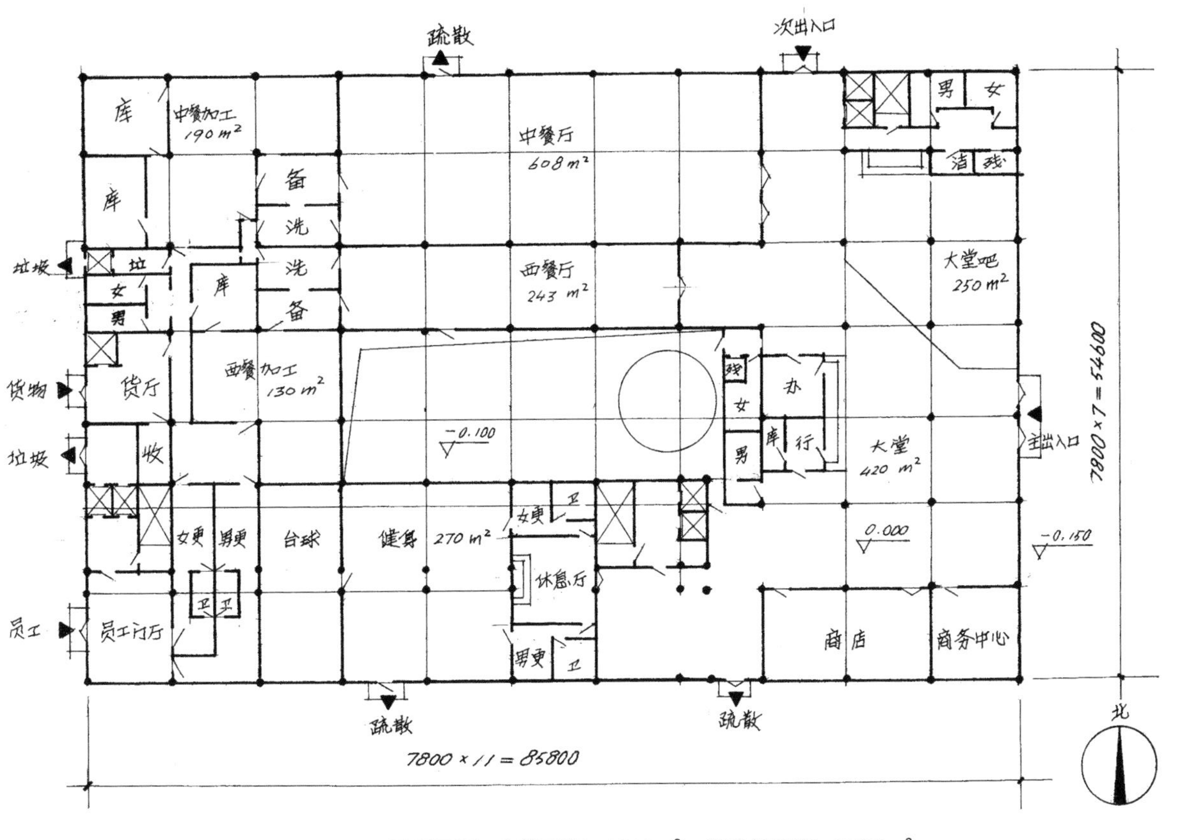

图 14-5　一层平面图　建筑面积：4210m²　总建筑面积：8109m²

（4）按功能关系图检查各条功能关系流线。

（5）按防火和疏散要求，检查疏散距离，开设必要的紧急出口。

（6）检查房间数量和门的开启方向。

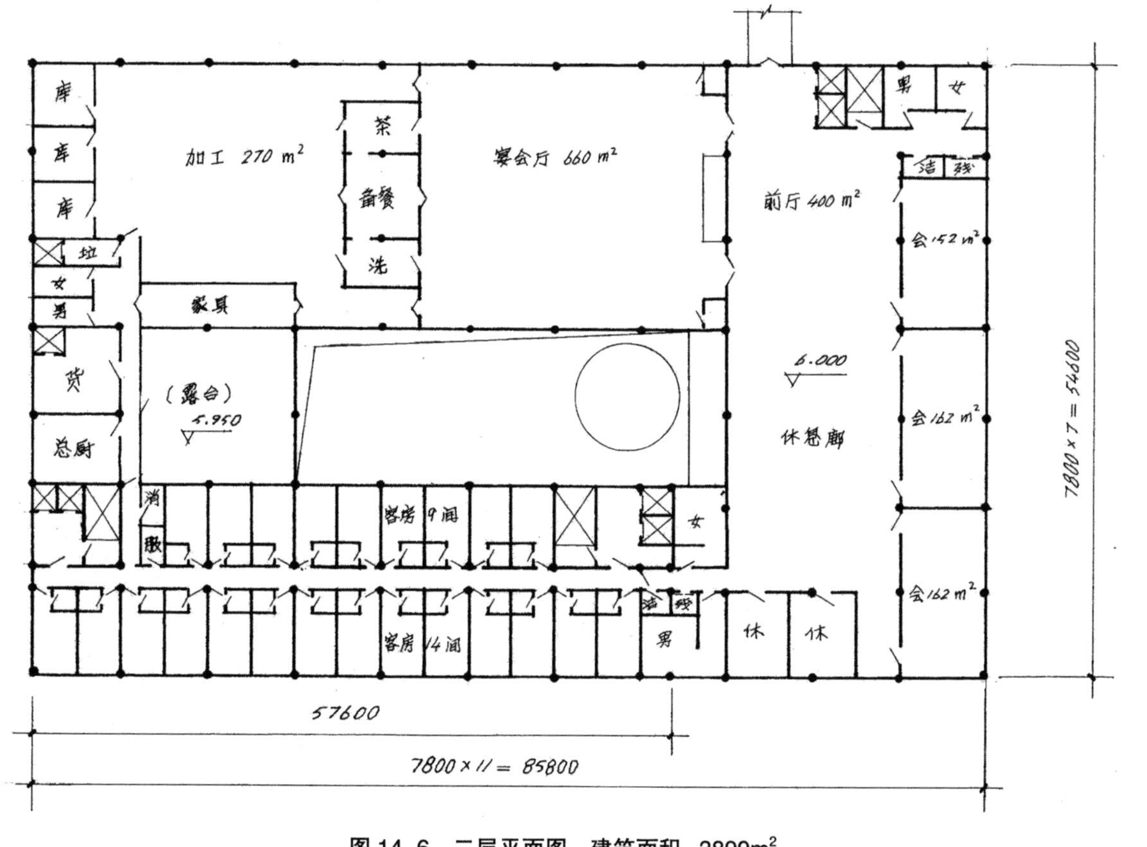

图 14-6　二层平面图　建筑面积：3899m²

8. 总平面图（图 14-7）

（1）先在建筑控制线内绘出扩建旅馆的平面轮廓。并按设计要求的层高划分各部分的高度（层高之和加室内外高差）。并标出所有出入口和疏散口。

（2）根据已给基地出入口设计路网，考虑交通及消防需要，宜围绕建筑形成环形。

（3）依需要邻近设计停车场。

（4）象征性地设计绿化。

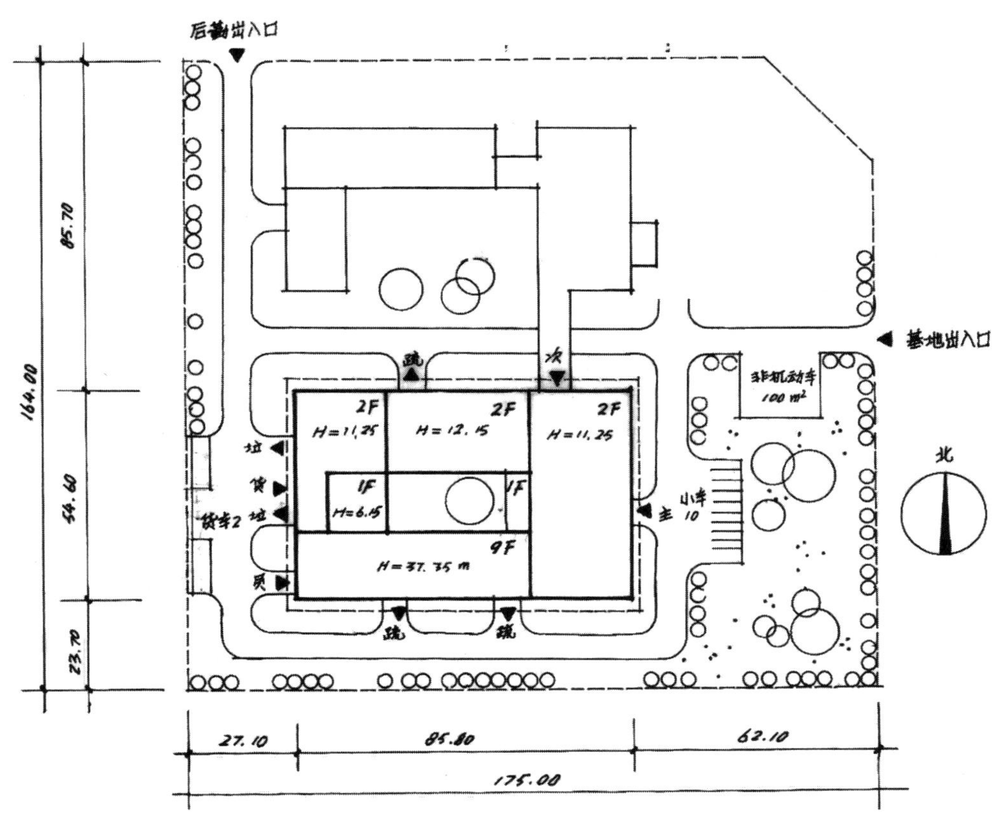

图 14–7　总平面图

三、评分标准（表 14–3）

评分标准　　表 14–3

提示：1. 一层未画（含基本未画）总分 10 分；2. 二层未画（含基本未画）总分 15 分			
序号	考核项及分值	分项考核内容	扣分范围
1	重点考核项（65 分）	总平面未画（含基本未画），扣 15 分	15
		建筑超出建筑控制线，不包括台阶、坡道、雨篷等，扣 15 分	15
		卫生间下设置厨房或餐厅，扣 10 ~ 15 分	10 ~ 15
		公共部分、客房部分、辅助部分，缺一扣 15 分；（2）分区不明确或不合理，各扣 5 分	5 ~ 15
		中餐厅、西餐厅、健身房未直接面向城市公园或基地内保留大树的景观，各扣 5 分	5 ~ 15
		中餐厅、西餐厅、宴会厅的餐厨布置不合理（包括客人与厨工流线交叉，餐厅与厨房联系不紧密），各扣 5 分； 加工间、备餐间、洗碗间布置不合理（包括：出菜、回碗流线不分），扣 3 分； 洗碗间至垃圾间穿越其他房间，扣 3 分	3 ~ 15

续表

<table>
<tr><th>序号</th><th>考核项及分值</th><th colspan="2">分项考核内容</th><th>扣分范围</th></tr>
<tr><td rowspan="6">1</td><td rowspan="6">重点考核项（65分）</td><td colspan="2">宴会厅与宴会前厅、宴会厅与休息廊之间的关系布局不合理，各扣2分；
宴会前厅未与架空连廊联系，扣2分；
中餐厅、宴会厅、会议室的尺度不当，宴会厅内部设柱，各扣2分</td><td>2～6</td></tr>
<tr><td colspan="2">辅助部分未分设货物出入口、人员出入口及垃圾出口，各扣2分；
货物门厅、货梯、收验间、库房布置不合理，各扣2分；
垃圾电梯厅未独立设置，或垃圾间未与垃圾电梯相邻，扣3分</td><td>2～6</td></tr>
<tr><td colspan="2">客房楼未临近城市公园布置，扣10分；
客房楼东西长度大于60m，扣5～10分；
客房标准间少于23间，扣5分；
直接面向城市公园的南向客房少于14间，每间扣2分；
存在暗客房，每间扣2分</td><td>2～15</td></tr>
<tr><td colspan="2">缺：次出入口门厅楼、电梯，客房区楼、电梯（含客梯、货梯兼消防电梯），厨房区楼、电梯（含货梯、垃圾梯、厨房员工专用楼梯），每处扣2分</td><td>2～6</td></tr>
<tr><td colspan="2">客房未布置防烟楼梯间、消防前室，扣2～4分；
房间疏散门至最近安全出口：袋形走廊> 18.75m，两出口之间> 37.5m，各扣2分；
客房楼的首层楼梯间未直通室外或未做扩大前室，裙房的楼梯距室外出口> 15m，各扣2分</td><td>2～6</td></tr>
<tr><td colspan="2">每层建筑面积严重不符，扣5分</td><td>5</td></tr>
<tr><td rowspan="4">2</td><td rowspan="4">总平面（10分）</td><td colspan="2">增加基地对外机动车出入口，扣1分；
基地内道路未表示、表示不全或不合理，扣1～2分</td><td>1～3</td></tr>
<tr><td colspan="2">小轿车停车场未画（含基本未画）扣2分，车位不足20个扣1分；
货车停车位未画或不足2个，扣1分；
非机动车停车场不足100m²或位置不当，扣1分；
未布置绿地，扣1分</td><td>1～3</td></tr>
<tr><td colspan="2">总图与单体不符，扣2分；
未与给定的架空连廊连接扣1分；
未标注层数、相对标高，各扣1分</td><td>1～3</td></tr>
<tr><td colspan="2">未标注建筑出入口（5个，包括主出入口、次出入口、货物出入口、员工出入口、垃圾出口），缺一扣1分；
扩建建筑主出入口未设置于东侧、次出入口未设置于架空连廊下，或布局不合理，各扣2分</td><td>1～3</td></tr>
<tr><td rowspan="5">3</td><td rowspan="5">一层平面（10分）</td><td rowspan="2">公共部分</td><td>大堂总服务台、前台办公、行李间、库房布置不合理，各扣1分；
大堂区、餐饮区未设置公共卫生间或布置不合理，各扣1分</td><td>1～3</td></tr>
<tr><td>健身娱乐区未独立成区，扣2分；
健身娱乐区客人未经专用休息厅进入健身房与台球室，健身房未设置男、女更衣室，各扣1分</td><td>1～3</td></tr>
<tr><td>辅助部分</td><td>员工更衣区未相对独立，扣2分</td><td>2</td></tr>
<tr><td rowspan="2">缺房间或面积</td><td>未在指定位置标注一层建筑面积（3895～4305m²），扣1分</td><td rowspan="2">1～6</td></tr>
<tr><td>缺 * 号房间：大堂400m²，大堂吧260m²，中餐厅600m²，西餐厅260m²，健身房260m²，中餐加工制作间180m²，西餐加工制作间120m²，每间扣2分；
缺其他房间，每间扣1分</td></tr>
</table>

续表

<table>
<tr><th>序号</th><th>考核项及分值</th><th colspan="2">分项考核内容</th><th>扣分范围</th></tr>
<tr><td rowspan="5">4</td><td rowspan="5">二层平面
(10分)</td><td>公共部分</td><td>宴会区休息室未设或位置不当，扣2分；
宴会前厅、会议区未设置公共卫生间或位置不合理，各扣1分</td><td>1～4</td></tr>
<tr><td>辅助部分</td><td>茶水间、家具库的布置不便于服务宴会厅与会议室，各扣1分</td><td>1～2</td></tr>
<tr><td>客房部分</td><td>客房贴邻电梯井道布置，服务间未邻近货梯厅，各扣2分；
客房开间小于3.3m，扣2分</td><td>2～4</td></tr>
<tr><td rowspan="2">缺房间或面积</td><td>未在指定位置标注二层建筑面积（3610～3990m^2），扣1分</td><td rowspan="2">1～6</td></tr>
<tr><td>缺＊号房间：宴会厅660m^2，宴会厅前厅390m^2，会议室390m^2（3间），宴会厅加工制作间260m^2，每间扣2分；
缺其他房间，每间扣1分</td></tr>
<tr><td rowspan="3">5</td><td rowspan="3">其他
（7分）</td><td colspan="2">结构布置不合理、未布柱，图面潦草、表达不清，扣1～5分</td><td>1～5</td></tr>
<tr><td colspan="2">除：更衣、库房、收验间、备餐间、洗碗间、茶水间、家具库、公共卫生间、行李间、声控室、客房卫生间、客房服务间、消毒间外，未天然采光的房间，每间扣1分</td><td>1～3</td></tr>
<tr><td colspan="2">一、二层平面用单线表示，未画门或开启方向有误，未标注轴线尺寸、总尺寸，各层层高未按规定设计或未标注楼层标高，各扣1分</td><td>1～4</td></tr>
</table>

第十五章　公共客运枢纽站方案设计（2018 年）

一、试题要求

1. 任务描述

在南方某市城郊拟建一座总建筑面积约为 6200m^2 的两层公交客运枢纽站（以下简称客运站）。客运站站房应接驳已建成的高架轻轨站（以下简称轻轨站）和公共换乘停车楼（以下简称停车楼）。

2. 用地条件

基地地势平坦，西侧为城市主干道路和轻轨站。东侧为停车楼和城市次干道。南侧为城市次干道和住宅区，北侧为城市次干道和商业区，用地情况与环境详见总平面图（图 15-1）。

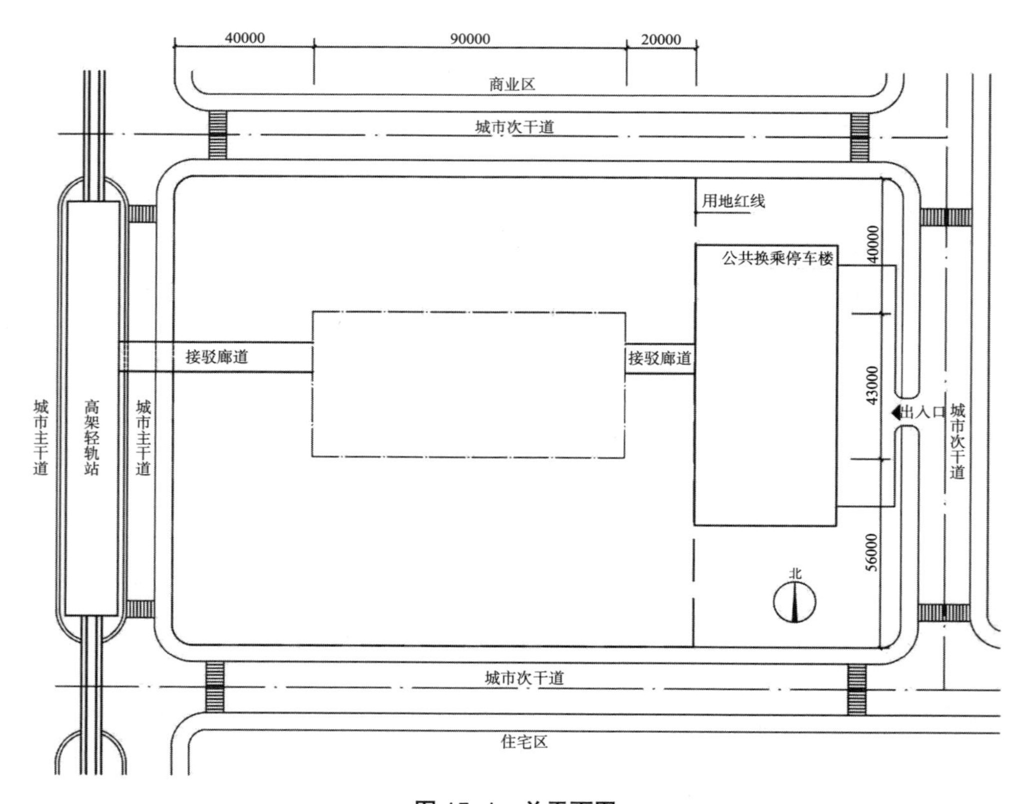

图 15-1　总平面图

3. 总平面设计要求

在用地红线范围内布置客运站站房、基地各出入口、广场、道路、停车场和绿地，合理组织人流、车流，各流线互不干扰，方便换乘与集散。

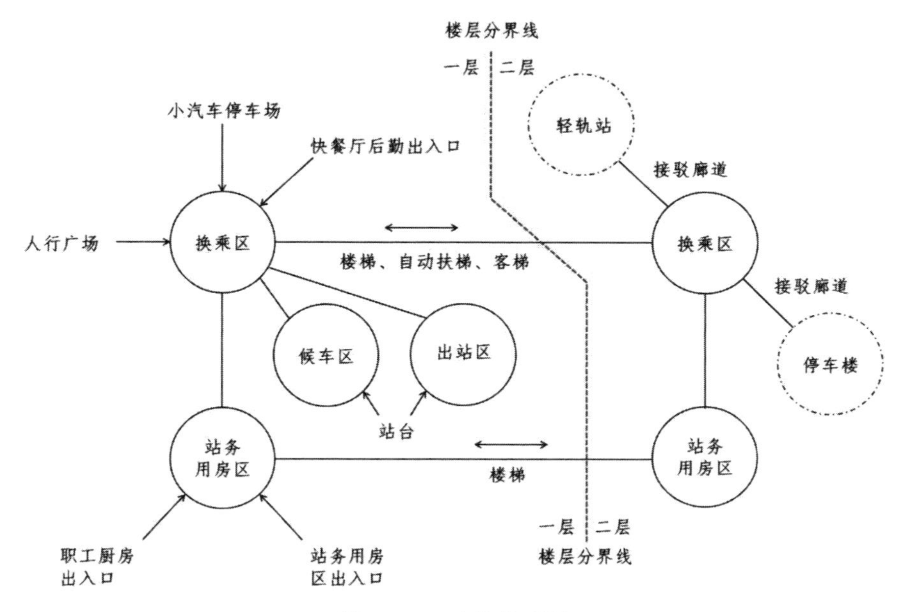

图 15-2　功能关系图

（1）基地南部布置大客车营运停车场。设出、入口各 1 个，布置到达车位 1 个，发车车位 3 个及连接站房的站台；另设过夜车位 8 个，洗车车位 1 个。

（2）基地北部布置小型汽车停车场。设出、入口各 1 个；布置车位 40 个（包括 2 个无障 碍车位）及接送旅客的站台。

（3）基地西部布置面积约 $2500m^2$ 的广场（含面积不小于 $300m^2$ 的非机动车停车场）。

（4）基地内布置内部专用小型汽车停车场一处，布置小型汽车车位 6 个，快餐厅专用小型 货车车位 1 个，可经北部小型汽车出入口出入。

（5）客运站东西两侧通过二层接驳廊道分别与轻轨站和停车楼相连。

（6）在建筑控制线内布置客运站站房建筑（雨篷、台阶允许突出建筑控制线）。

4. 建筑设计要求

客运站站房主要由换乘区、候车区、站务用房区及出站区组成。要求各区相对独立，流 线清晰。用房、面积及要求详见表 15-1、表 15-2，主要功能关系如图 15-2 所示。

第一部分　换乘区

（1）换乘大厅设置两部自动扶梯、两部客梯（兼无障碍）和一部梯段宽度不小于 3m 的开敞楼梯（不作为消防疏散楼梯）。

（2）一层换乘大厅西侧设出入口 1 个，面向人行广场；北侧设出入口 2 个，面向小型汽车 停车场；二层换乘大厅东西两端与接驳廊道相连。

（3）快餐厅设置独立的后勤出入口，配置货梯一部，出入口与内部专用小型汽车停车场联系便捷。

（4）售票厅相对独立，购票人流不影响换乘大厅人流通行。

第二部分　候车区

（1）旅客通过换乘大厅经安检通道（配置 2 台安检机）进入候车大厅，候车大厅另设开向换乘大厅单向出口 1 个，开向站台检票口 2 个。

（2）候车大厅内设独立的母婴候车室，母婴候车室内设开向站台的专用检票口。

（3）候车大厅的旅客休息区域为两层通高空间。

第三部分　出站区

（1）到站旅客由到达站台通过出站厅经验票口进入换乘大厅。

（2）出站值班室与出站站台相邻，并向站台开门。

第四部分　站务用房区

（1）站务用房独立成区，设独立的出入口，并通过门禁与换乘大厅、候车大厅连通。

（2）售票室的售票窗口面向售票厅，窗口柜台总长度不小于 8m。

（3）客运值班室、广播室、医务室应同时向内部用房区域与候车大厅直接开门。

（4）公安值班室与售票厅，换乘大厅和候车大厅相邻，应同时向内部用房区域、换乘大厅 和候车大厅直接开门。

（5）调度室、司机临时休息室应同时向内部用房区域和站台直接开门。

（6）职工厨房需设独立出入口。

（7）交通卡办理处与二层换乘大厅应同时向内部用房区域和换乘大厅直接开门。

第五部分　其他

（1）换乘大厅、候车大厅的公共厕所采用迷路式入口，不设门，无视线干扰。

（2）除售票厅、售票室、小件寄存处、公安值班室、监控室、商店、厕所、母婴室、库房、洗碗间外，其余用房均有天然采光和自然通风。

（3）客运站站房采用钢筋混凝土框架结构；一层层高为 6m，二层层高为 5m，站台与停车 场高差 0.15m。

（4）本设计应符合国家现行相关规范、标准和规定。

（5）本题目不要求布置地下车库及其出入口，消防控制室等设备用房。

一层房间功能及要求　　　　**表 15-1**

功能区	房间及空间名称	建筑面积（m^2）	数量	备注
换乘区	* 换乘大厅	800	1	
	自助银行	64	1	同时开向广场
	小件寄存处	64	1	含库房 $40m^2$
	母婴室	10	1	
	公共厕所	70	1	男、女各 $32m^2$、无障碍 $6m^2$
	* 售票厅	80	1	含自动售票机

续表

功能区	房间及空间名称	建筑面积（m^2）	数量	备注
候车区	* 候车大厅	960	1	旅客休息区域不小于 640m^2
	商店	64	1	
	公共厕所	64	1	男、女各 29m^2、无障碍 6m^2
	* 母婴候车室	32	1	哺乳室、厕所各 5m^2
站务用房区	门厅	24	1	
	售票室	48	1	
	客运值班室	24	1	
	广播室	24	1	
	医务室	24	1	
	* 公安值班室	30	1	
	值班站长室	24	1	
	调度室	24	1	
	司乘临时休息室	24	1	
	办公室	24	2	
	厕所	30	1	男、女各 15m^2（含更衣）
	* 职工餐厅和厨房	108	1	餐厅 60m^2、厨房 48m^2
出站区	* 出站厅	130	1	
	验票补票室	12	1	靠近验票口设置
	出站值班室	16	1	
	公共厕所	32	1	男、女各 16m^2（含无障碍厕位）
其他交通面积（走道、楼梯等）约 670m^2				
一层建筑面积 3500m^2（允许误差 ±5%：3325 ~ 3675m^2）				

二层房间功能及要求 **表 15-2**

功能区	房间及空间名称	建筑面积（m^2）	数量	备注
换乘区	* 换乘大厅	800	1	面积不含接驳廊道
	商业	580	1	合理布置 50 ~ 70m^2 的商店 9 间
	母婴室	10	1	
	公共厕所	70	1	男、女各 32m^2、无障碍 6m^2
	* 快餐厅	200	1	
	* 快餐厅厨房	154	1	含备餐 24m^2、洗碗间 10m^2、库房 18m^2、男、女更衣室各 10m^2
候车区	* 交通卡办理处	48	1	
	办公室	24	8	
	会议室	48	1	
	活动室	48	1	

续表

功能区	房间及空间名称	建筑面积（m^2）	数量	备注
候车区	监控室	32	1	
	值班宿舍	24	2	各含 $4m^2$ 卫生间
	厕所	30	1	男、女各 $15m^2$（含更衣）
其他交通面积（走道、楼梯等）约 $440m^2$				
二层建筑面积 $2700m^2$（允许误差 ±5%：2565 ~ $2835m^2$）				

注：填写一、二层建筑面积，允许误差在规定面积的 ±5% 以内，房间及各层建筑面积均以轴线计算。

5. 制图要求

（1）总平面图

1）绘制广场、道路、停车场、绿化，标注各机动车出入口、停车位数量及广场和非机动车停车场面积。

2）绘制建筑的屋顶平面图，并标注层数和相对标高；标注建筑各出入口。

（2）平面图

1）绘制一、二层平面图，表示出柱、墙体（双线或单粗线）、门（表示开启方向），窗、卫生洁具可不表示。

2）标注建筑轴线尺寸、总尺寸，标注室内楼、地面及室外地面相对标高。

3）标注房间及空间名称，标注带 * 号房间及空间（表 15-1、表 15-2）的面积，允许误差 ±100% 以内。图例如图 15-3、图 15-4 所示。

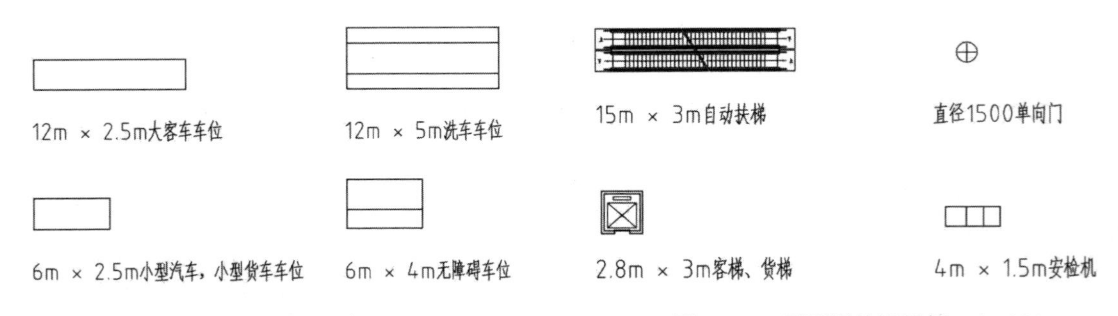

图 15-3　总平面使用图例　1∶500　　图 15-4　平面图使用图例　1∶200

二、设计分析

1. 读题笔记。

2. 这是一道交通类考题，与之前考过的“航站楼”“汽车客运站”相比，周边环境复杂，并影响平面布置。交通流线图如图 15-5 所示。

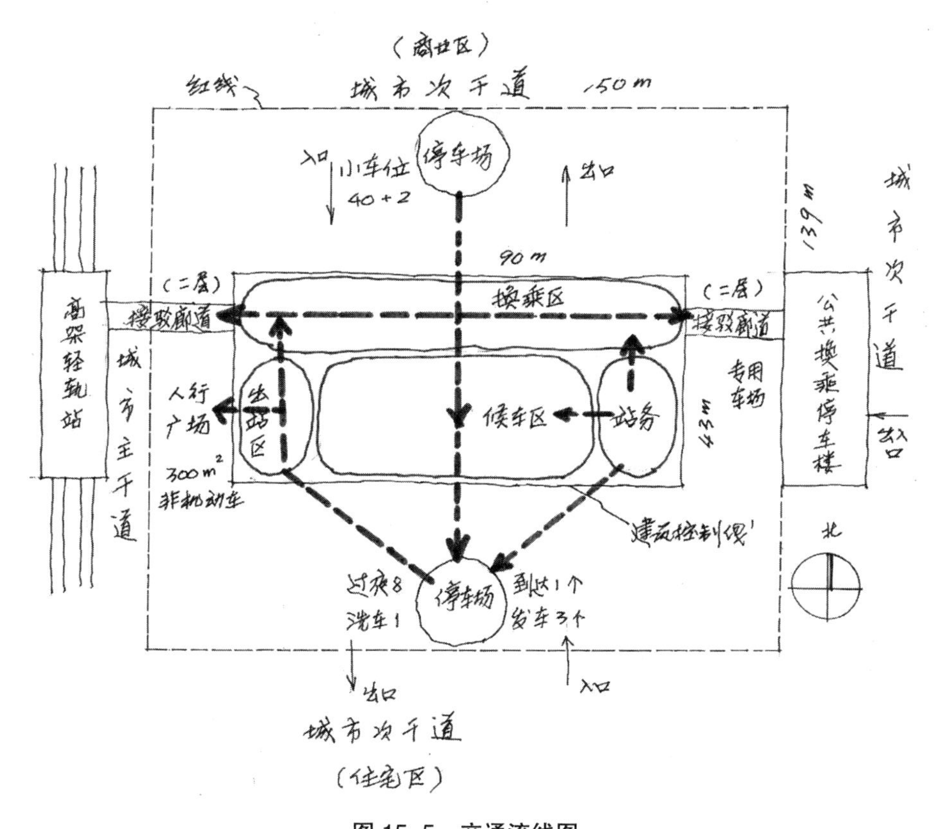

图 15-5　交通流线图

3. 建筑面积 6200m²，其中一层 3500m²，二层 2700m² 说明二层要有退台。控制区面积 90×43=3870m²，仅此一层面积稍多，应尽量将场地用足。

4. 设计有采光要求。

5. 功能分区较简单，以换乘大厅为中心，连接东西接驳廊道，位置基本固定，设计中应保证其畅通。

6. 换乘大厅中有楼梯、扶梯、电梯多种要求，布置时应便于乘用、互不干扰。

7. 平面

取柱网 7.8m×7.8m，因有采光要求，先将场地面积用足：

东西向最大可出 90/7.8=11.53，取 11.5 跨南北向最大可出 43/7.8=5.51，取 5.5 跨 11.5×5.5 共 63 格。

8. 挖天井

（11.5×5.5）×60−3500=295m²，取 6 格，尚余 57 格。

天井的可能位置利用功能关系图和房间表围出，如图 15-6 所示。

9. 绘制小草图（图 15-7）

一层：

分配系数：$K=\dfrac{670}{3500-670}=0.24$

换乘区 $1088m^2 \times 1.24=1349m^2$，取 22 格；
候车区 $1120m^2 \times 1.24=1389m^2$，取 23 格；
站务区 $408m^2 \times 1.24=506m^2$，取 8 格；
出站区 $190m^2 \times 1.24=236m^2$，取 4 格；
共 57 格，正确。

二层：

分配系数：$K=\dfrac{440}{2700-440}=0.19$

换乘区 $1814m^2 \times 1.19=2159m^2$，取 36 格；
候车区 $446m^2 \times 1.19=531m^2$，取 9 格。

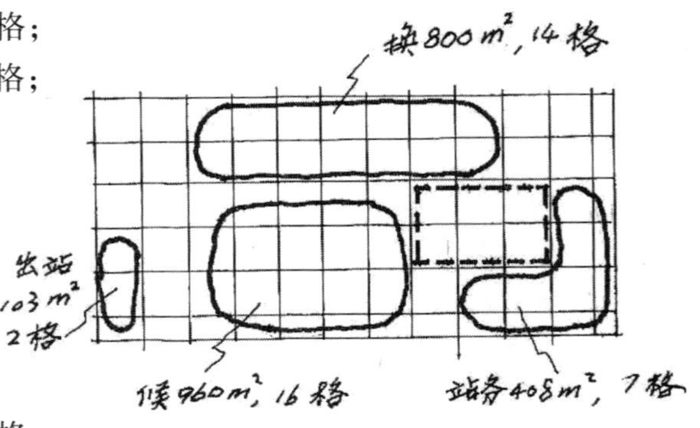

图 15-6　天井位置确定方法

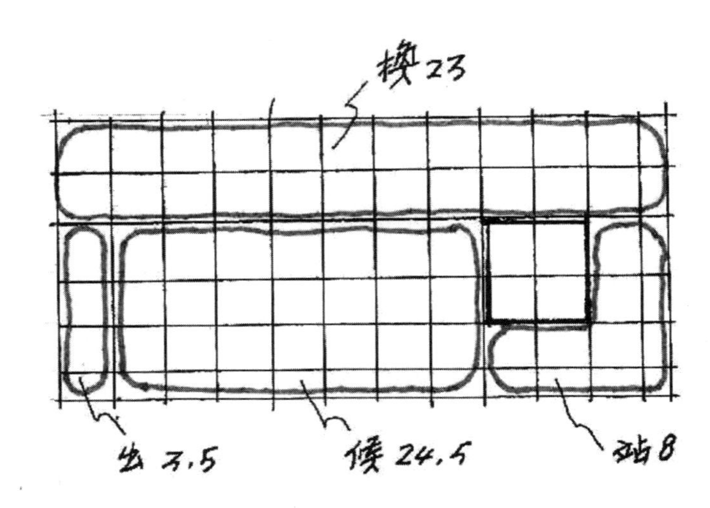

一层小草图

换36

候10

二层小草图

图 15-7　小草图

三、参考答案（图 15-8 ~ 图 15-10）

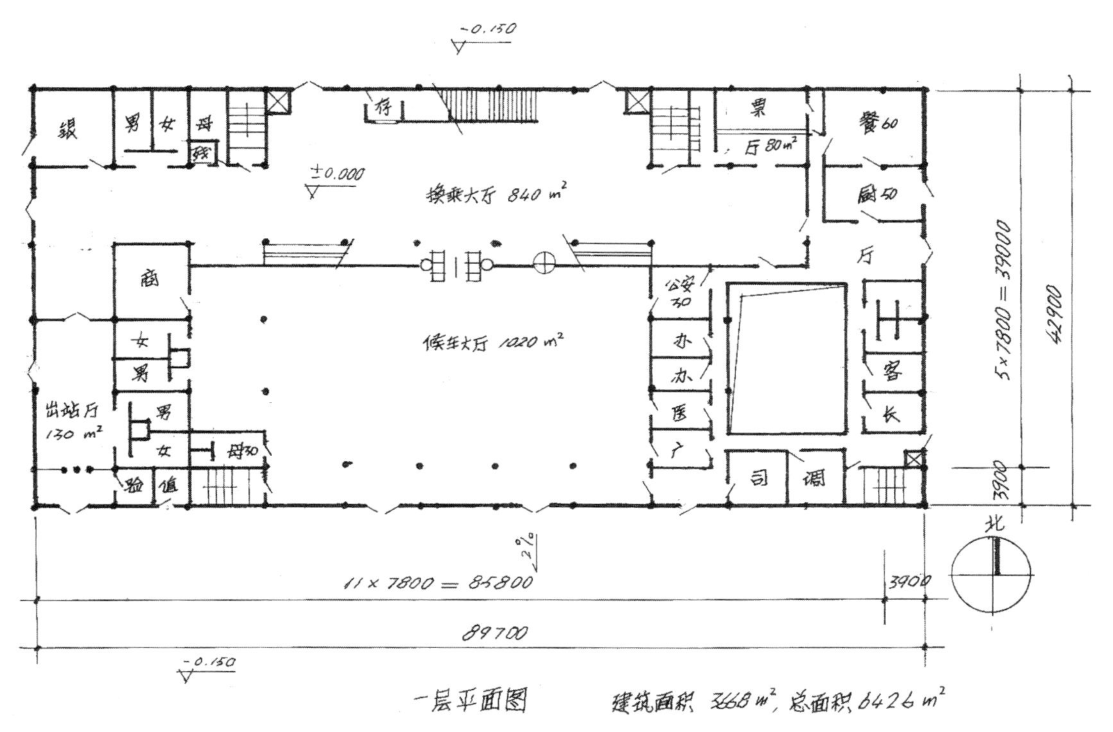

图 15-8 一层平面图

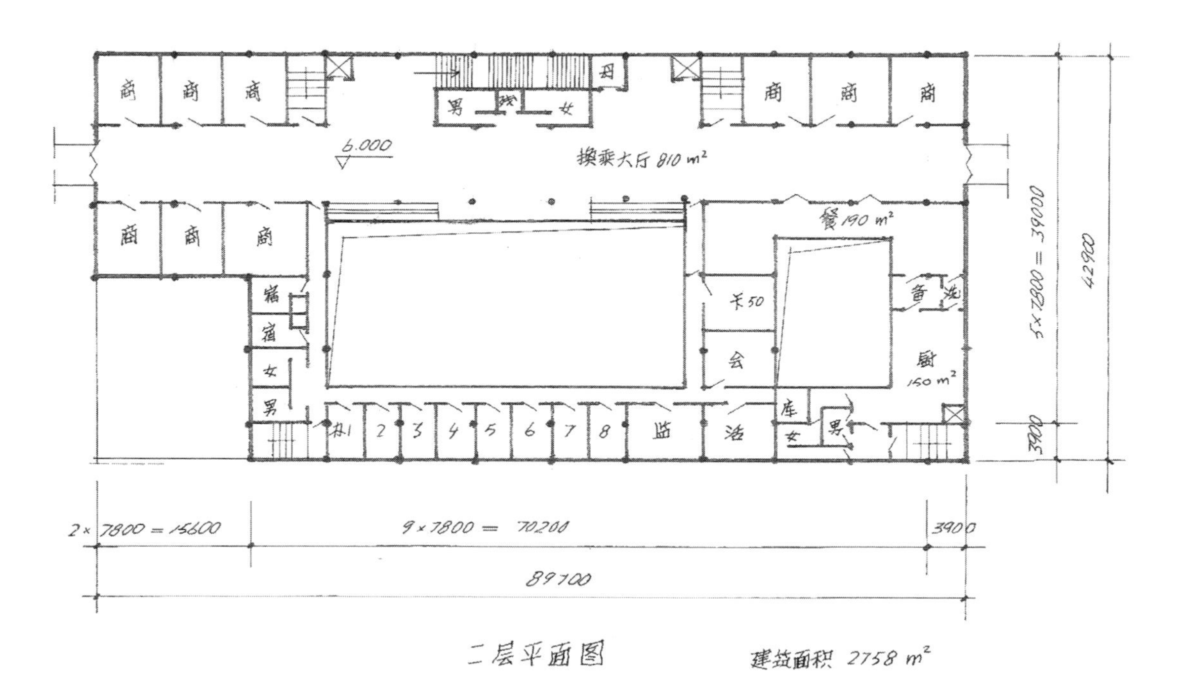

图 15-9 二层平面图

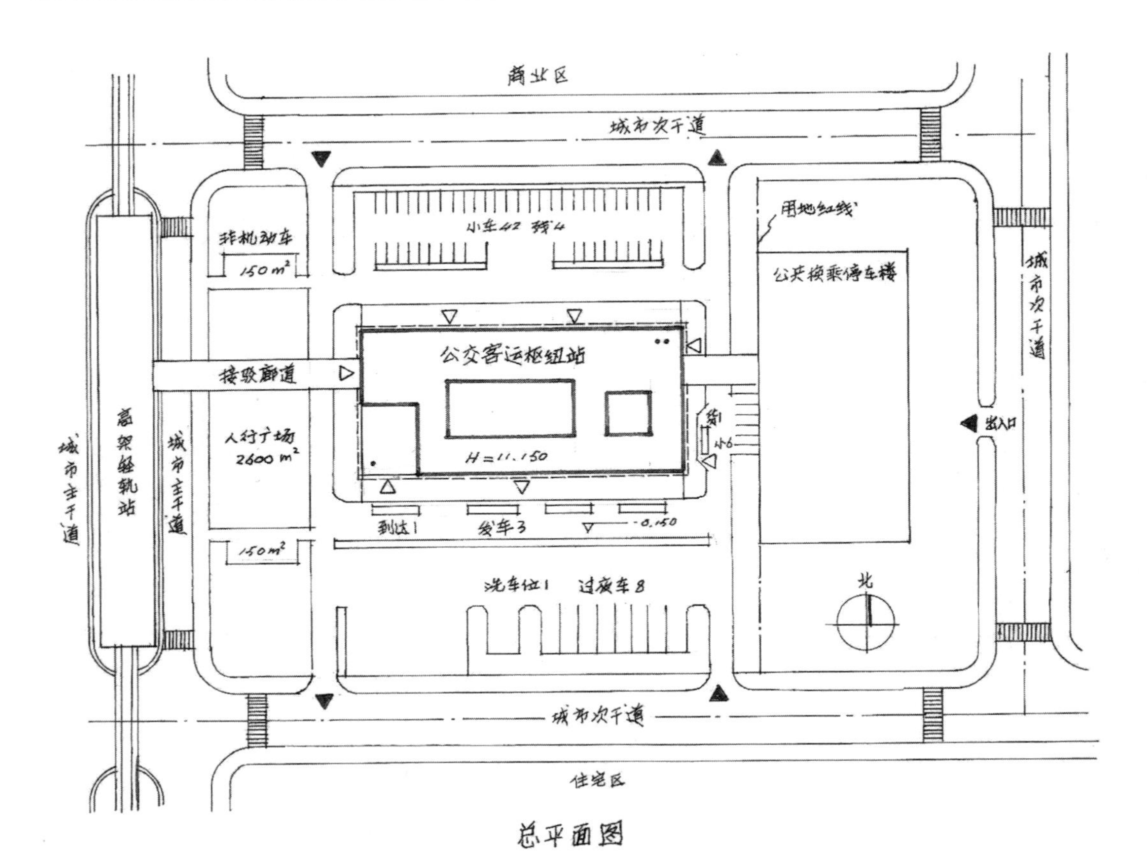

商业区
城市次干道
用地红线
小车42 残4
排机动车
150m²
公共换乘停车楼
公交客运枢纽站
接驳廊道
高架轻轨站
城市主干道
城市主干道
人行广场
2600m²
H=11.150
出入口
到达1
发车3
-0.150
150m²
洗车位1
过夜车8
北
城市次干道
住宅区
总平面图

图 15-10　总平面图

第十六章　多厅电影院方案设计（2019 年）

一、试题要求

1. 任务描述

在我国南方某城市设计多厅电影院一座，电影院为三层建筑，包括大观众厅一个（350座），中观众厅二个（每个 150 座），小观众厅一个（50 座）及其他功能用房，部分功能用房为二层或三层通高，本设计仅绘制总平面图和一、二层平面图（三层平面及相关设备设施不做考虑和表达）一、二层建筑面积合计为 5900m^2。

2. 用地条件

基地东侧与南侧临城市主次干道、西侧邻住宅区，北侧邻商业区，用地红线、建筑控制线详见总平面图（图 16-1）。

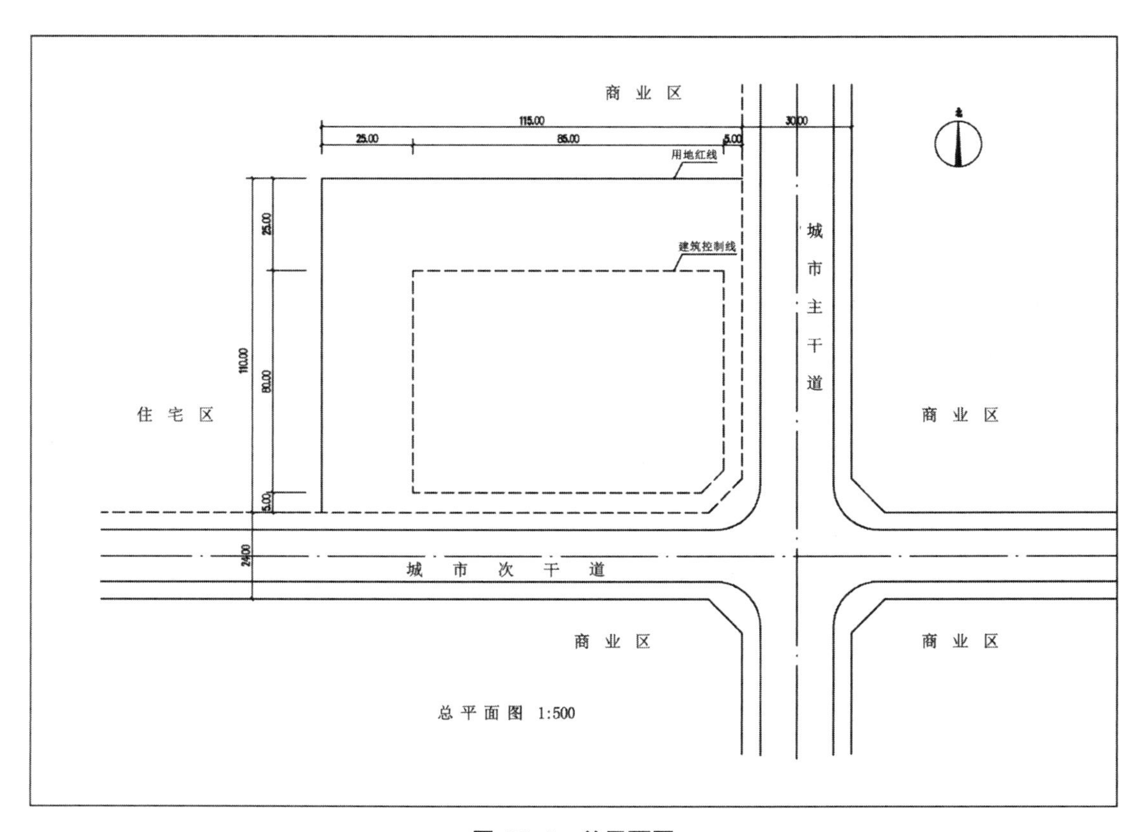

图 16-1　总平面图

3. 总平面设计要求

在用地红线范围内合理布置基地各出入口、广场、道路、停车场和绿地，在建筑控制线内布置建筑物（雨篷、台阶允许突出建筑控制室）。

（1）基地设置两个机动车出入口，分别开向两条城市主次干道，基地内人车分道（机动车道宽 7.0m，人行道宽 4.0m）。

（2）基地内布置小型机动车停车位 40 个，非机动车停车场一处 300m²。

（3）建筑主出入口设在南面，次出入口设在东面。基地东南角设一个进深不小于 12m 的人员集散广场（L 形转角）连接主、次出入口，面积不小于 900m²，其他出入口根据功能要求设置。

4. 建筑设计要求

电影院一、二层为观众厅区和公共区，两区之间应分区明确、流线合理。各功能房间面积及要求详见表 16-1、表 16-2、功能关系图如图 16-2 所示，建议平面采用 9m × 9m 柱网。三层为放映机房和办公区，不要求设计和表达。

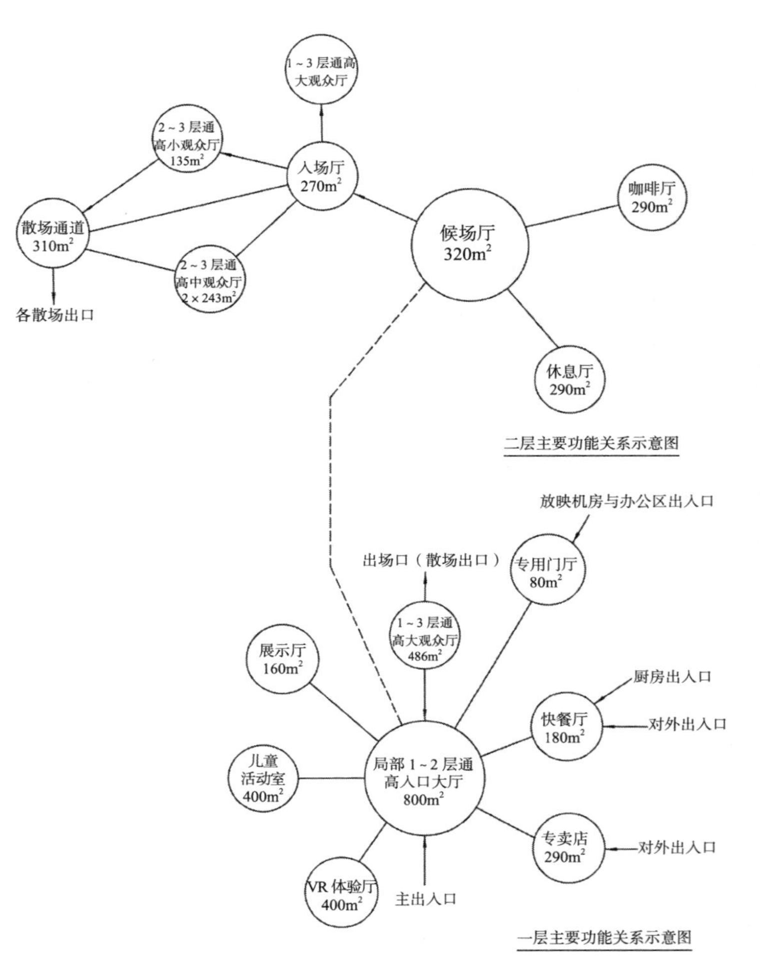

图 16–2　功能关系图

（1）观众厅区

1）观众厅相对集中布置，入场、出场流线不交叉，各观众厅入场口均设在二层入场厅内，入场厅和候场厅之间设验票口一处，所有观众厅入场口均设声闸。

2）大观众厅的入场口和出场口各设两个，两个出场口均设在一层，一个直通室外，另一个直通入口大厅。

3）中观众厅和小观众厅的入场口和出场口各设一个，出场口通向二层散场通道，观众经散场通道内的疏散楼梯或乘客电梯到达一层后，即可直通室外，也可不经室外直接返回一层公共区。

4）乘轮椅的观众均由二层出入（大观众厅乘轮椅的观众利用二层入场口出场）。

5）大、中、小观众厅平面长 × 宽尺寸分别为 27m × 18m，18m × 35m，15m × 9m，

前述尺寸均不包括声闸，平面见示意图如图 16-3 所示。

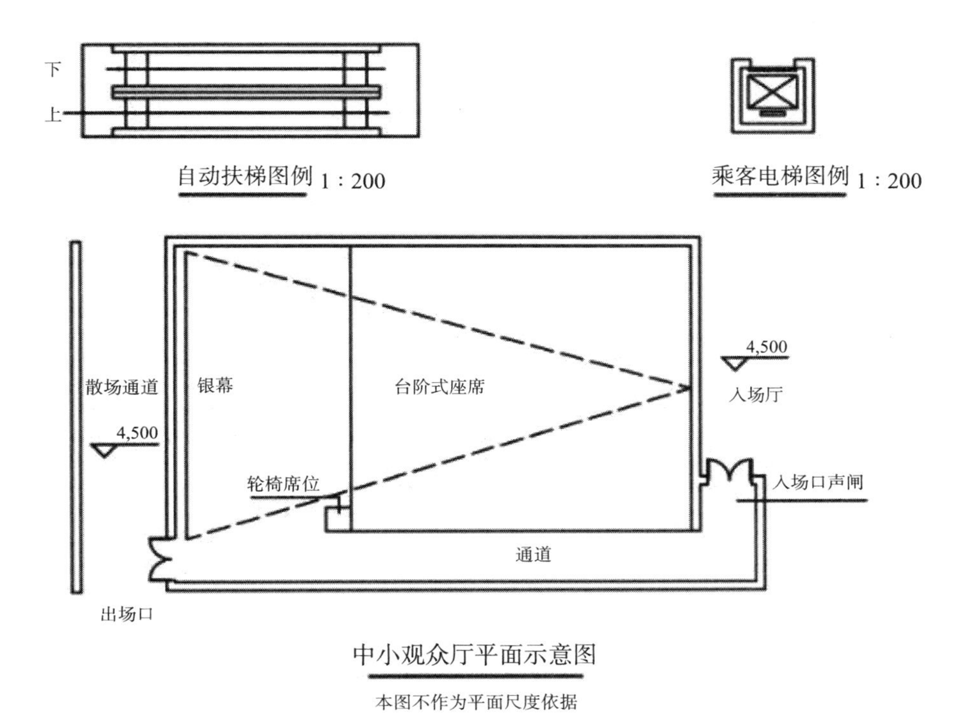

中小观众厅平面示意图

本图不作为平面尺度依据

大观众厅平面示意图

本图不作为平面尺度依据

图 16–3　平面图使用图例

（2）公共区

1）一层入口大厅局部两层通高，售票处服务台面向大厅，可看见主出入口。专卖店、快餐厅、VR 体验厅临城市道路设置，可兼顾内外经营。

2）二层休息厅、咖啡厅分别与候场厅相邻。

3）大观众厅座席升起的下部空间（观众厅长度三分之一范围内）应利用。

4）在一层设专用门厅为三层放映机房与办公区服务。

（3）其他

1）本设计应符合国家现行规范、标准及规定。

2）在入口大厅设自动扶梯二部，连通二层候场厅，在公共区设乘客电梯一部服务进场观众，在观众厅区散场通道内设乘客电梯一部服务散场观众。

3）层高：一、二、三层各层层高均为 4.5m（大观众厅下部利用空间除外）；入口大厅局部通高 9m（一至二层）；大观众厅通高 13.5m（一至三层）；中、小观众厅通高 9m（二至三层）；建筑室内外高差 150mm。

（4）结构：钢筋混凝土框架结构

（5）采光通风：表 16-1、表 16-2“采光通风”栏内标注 # 号的房间，要求有天然采光和自然通风。

5. 制图要求

（1）总平面图

1）绘制建筑物一层轮廓，并标注室内外地面相对标高。

2）绘制机动车道、人行道、小型机动车停车位（标注数量）、非机动车停车场（标注面积），人员集散广场（标注进深和面积）及绿化。

3）注明建筑物主出入口、次出入口、快餐厅厨房出入口、各散场出口。

（2）平面图

1）绘制一、二层平面图，表示出柱、墙（双线或单粗线）、门（表示开启方向），窗、卫生洁具可不表示。

2）标注建筑轴线尺寸，总尺寸、标注室内外楼、地面及室外地面相对标高。

3）标注房间或空间名称，标注带 * 号房间及空间（表 16-1、表 16-2）的面积，允许误差为 ±10% 以内。

4）填写一、二层建筑面积，允许误差在规定面积的 ±5% 以内，房间及各层建筑面积均以轴线计算。

一层用房、面积及要求 **表 16–1**

功能区	房间及空间名称	建筑面积 m^2	数量	采光通风	备注
观众厅区	* 大观众厅	486	1		一至三层通高
公共区	* 入口大厅	800	1	#	局部二层通高，约 450m^2，含自动扶梯、售票处 50m^2（服务台长度小于 12m）
	*VR 体验厅	400	1	#	

续表

功能区	房间及空间名称	建筑面积 m^2	数量	采光通风	备注
公共区	儿童活动室	400	1	#	
	展示厅	160	1		
	* 快餐厅	180	1	#	含备餐 20m^2，厨房 50m^2
	* 专卖店	290	1	#	
	厕所	54	2 处		每处 54m^2，男、女各 27m^2，均含无障碍厕位，两处厕所之间间距大于 40m
	母婴室	27	27		
	消防控制室	27	1	#	设疏散门直通室外
	专用门厅	80	1	#	含一部至三层的疏散楼梯
其他	走道、楼梯、乘客电梯等约 442m^2				
一层建筑面积 3400m^2（允许 ±5%）					

二层用房、面积及要求　　　　**表 16-2**

功能区	房间及空间名称	建筑面积 m^2	数量	采光通风	备注
观众厅区	* 候场厅	320	1		
公共区	* 休息厅	290	1	#	含售卖处 450m^2
	* 咖啡厅	290	1	#	含制作间及吧台合计 60m^2
	厕所	54	1 处		男、女各 27m^2，均含无障碍厕位
	走道、楼梯、乘客电梯等约 442m^2				
	* 入场厅	270	1		需用文字示意检票口位置
	* 入场口声闸	14	5 处		每处 14m^2
	* 大观众厅	计入一层			一至三层通高
	* 中观众厅	243	2 个		每个 243m^2，二至三层通高
	* 小观众厅	135	1		二至三层通高
	散场通道	310	1	#	轴线宽度不小于 3m，连通入场厅
	员工休息室	20	2 个		每个 20m^2
	厕所	54	1 处		男、女各 27m^2，均含无障碍厕位
其他	走道、楼梯、乘客电梯等约 181m^2				
二层建筑面积 2500m^2（允许 ±5%）					

二、设计分析

1. 读题笔记（图 16-4）。
2. 这是一个娱乐型建筑的考题，是历年考试中的新题型。
3. 该题功能区很少，重在考查应试人关于对疏散功能的把握。
4. 一大，二中，一小三个观众厅空间要求不同。

5. 总平面要求中，在东南设一个 L 形转角广场，这暗示出观众厅最好与之相邻，以利于疏散。

6. 试题建议平面采用 9m × 9m 柱网，这是非常重要的提示。

7. 部分房间有采光要求，应沿外墙布置。有 # 号及 * 号的房间应优先布置。

8. 首层建筑面积要求 $3400m^2$，所需网格数：$\frac{3400}{81}$=42 格。取 6（南北）× 7（东西）。

9. 观众厅是本设计的核心，所有要求必须遵守，流线和疏散都有特殊要求。所以，设计宜从第二层观众厅摆放入手，以确定与疏散相关的楼梯、电梯位置。

10. 本考题几乎没有功能分区，房间也不多。因此也不需要利用以往的程序来作题。只需先将有控制性条件的房间，按要求布置即可。例如：快餐厅、专卖店、VR 体验厅等房间要求既对内也对外，故只能布置在东、南两侧外墙处，才能满足题目要求。二层入场厅处可理解为是分区处，应加门。

11. 考题中大房间较多，特别是放映厅中不能有柱。要首先安排观众厅的结构问题，最好使梁跨最大不超过 18m（二跨），按此原则在大厅或大房间中的适当位置设柱。

12. 总图不按常规，要求画一层平面轮廓，画时注意疏散场地、人车分流是重点。

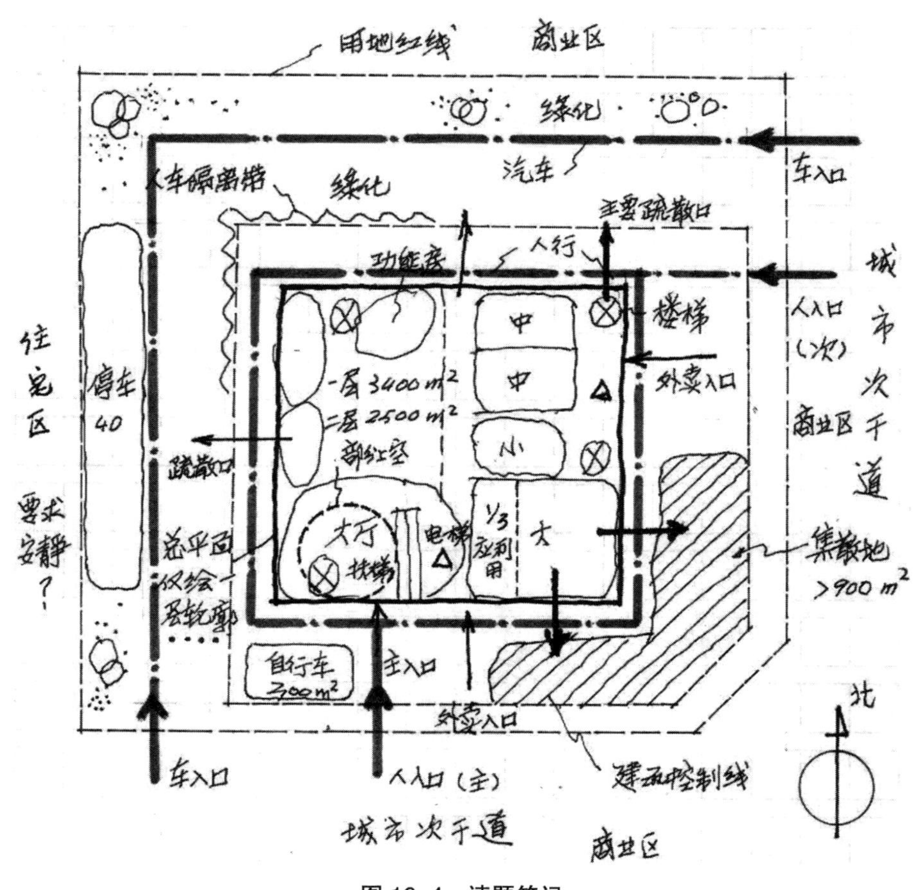

图 16–4 读题笔记

三、参考答案

一层平面图、二层平面图、总平面图如图 16-5 ~ 图 16-7 所示。

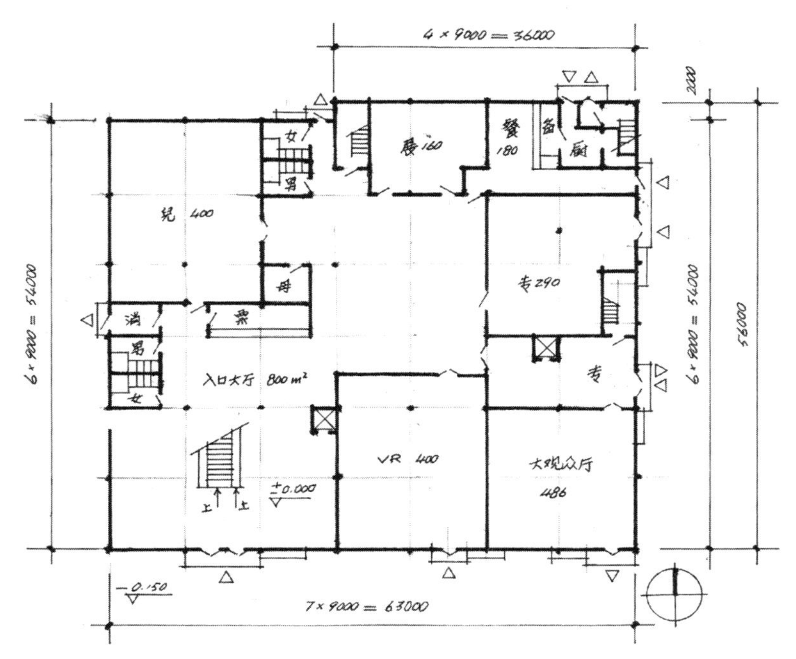

图 16–5　一层平面图　建筑面积：3474m²　总建筑面积：5976m²

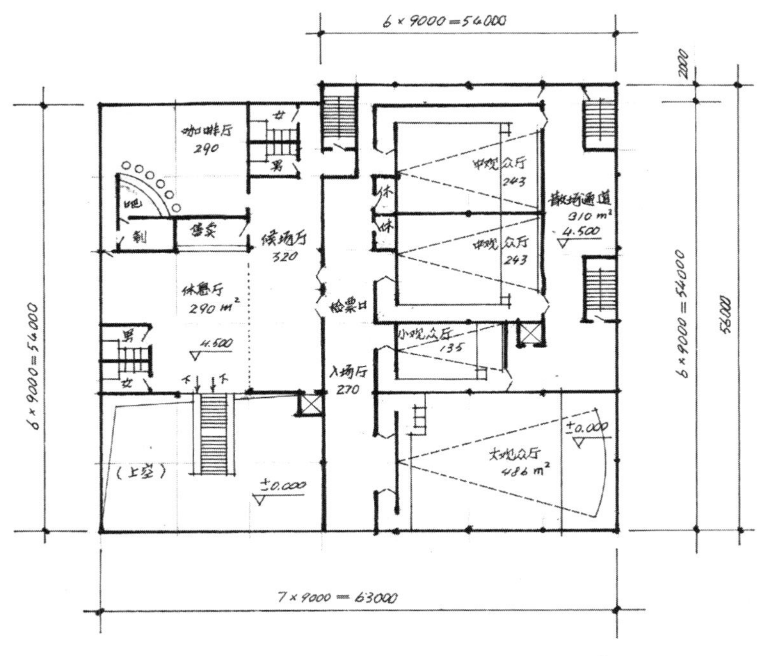

图 16–6　二层平面图　建筑面积：2502m²

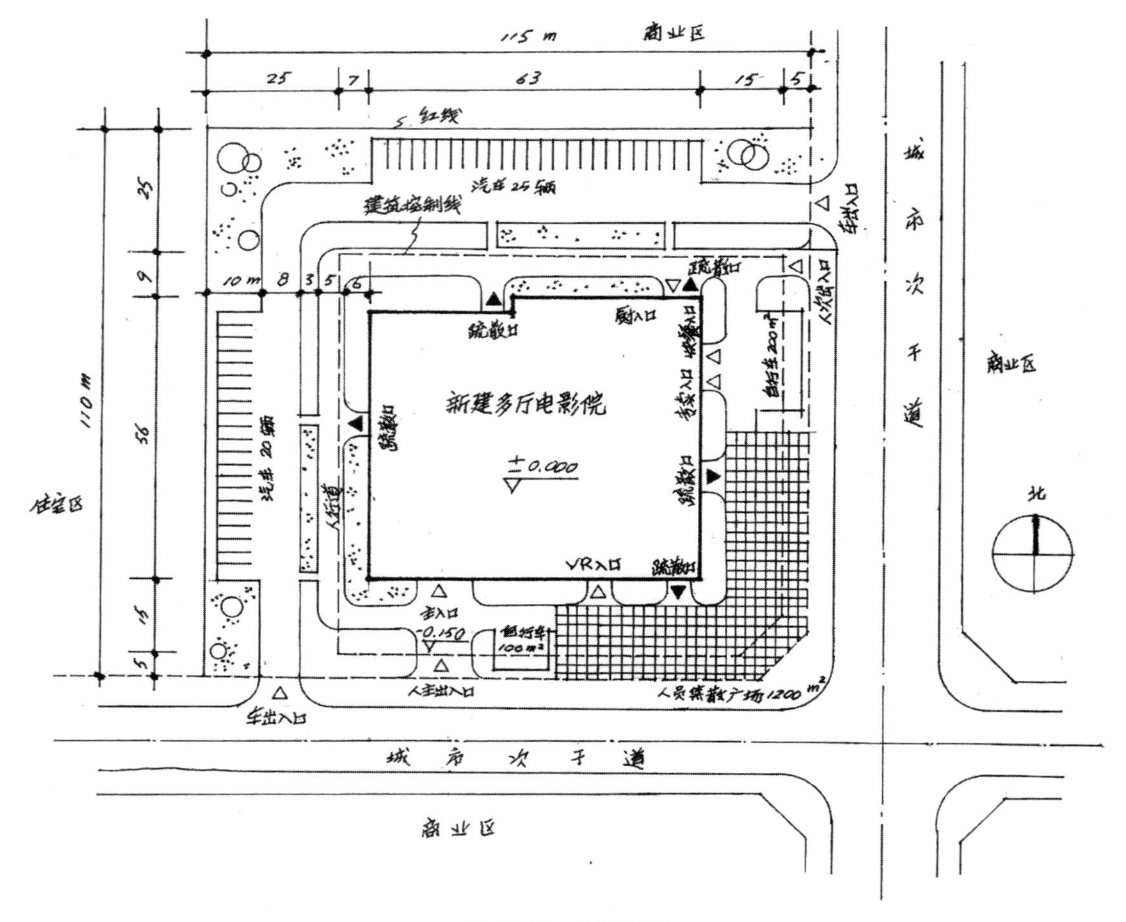

图 16–7　总平面图

四、答题过程

1. 本考题中观众厅应是事关全局的控制性房间，在位置上要优先考虑，鉴于考题已经提示场地的东南侧是集散广场，暗指应为观众厅的主要疏散方向。为此，先从二层下手，将观众厅沿东墙顺序排开。因大观众厅一层要求有一个出场口直通室外，故应直贴南墙，南北向布局。本题明显引导考生将东南作为主导疏散方向，其实不必如此人为设置套路，往哪个方向疏散？不应有所定论。很简单，哪里离室外近，哪里宽阔就可往哪里疏散。如是，往西北方向逃生，应为合理。

2. 将观众厅入场口对齐，则中、小观众厅和东外墙之间就形成了疏散通道。在这条通道上设两部楼梯和一部电梯。

3. 至此，再返回到一层，将要求临城市布置的专卖店、快餐厅、VR 体验厅中面积较小的专卖店和快餐厅布置在南侧，快餐店因有厨房入口要求，将其布置在东北角处。并检查调整专卖店和快餐店临街入口和楼梯疏散口间是否矛盾？然后，将 VR 体验厅设在西侧临街，并注意利用大观众厅座席升起的下部空间。

4. 专卖店和大观众厅之间的空位，正好设计成专用门厅，并可利用电梯或疏散楼梯去三层放映机房或办公区。

5. 完成以上布置后，入口大厅的位置顺理应布置在西南角。按题目要求，放置楼梯、扶梯和电梯。考虑这些楼梯时，要注意大厅上空的轮廓线，使二层能有接应。

6. 一层还剩两大两小房间没安排，将面积较大、有采光要求的儿童活动室放在西北角，展示厅放于相邻快餐的东墙。

7. 一层主要大房间布置完毕，就要全面审视楼梯、电梯和厕所的安排，原则是布点均匀、方便使用、合理、合规，符合题设。所有楼梯间出口距疏散口都应小于15m。

8. 一层还余母子室、售票处、消防控制室三个功能房待布置。消防控制室要求设疏散直通室外，将其安排在儿童活动室和入口大厅厕所之间处，售票处要求面向大厅并可见出入口，位置只能在儿童活动室南侧外，别无选择。

9. 一层基本布置完毕。二层基本分为入场和候场两大部分，之间设一道通墙将其分隔。除候场厅外，因所剩面积不多，还要安排咖啡厅和休息厅。二者同大，都要求采光。将咖啡厅设在房间西北角。休息厅因面积和厕所受限没有专门设墙，只是在图上给出空间位置，聊以充当，实为无奈之举。

10. 房间表中要求散场通道要能连通入场厅。不得以，只能在中观众厅外加出一条2m宽走廊，以完成此项要求。为此一层咖啡厅及疏散楼梯位置应随之调整。

11. 画出所有房间、功能分区（此次考题未给分区依设计成果自定）及封闭楼梯间的门，要正确画出开启方向。特别注意超过120m^{2}的大房间开两个门。

12. 检查结构柱位置是否合理，应使梁跨不超过18m。

13. 检查文字及标高标注。

14. 总平面图首先要布置出车行和人行两道路关系，从而定出建筑位置，其他均依此例及题目要求办理即可。

以上仅为编者对考题答案的一种理解，不能说完善，试卷上还留有明显的瑕疵，只是诸多答案中的一种，读者还可根据自己的理解，作出更符合题意的答案。

要说明的是：6小时内不易做到尽善尽美，无懈可击，只要不出大错，留点小的遗憾，自可心安理得。

五、评分标准（表16–3）

提示：1. 一层或二层未画（含基本未画）该项为0分，序号4项也为0分，为不及格试卷；2. 总平面未画（含基本未画）该项为0分；3. 扣到45分后即为不及格卷。

评分标准　　表 16–3

序号	考核项及分值		分项考核内容		扣分范围
1	总平面（15 分）	整体布局及交通绿化	建筑物超出控制线或未画扣 15 分(不包括台阶、坡道、雨篷等)		15
			车行出入口（2 处）未分别设在主次干道、缺一处，各扣 3 分		3 ~ 6
			未 留 12m 集散广场，扣 4 分		4
			车行道＜ 7m，人行道＜ 4m，各扣 1 分		2
			基地内道路未表示扣 3 分，表示不全或流线不合理，扣 1 ~ 2 分		1 ~ 3
			机动车停车场未画（含基本未画）扣 4 分；车位不足或遮挡疏散口，各扣 2 分		2 ~ 4
			未布置非机动车停车场或面积不足，扣 2 分		2
			未布置绿化，扣 1 分		1
			总图画屋顶平面，扣 3 分		3
			未标注建筑各出入口（含画了未写字），缺一个扣 1 分		1 ~ 5
2	一层平面（30 分）	功能布局	功能分区	各个大分区未相对独立，缺区，分区不明确或不合理，缺分区门，出、入口流线交叉，每处扣 5 ~ 15 分	5 ~ 20
			公共区	售票厅未面向入口大厅或未面向主出入口，扣 2 分	2
				次出入口未朝东或未直通大厅，扣 1 分	1
				未设置扶梯，扣 4 分；进门看不到扶梯，扣 1 分	1 ~ 4
				未在合适位置设置电梯，每处扣 2 分	2 ~ 4
				次出入口看不到售票厅，扣 1 分	1
				专卖店、快餐厅、VR 体验厅未临街，各扣 3 分	3 ~ 8
				次入口走道宽度＜ 4m，扣 1 分	1
				缺专用门厅到入口大厅的流线，扣 4 分	4
				专用门厅缺楼梯，扣 3 分	3
				消控室面积不足或未对外开门，扣 2 分	2
				母婴室未紧邻儿童活动室，扣 2 分	2
				两处卫生间间距＜ 40m，扣 3 分	3
				厨房、餐厅功能不合理，扣 1 ~ 5 分	1 ~ 5
				未利用大影厅下方空间，扣 6 分	6
				专卖店、快餐厅、VR 体验厅未连入口大厅或公共走道，各扣 2 分	2 ~ 6
			观众厅区	缺观众厅，每间扣 10 分	10
				大观众厅未直通室外，扣 4 分	4
				大观众厅未直通入口大厅，扣 4 分	4
				散场通道未直通入口大厅，扣 3 分	3
				散场通道向西疏散，扣 2 分	2
		缺房间、面积	未在指定位置标注一层面积，或误差大于 5%，扣 2 分		2
			缺带 * 号房间，每间 5 分，面积误差大于 10%。每间扣 3 分		1 ~ 10
			带 * 号房间空间不合理（非完形、长宽比超 2:1），每间扣 2 分		
			缺其他房间或形态不良，每间扣 2 分		

续表

序号	考核项及分值		分项考核内容		扣分范围
3	二层平面（40 分）	功能布局	功能分区	各个大分区未相对独立，缺区，分区不明确或不合理，缺分区门，出入口流线交叉，每处扣 5 ~ 15 分	5 ~ 20
			公共区	检票口至扶梯排队长度＜ 9m，每 3m 扣 1 分	1 ~ 3
				入场厅、入场口空间联系不合理，扣 4 分	4
				制作间，吧台功能不合理，扣 1 ~ 3 分	1 ~ 3
				检票口未绘制，扣 3 分	3
				卫生间布置不合理，扣 1 ~ 3 分	1 ~ 3
			观众厅区	缺观众厅，每间扣 10 分	10
				观众厅结构布置不合理（短边跨度超 18m）扣 5 ~ 10 分	5 ~ 10
				观众厅内落柱或首二层结构不连贯，扣 10 分	10
				观众厅未按图例绘制（包括旋转），扣 10 分	10
				散场通道宽度不足 3m 或面积不足 310m^2，各扣 2 分	2 ~ 4
				散场通道不能双向疏散，扣 3 分	1 ~ 4
				卫生间布置不合理，扣 2 分	2
		缺房间、面积	未在指定位置标注二层面积，或误差大于 5%，扣 2 分		2
			缺带 * 号房间，每间扣 5 分，面积误差大于 10%，每间扣 3 分		1 ~ 10
			带 * 号房间空间不合理（非完形、长宽比超 2：1），每间扣 2 分		
			缺其他房间或形态不良，每间扣 2 分		
4	规范和图面（15 分）	房间疏散门至最近安全出口：双向疏散不满足 40m，扣 3 分；袋形走道不满足 22m，扣 3 分；楼梯＜ 4 部，每少一部扣 3 分；楼梯＞ 6 部，每多一部扣 3 分；首层不满足 15m，扣 3 分；楼梯宽度不满足 1.4m，每一处扣 3 分			3 ~ 10
		未设无障碍坡道，扣 1 分			1
		未设置封闭楼梯间，扣 5 分			8
		未标注轴线尺寸、总尺寸，扣 2 分			2
		观众厅紧邻电梯，扶梯，每处扣 1 分			1 ~ 2
		未在合适位置标注符号，每处扣 1 分			1 ~ 2
		结构未布置，扣 10 分			10
		图面潦草、字迹不清、开门不断墙，扣 1 ~ 3 分			1 ~ 3

第十七章　遗址博物馆方案设计（2020 年）

一、试题要求

1. 任务描述

华北某地区，依据当地遗址保护规划，结合遗址新建博物馆一座（限高 8m，地上一层、地下一层），总建筑面积 5000m^2。

2. 用地条件

基地西、南侧临公路，东、北侧毗邻农田，详见总平面图（图 17-1）。

3. 总平面设计要求：

（1）在用地红线范围内布置出入口、道路、停车场、集散广场和绿地；在建筑控制线范围内布置建筑物。

（2）在基地南侧设观众机动车出入口一个，人行出入口一个，在基地西侧设内部机动车出入口一个；在用地红线范围内合理组织交通流线，须人车分流：道路宽 7m，人行道宽 3m。

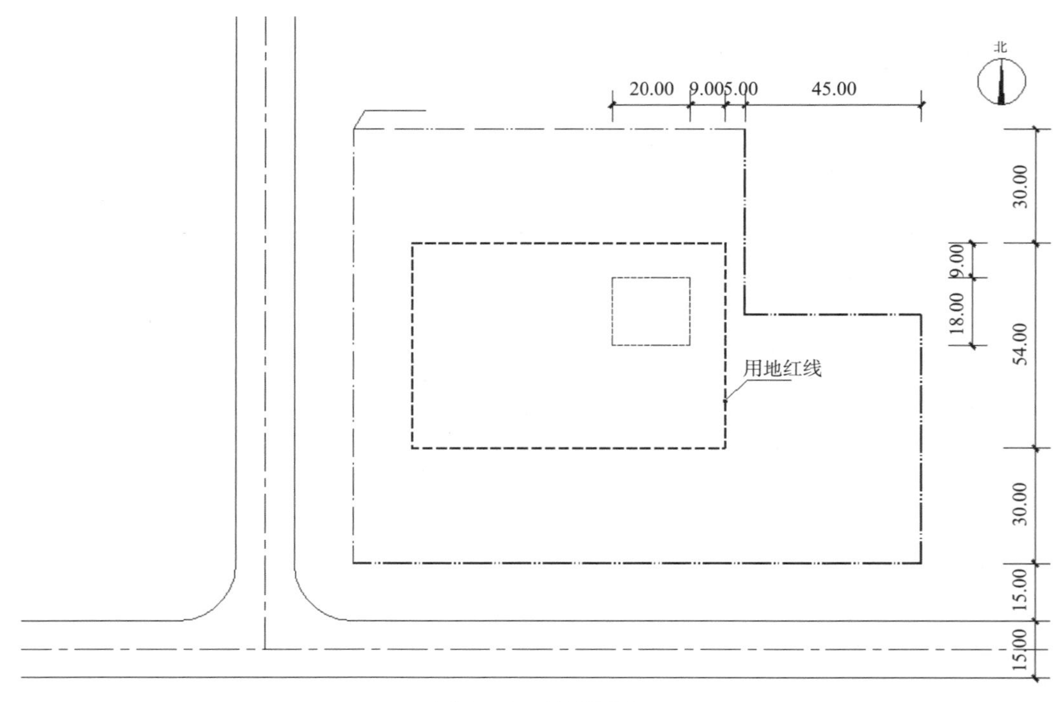

图 17–1　总平面图

（3）在基地内分设观众停车场和员工停车场。观众停车场设小客车停车位 30 个，大客车停车位 3 个（每车位 13m × 4m），非机动车停车场 $200m^2$；员工停车场设小客车停车位 10 个，非机动车停车场 $50m^2$。

（4）在基地内结合人行出入口设观众集散广场一处，面积不小于 $900m^2$，进深不小于 20m；设集中绿地一处，面积不小于 $500m^2$。

4. 建筑设计要求

博物馆由公众区域（包括陈列展览区、教育与服务设施区）、业务行政区域（包括业务区、行政区）组成，各区分区明确，联系方便。各功能房间面积及要求详见表 17-1、表 17-2，主要功能关系见示意图（图 17-2）。本建筑采用钢筋混凝土框架结构（建议平面柱网以 8m × 8m 为主），各层层高均为 6m，室内外高差 300mm。

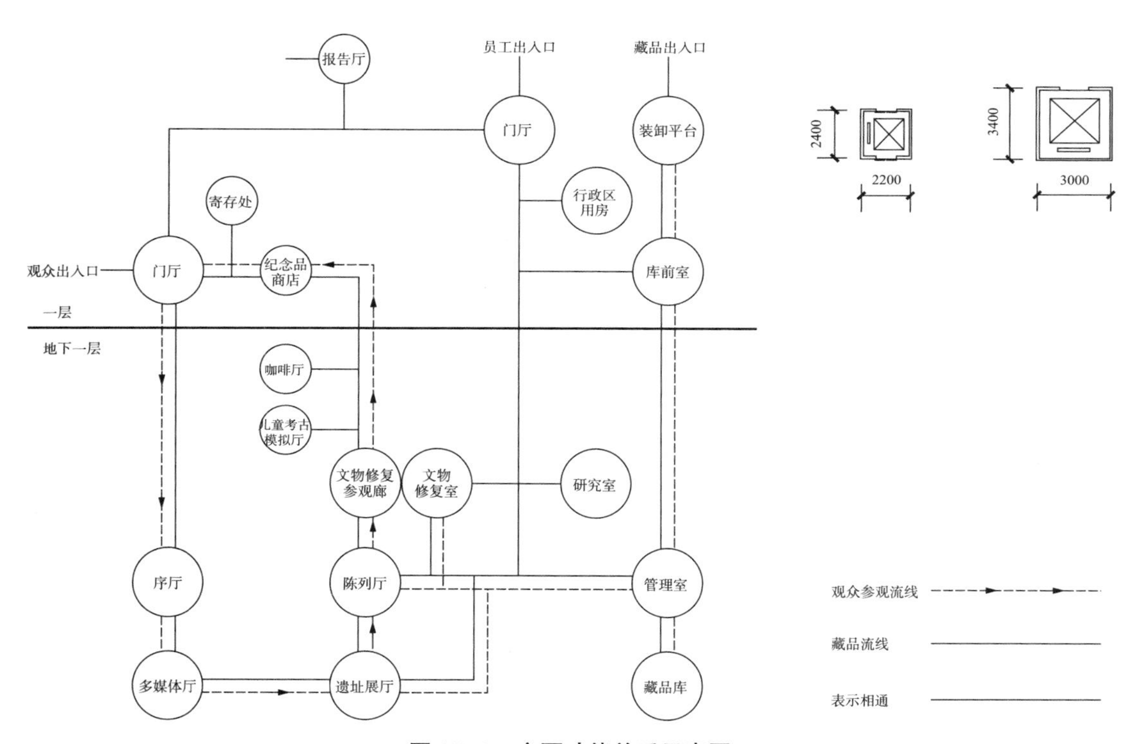

图 17-2　主要功能关系示意图

公众区域

观众参观主要流线：入馆→门厅→序厅→多媒体厅→遗址展厅→陈列厅→文物修复参观廊→纪念品商店→门厅→出馆。

一层：

（1）门厅与遗址展厅（上空）和序厅（上空）相邻，观众可俯视参观两厅；门厅设开敞楼梯和无障碍电梯各一部，通达地下一层序厅；服务台与讲解员室、寄存处联系紧密；寄存处设置的位置须方便观众存、取物品。

（2）报告厅的位置须方便观众和内部工作人员分别使用，且可直接对外服务。

地下一层：

（1）遗址展厅、序厅（部分）为两层通高；陈列厅任一边长不小于 16m；文物修复参观廊长度不小于 16m，宽度不小于 4m。

（2）遗址展厅由给定的遗址范围及环绕四周的遗址参观廊组成，遗址参观廊宽度为 6m。

（3）观众参观结束，可就近到达儿童考古模拟厅和咖啡厅，或通过楼梯上至一层穿过纪念品商店从门厅出馆，其中行动不便者可乘无障碍电梯上至一层出馆。

业务行政区域

藏品进出流线：装卸平台→库前室→管理室→藏品库。

藏品布展流线：藏品库→管理室→藏品专用通道→遗址展厅、陈列厅、文物修复室。

一层：

（1）设独立的藏品出入口，须避开公共区域；安保室与装卸平台、库前室相邻，方便监管；库前室设一部货梯直达地下一层管理室。

（2）行政区设独立门厅，门厅内设楼梯一部至地下一层业务区；门厅、地下一层业务区均可与公共区域联系。

地下一层：

（1）业务区设藏品专用通道，藏品经管理室通过藏品专用通道直接送达遗址展厅、陈列厅及文物修复室；藏品专用通道与其他通道之间须设门禁。

（2）文物修复室设窗向在文物修复参观廊的观众展示修复工作。

（3）研究室临近文物修复室，且与公众区域联系方便。

其他

（1）博物馆设自动灭火系统（提示：地下防火分区每个不超过 1000m^2，建议遗址展览厅、地下一层业务区各为一个独立的防火分区，室内开敞楼梯不得作为疏散楼梯）。

（2）标注带√号房间需满足自然采光、通风的要求。

（3）根据采光、通风、安全疏散的需要，可设置内庭院或下沉广场。

（4）本设计应符合国家现行相关规范和标准的规定。

5. 制图要求

（1）总平面图

1）绘制建筑一层平面轮廓，标注层数和相对标高；建筑主体不得超出建筑控制线（台阶、雨篷、下沉广场、室外疏散楼梯除外）。

2）在用地红线范围内绘制道路（与公路接驳）、绿地、机动车停车场、非机动车停车场；标注机动车停车位数量和非机动车停车场面积。

3）标注基地各出入口；标注博物馆观众、藏品、员工出入口。

（2）平面图

1）绘制一层、地下一层平面图；表示出柱、墙（双线或单粗线）、门（表示开启方向）。窗、卫生洁具可不表示。

2）标注建筑轴线尺寸、总尺寸，标注室内楼、地面及室外地面相对标高。

3）标注防火分区之间的防火卷帘门（用 FJL 表示）与防火门（用 FM 表示）。

4）注明房间或空间名称；标注带 * 号房间（表 17-1、表 17-2）的面积，各房间面积允许误差在规定面积的 ±10% 以内。

5）分别填写一层、地下一层建筑面积，允许误差在规定面积的 ±5% 以内，房间及各层建筑面积均以轴线计算。

一层用房及要求　　表 17-1

功能区		房间及空间名称	建筑面积（m^2）	数量	采光通风	备注
公共区域	教育与服务设施区	* 门厅	256	1	√	
		服务台	18	1		
		寄存处	30	1		观众自动存取
		讲解员室	30	1		
		* 纪念品商店	104	1	√	
		* 报告厅	208	1	√	尺寸：16m × 13m
		无性别厕所	14	1		兼无障碍厕所
		厕所	64	1	√	男 26m^2、女 38m^2
业务行政区域	行政区	* 门厅	80	1	√	与业务区共用
		值班室	20	1	√	
		接待室	32	1	√	
		* 会议室	56	1	√	
		办公室	82	1	√	
		厕所	44	1	√	男、女各 16m^2，茶水间 12m^2
	业务区	安保室	12	1		
		装卸平台	20	1		
		* 库前室	160	1		内设货梯
其他		走道、楼梯、电梯等约 470m^2				
一层建筑面积 1700m^2（允许误差在 ±5% 以内）						

二层用房及要求　　表 17-2

功能区		房间及空间名称	建筑面积（m^2）	数量	采光通风	备注
公共区域	陈列展览区	* 序厅	384	1	√	
		* 多媒体厅	80	1		
		* 遗址展厅	960	1		包括遗址范围和遗址参观廊，遗址参观廊的宽度为 6m
		* 陈列厅	400	1		
		* 文物修复参观廊	88	1		长度不小于 16m，宽度不小于 4m

续表

功能区		房间及空间名称	建筑面积（m^2）	数量	采光通风	备注
公共区域	教育与服务设施区	* 儿童考古模拟厅	80	1	√	
		* 咖啡厅	80		√	
		无性别厕所	14	1	√	兼无障碍厕所
		厕所	64	1	√	男 $26m^2$、女 $38m^2$
业务行政区域	业务区	管理室	64	1		内设货梯
		* 藏品库	166	1		
		* 藏品专用通道	90	1		直接与管理室、遗址展厅、陈列厅、文物修复室相通
		* 文物修复室	185	1		面向文物修复参观廊开窗
		* 研究室	88	2	√	每间 $88m^2$
		厕所	44	1		男、女各 $16m^2$, 茶水间 $12m^2$
其他		走道、楼梯、电梯等约 $425m^2$				
地下一层建筑面积 $3300m^2$（允许误差在 ±5% 以内）						

二、设计分析

1. 2020 年博物馆设计是考试以来第一次重复的题目，但与 2012 年所考的博物馆相比，在难度上有所提升，表现在地下室疏散、采光、防火分区，都有专业要求。

2. 设计时首要步骤是确定柱网，因为地下一层建筑面积 $3300m^2$ 大于一层建筑面积 $1700m^2$，所以选取地下一层平面作为确定柱网的依据。这次题目给出建议用 8m 柱网。所绘控制线平面内的场地为 80m × 54m。地下一层 $3300m^2$，按 8m × 8m 柱网均需 $3300m^2$/（8m × 8m）≈ 51 个网格。如果 80m 方向选取 10 跨，则另一侧仅需 5 跨，这不仅使建筑平面与控制线平面相似度差得太多，而且使遗址不能完整包括其中。故选取 6 × 9 柱跨比 5 × 10 柱跨更为有利。但考虑到地下室要求采光，不宜将地块用满，姑且先取 9 跨。6 × 9 × $64m^2$=$3456m^2$，略大于地下室面积。

最后选取柱网为 6 × 9（图 17-3）。一层柱网亦然。

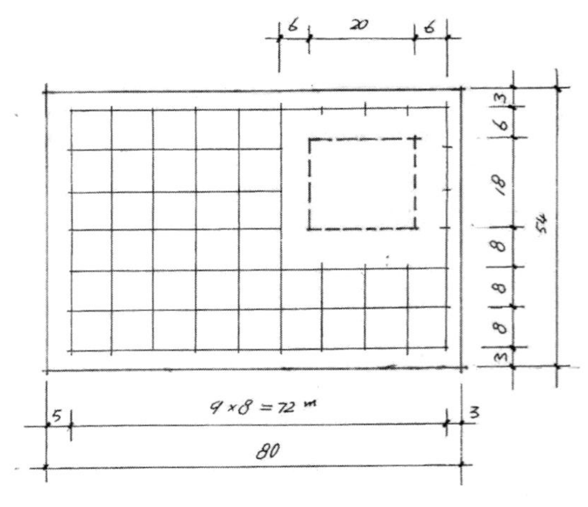

图 17-3 柱网与建筑控制线关系图

3. 此题每层一级功能分区不多，直接采用二级分区来绘制小草图（图 17-4）。因文物遗址位于建筑控制线所围合图形的右上方，所以遗址面积小草图也绘于右上侧。设计要求中明确序厅要与遗址展厅相邻，故将序厅画在遗址展厅下方。

按功能关系图，陈列厅应邻近遗址展厅。出陈列厅后应进入参观廊，题目要求陈列厅、参观廊、文物修复室均长为 16m，故三者可以平齐布于地下一层的核心。

所剩周边则应用于教育与服务设施区和业务区。

各功能区定位后，至于楼梯、电梯、卫生间且暂行划定，留待首层布置时再予确定。

4. 下面转到一层。题目要求 1700m²，序厅及遗址展厅上空占地 960+384=1344m² 尚需挖去，3456−1344−1700=412m²，6.4 格，取 6 格。挖天井应兼顾采光要求，挖去的部分最好位于平面核心位置，宜将邻近外墙的周围部分留给布置房间使用。

一层共有三大区。依题设周边南侧布置公共区，西侧布置行政区，北侧布置业务区。门厅要求 256m²，恰为 4 格，并要求门厅与遗址展厅相邻并可俯视参观两厅，门厅往后覆盖序厅一个柱距。在左下角布置报告厅后靠外墙还余 2 格，除卫生间外，尚缺 30m²，将寄存处留在门厅，讲解员室置于迎门而背靠天井处。顺便将商店也放在靠天井处，面积可利用柜台前后移动来调整。

库前室设在北侧，与地下库房对位关系。余下西侧安排行政区。

5. 厕所、楼梯都适用于均匀、分散靠外墙的原则，以利于采光和通风。

从功能关系图看出：从一层门厅要能直下序厅，所以在贴近遗址展厅与序厅之间设一单跑长楼梯。在西北角门厅旁设一部楼梯。为利于疏散，将西南侧报告厅 16m×13m，在 13m 一侧余下的 3m 布置成一部楼梯，用于地下一层参观完的人群返回一层之用。

遗址展厅内距楼梯较远，分别设立了室外疏散楼梯。

6. 所有要求采光的地下一层的房间均设置了采光井。

7. 关于防火分区，按题目要求划分即可。在所有分区界线处均设防火门（FM），遗址展厅在首层，应有玻璃窗；遗址展厅的入口和出口等处均设置了防火卷帘门（FJL）。

8. 总平面图的关键在于交通流线合理、人车分流清楚。将观众停车场布置在场地东侧的部位并设车入口。将职工车位设置在场地北侧，并在端部设回车空间，以利于藏品运输车运转。

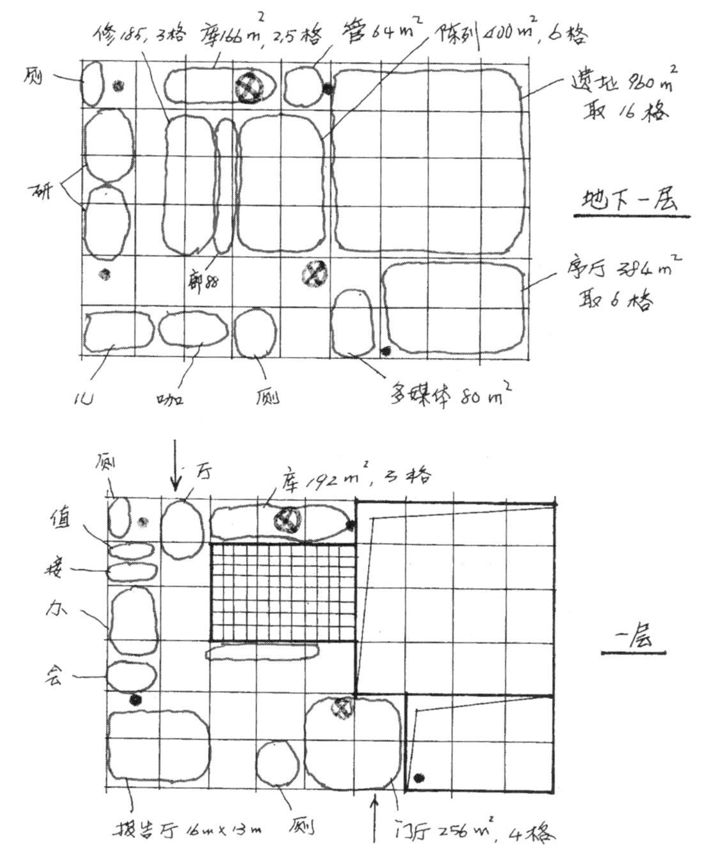

图 17–4　博物馆设计小草图

三、参考答案（图 17-5 ~ 图 17-7）

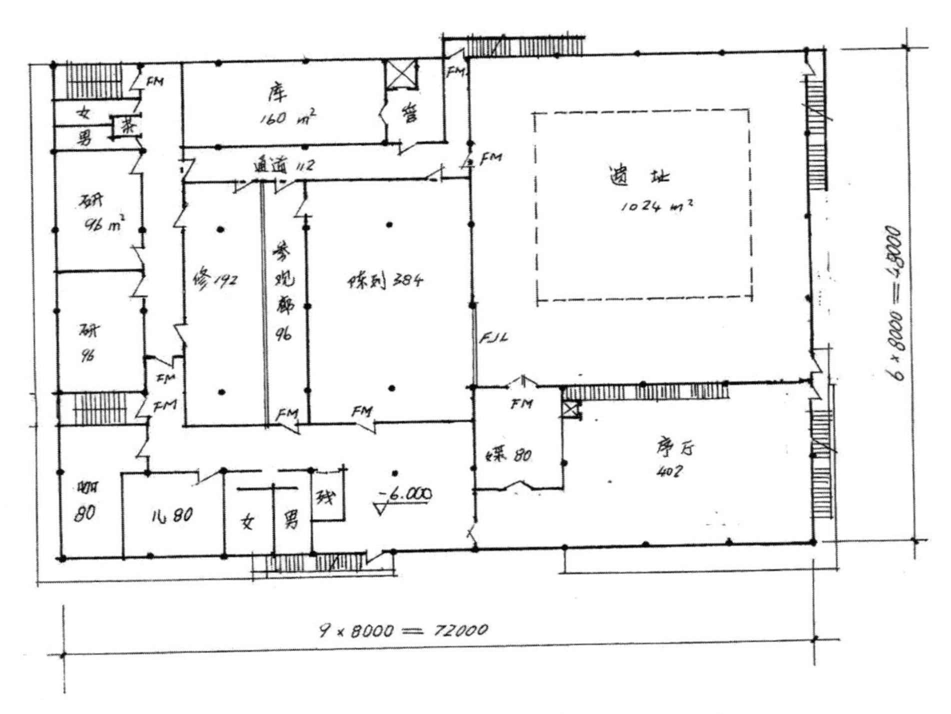

图 17-5　地下一层平面图　建筑面积：3456m²

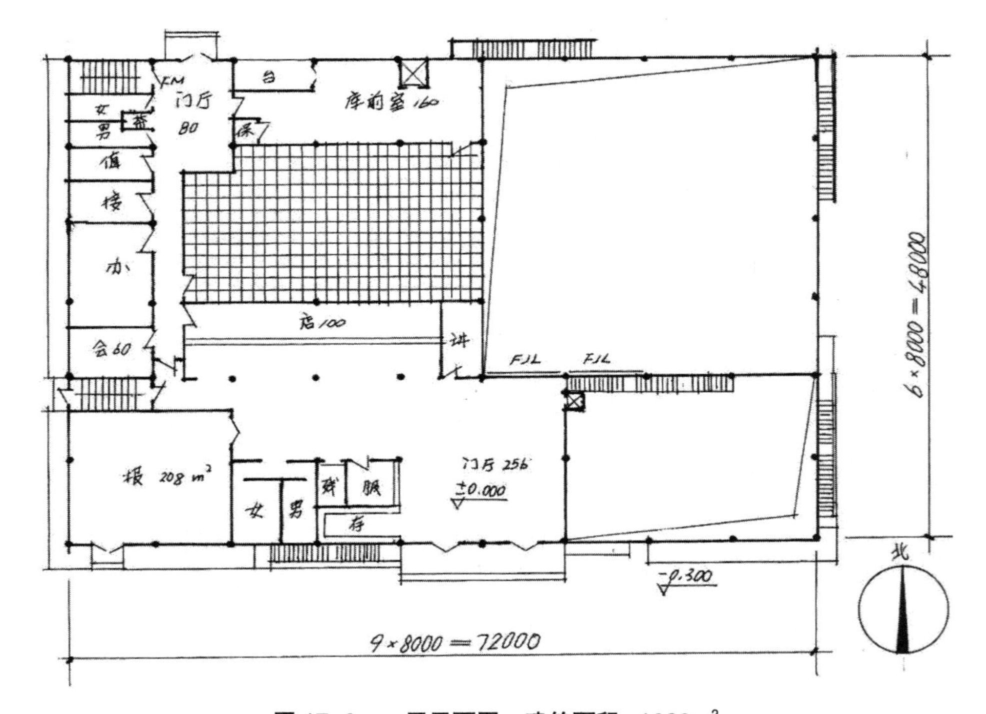

图 17-6　一层平面图　建筑面积：1620m²

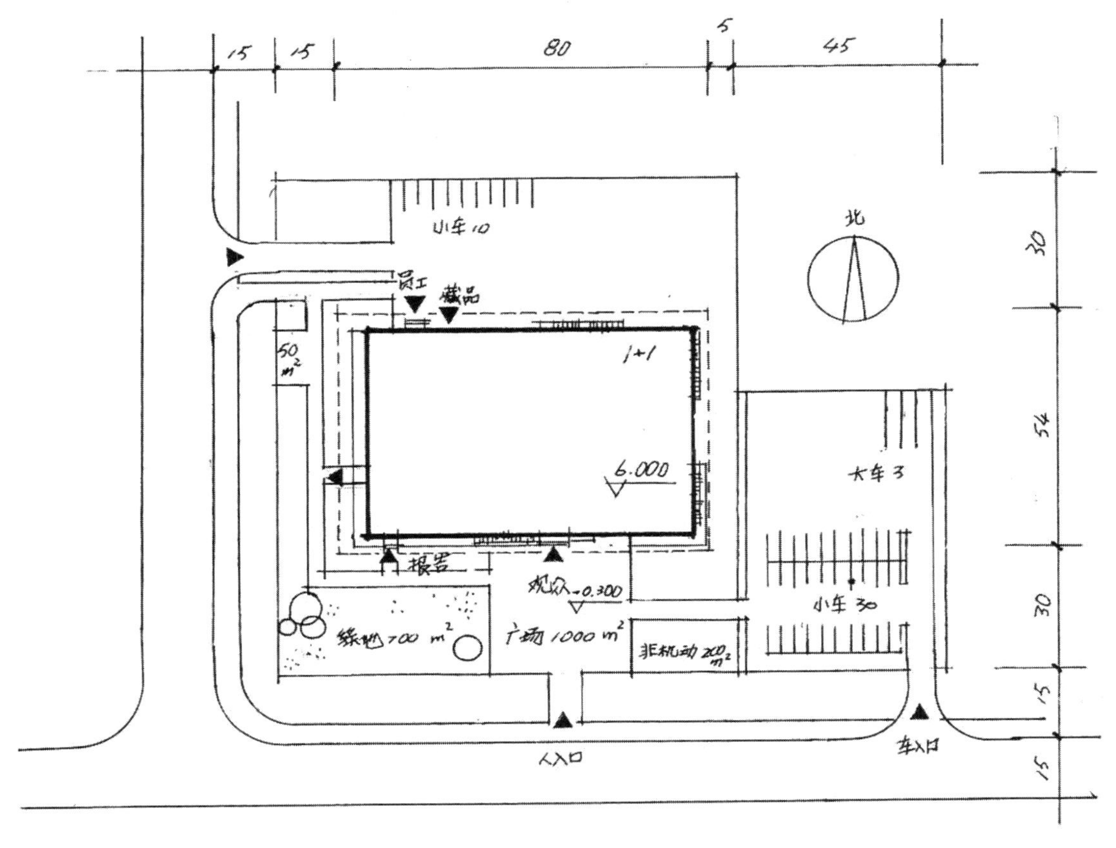

图 17–7 总平面图

四、评分标准（表 17–3）

评分标准 表 17–3

序号	考核项目	分项考核内容	分值	扣分范围
提示		1. 一层或二层未画（含基本未画）该项为 0 分，序号 4 项也为 0 分，为不及格卷。 2. 总平面未画（含基本未画）该项为 0 分。 3. 扣到 45 分后即为不及格卷		
1	重点考核项目（65 分）	建筑超出控制线扣 15 分（不包括台阶、坡道、雨篷等）	65	15
		总平面图未画（含基本未画），扣 15 分		15
		遗址被破坏（侵占、落柱等），扣 15 分		15
		未设置分隔门厅和序厅的防火卷帘，扣 5 分 未设置其他位置防火门或防火卷帘，扣 1 ~ 5 分（少 1 个扣 1 分）		1 ~ 10
		各个分区（含二级分区）不明确或不合理，扣 5 ~ 15 分		5 ~ 15
		参考流线设计未按任务书要求，不合理或交叉、迂回，扣 5 ~ 15 分		5 ~ 15
		藏品流线设计未按任务书要求，不合理或交叉，扣 5 ~ 10 分		5 ~ 10
		防火分区面积超过 $1000m^2$，扣 5 分		5
		缺少开敞楼梯间、电梯、货梯、疏散楼梯，每处扣 2 分		2 ~ 6
		每层面积严重不符，扣 5 分		5

续表

序号	考核项目		分项考核内容	分值	扣分范围
2	总平面（10分）	整体布局及交通绿化	总体与单体不符扣3分，未表示层数或标高或表示错误各扣1分	10	1～3
			建筑观众出入口、对外服务出入口、员工出入口、藏品出入口，每缺一个扣1分		1～4
			基地对外机车出入口及人行出入口未按任务书要求布置，每处扣1分		1～3
			未设置人车分流，扣2分		2
			基地内机动车道布置不合理或宽度不足7m，扣1分		1
			基地内人行道布置不合理或宽度不足3m，扣1分		1
			观众小汽车停车场未画或数量不符，扣1～2分 大客车停车场未画或尺寸不满足13m×4m，扣1分 员工小汽车停车场未画或数量不符，扣1～2分 非机动车停车场未画或面积不符，扣1分		4～6
			未设置观众集散广场或面积不足900m²，扣1分		1
			未设置集中绿地或面积不足500m²，扣12分		1
3	一层平面（10分）	功能布局	门厅布置不合理（异形，或不能较好连接楼电梯、服务、寄存、讲解等空间），扣2分	10	2
			门厅未邻近遗址展厅和序厅，各扣2分		2～4
			遗址展厅未上空、序厅未局部上空，各扣3分		3～6
			报告厅尺寸未按任务书要求，或内部落柱，各扣3分		3
			公众区主入口未布置无障碍坡道或布置不合理，扣1分		1
			服务台不能方便联系寄存处和讲解处，各扣1分		1～3
			报告厅与公众区、内部联系不便或不能对外使用，各扣1分		1～3
			藏品出入口未避开公共区，扣2分		2
			业务区未与公众区相连，扣2分		2～6
			缺*号房间或其面积不符，每间扣2分		1～3
			缺其他房间，每间扣1分		1～5
			标*号的房间未采光通风，每间扣1分		1
4	地下一层平面（10分）	功能布局	陈列室任意边长小于16m，扣1分	10	1
			文物修复参观廊长（≥16m）、宽（≥4m）不符合要求，各扣1分		1～2
			遗址参观廊四边宽度不足6m，扣2分		2
			藏品通道与其他通道之间未设门禁，扣1～2分		2
			文物修复室与文物修复参观廊之间未设窗，扣1分		1
			研究室未临近文物修复室，扣2分		2
			研究室与公共区联系不便，扣2分		2
			缺*号房间或其面积不符，每间扣2分		2～6
			缺其他房间，每间扣1分		1～3
			标*号的房间未采光通风，每间扣1分		1～5
5	其他（5分）		结构不合理、未布置柱网，扣3分	5	3
			缺其他房间，或房间布置不合理，扣2分		2
			未画门，缺1个扣1分		1～3
			图面潦草，辨认不清，扣1～3分		1～3

第十八章 学生文体活动中心方案设计（2021 年）

一、试题要求

1. 任务描述

华南地区某大学拟在校园内新建一座两层高的学生文体活动中心，总建筑面积约为 $6700m^2$。

2. 用地条件

建设用地东侧、南侧均为教学区，北侧为宿舍区，西侧为室外运动场，用地内地势平坦，用地及周边条件详见总平面图（图 18-1）。

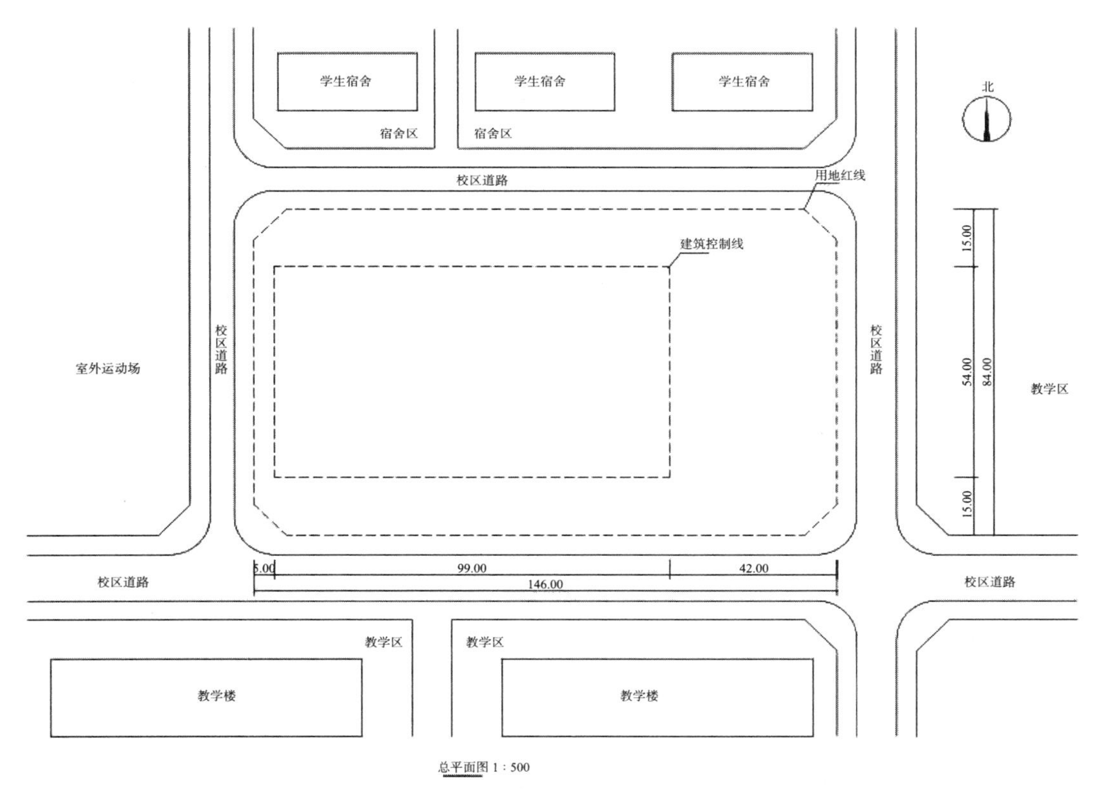

图 18-1 总平面图

3. 总平面图设计要求

在用地红线范围内，合理布置建筑（建筑物不得超出建筑控制线）、露天剧场、道路、广场、停车场及绿化。

（1）露天剧场包括露天舞台和观演区。露天舞台结合建筑外墙设置，面积 210m²，进深 10m；观演区结合场地布置，面积 600m²。

（2）在建筑南、北侧均设 400m² 人员集散广场和 200m² 非机动车停车场。

（3）设 100m² 的室外装卸场地（结合建筑的舞台货物装卸口设置）。

4. 建筑设计要求

学生文体活动中心由文艺区、运动区和穿越建筑的步行通道组成，要求分区明确、流线合理、联系便捷，各功能用房、面积及要求详见表 18-1、表 18-2，主要功能关系如图 18-2 所示。

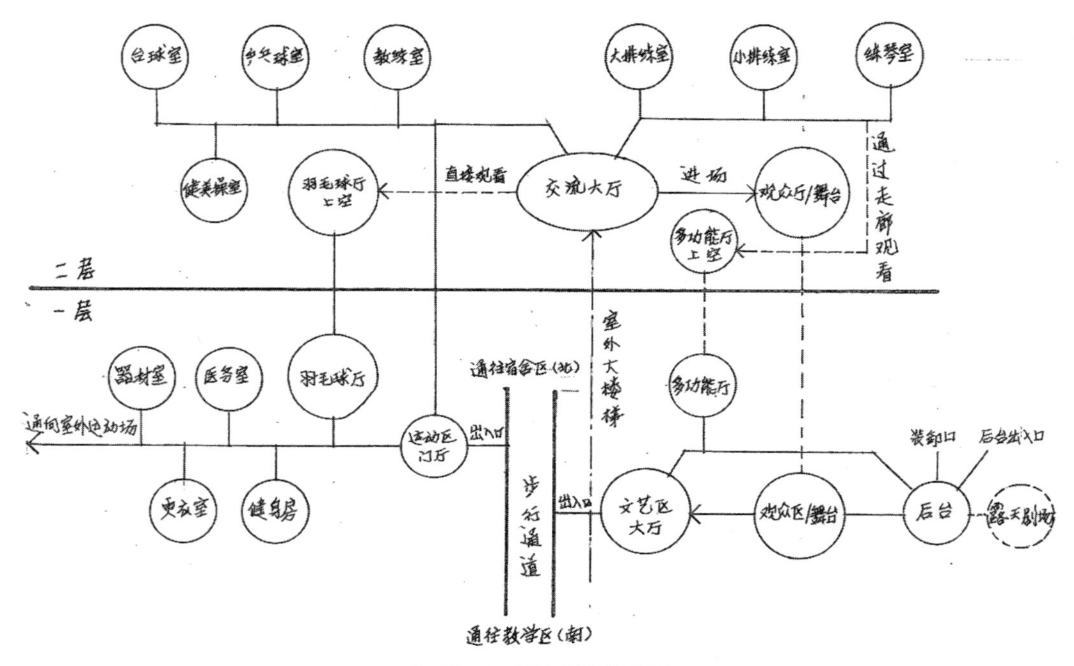

图 18-2 主要功能关系图

步行通道

步行通道穿越建筑一层，宽度为 9m，方便用地南、北两侧学生通行，并作为本建筑文艺区和运动区主要出入口的通道。

文艺区

主要由文艺区大厅、交流大厅、室内剧场、多功能厅、排练室、练琴室等组成，各功能用房应合理布置，互不干扰。

（1）一层文艺区大厅主要出入口临步行通道一侧设置，大厅内设 1 部楼梯和 2 部电梯，大厅外建筑南侧设一部宽度不小于 3m 的室外大楼梯，联系二层交流大厅。多功能厅南向布置，两层通高，与文艺区大厅联系紧密，且兼顾合成排练使用，通过二层走廊或交流大厅可观看多功能厅活动。

（2）二层交流大厅为文艺区和运动区的共享交流空间，兼做剧场前厅及休息厅；二层交流大厅应合理利用步行通道上部空间，与运动区联系紧密，可直接观看羽毛球厅活动。

（3）室内剧场的观众厅及舞台平面尺寸为 27m × 21m，观众席 250 座，逐排升起，观众席 1/3 的下部空间需利用；观众由二层交流大厅进场，经一层文艺区大厅出场，观众厅进出口处设置声闸。

舞台上、下场口设门与后台连通，舞台及后台设计标高为 0.600m，观众厅及舞台平面布置见示意图（图 18-3）。

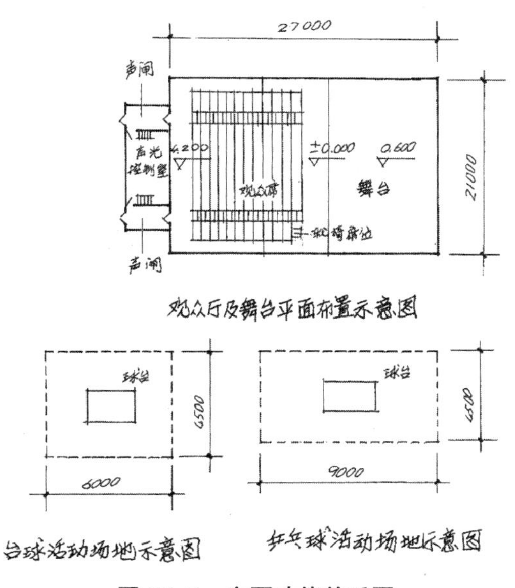

图 18-3　主要功能关系图

（4）后台设独立的人员出入口，拆装间设独立对外的舞台货物装卸口；拆装间与舞台相通，且与舞美制作间相邻；化妆间及跑场通道兼顾露天舞台使用，跑场通道设置上、下场口连通露天舞台。

运动区

主要由羽毛球厅、乒乓球室、台球室、健身房、健美操室等组成，各功能用房应布置合理，互不干扰。

（1）运动区主要出入口临步行通道一侧设置，门厅内设服务台，其位置方便工作人员观察羽毛球厅活动。

（2）羽毛球厅平面尺寸为 27m × 21m，两层通高，可利用高侧窗采光通风；乒乓球室设 6 张球台，台球室设 4 张球台，乒乓球、台球活动场地尺寸见示意图（图 18-3）。

（3）健身房、健美操室要求南向采光布置。

（4）医务室、器材室、更衣室、厕所应合理布置，兼顾运动区和室外运动场的学生使用。

其他

（1）本设计应符合国家现行规范、标准及规定。

（2）一层室内设计标高为 ±0.000，建筑室内外高差为 150mm。

（3）一层层高为 4.2m，二层层高为 5.4m（观众厅及舞台屋顶、羽毛球厅屋顶的高度均为 13.8m）。

（4）本设计采用钢筋混凝土框架结构，建议主要结构柱网采用 9m × 9m。

（5）结合建筑功能布局及防火设计要求，合理设置楼梯。

（6）附表中“采光通风”栏内标注 # 号的房间，要求有天然采光和自然通风。

5. 制图要求

（1）总平面图

1）绘制建筑物一层轮廓线，标注室内外地面相对标高；建筑物不得超出建筑控制线（雨篷、台阶除外）。

2）在用地红线内，绘制并标注露天舞台和观演区、集散广场、非机动车停车场、室外装卸场地、机动车道、人行道及绿化。

3）标注步行通道、运动区主出入口、文艺区主出入口、后台出入口及舞台货物装卸口。

（2）平面图

1）绘制一层、二层平面图，表示出柱、墙（双线或单粗线）、门（表示开启方向）、踏步及坡道。窗、卫生洁具可不表示。

2）标注建筑总尺寸、轴线尺寸，标注室内楼、地面及室外地面相对标高。

3）注明房间或空间名称：标注带 * 号房间及空间（见表 18-1、表 18-2）的面积，其面积允许误差在规定面积的 ±10% 以内。

一层用房、面积及要求　　表 18–1

<table>
<tr><th>功能区</th><th colspan="2">房间及空间名称</th><th>建筑面积（m²）</th><th>数量</th><th>采光通风</th><th>备注</th></tr>
<tr><td>步行通道</td><td colspan="2">步行通道</td><td>—</td><td></td><td></td><td>9m 宽，不计入建筑面积</td></tr>
<tr><td rowspan="13">文艺区</td><td colspan="2">* 文艺区大厅</td><td>320</td><td>1</td><td>#</td><td>含服务台及服务间共 60m²</td></tr>
<tr><td colspan="2">* 多功能厅</td><td>324</td><td>1</td><td>#</td><td>两层通高</td></tr>
<tr><td colspan="2">* 观众厅及舞台</td><td>567</td><td>1</td><td></td><td>平面尺寸 27m × 21m</td></tr>
<tr><td colspan="2">声闸（出场口）</td><td>24</td><td>1</td><td></td><td>2 处，各 12m²</td></tr>
<tr><td colspan="2">厕所（临近大厅）</td><td>80</td><td>1</td><td>#</td><td>男、女及无障碍卫生间</td></tr>
<tr><td rowspan="8">后台</td><td>后台门厅</td><td>40</td><td>1</td><td>#</td><td></td></tr>
<tr><td>剧场管理室</td><td>40</td><td>1</td><td>#</td><td></td></tr>
<tr><td>* 拆装间</td><td>80</td><td>1</td><td>#</td><td>设装卸口</td></tr>
<tr><td>* 舞美制作间</td><td>80</td><td>1</td><td>#</td><td></td></tr>
<tr><td>* 化妆间</td><td>126</td><td>1</td><td>#</td><td>7 间，每间 18m²</td></tr>
<tr><td>更衣室</td><td>36</td><td>1</td><td></td><td>男、女各 18m²</td></tr>
<tr><td>厕所</td><td>54</td><td>1</td><td>#</td><td>男、女各 27m²</td></tr>
<tr><td>跑场通道</td><td>—</td><td></td><td></td><td>面积计入“其他”</td></tr>
</table>

续表

功能区	房间及空间名称	建筑面积（m^2）	数量	采光通风	备注
运动区	* 运动区门厅	160	1	#	含服务台及服务间各 $18m^2$
	* 羽毛球厅	567	1	#	平面尺寸 27m × 21m，可采用筒侧窗采光通风
	* 健身房	324	1	#	
	医务室	54	1	#	
	器材室	80	1		
	更衣室	126	1	#	男、女（含淋浴间）各 $63m^2$
	厕所	70	1	#	男、女各 $35m^2$
其他	楼电梯间、走道、跑场通道等约 $848m^2$				
一层建筑面积 $4000m^2$（允许 ±5%)					

二层用房、面积及要求　　表 18-2

功能区	房间及空间名称	建筑面积（m^2）	数量	采光通风	备 注
步行通道	交流大厅	450	1	#	可观看羽毛球厅活动
文艺区	观众厅及舞台	—			面积计入一层
	声光控制室	40	1		
	声闸（进场口）	24	1		2 处，各 $12m^2$
	多功能厅（上空）	—			通过走廊或交流大厅观看本厅活动
	* 大排练室	160	1	#	
	* 小排练室	80	1	#	
	* 练琴室	126	1	#	7 间，每间 $18m^2$
	厕所（服务交流大厅）	80	1	#	男、女厕及无障碍卫生间
	更衣室	36	1		男、女各 $18m^2$
	厕所（服务排练用房）	54	1	#	男、女各 $27m^2$
运动区	羽毛球厅（上空）	—			通过交流大厅观看本厅活动
	* 乒乓球室	243	1	#	
	* 健美操室	324	1	#	
	* 台球室	126	1	#	
	教练室	54	1	#	
	厕所	70	1	#	男、女各 $35m^2$
其他	楼电梯间、走道等约 $833m^2$				
二层建筑面积 $2700m^2$（允许 ±5%)					

二、设计分析

1. 读题笔记（图 18-4）。

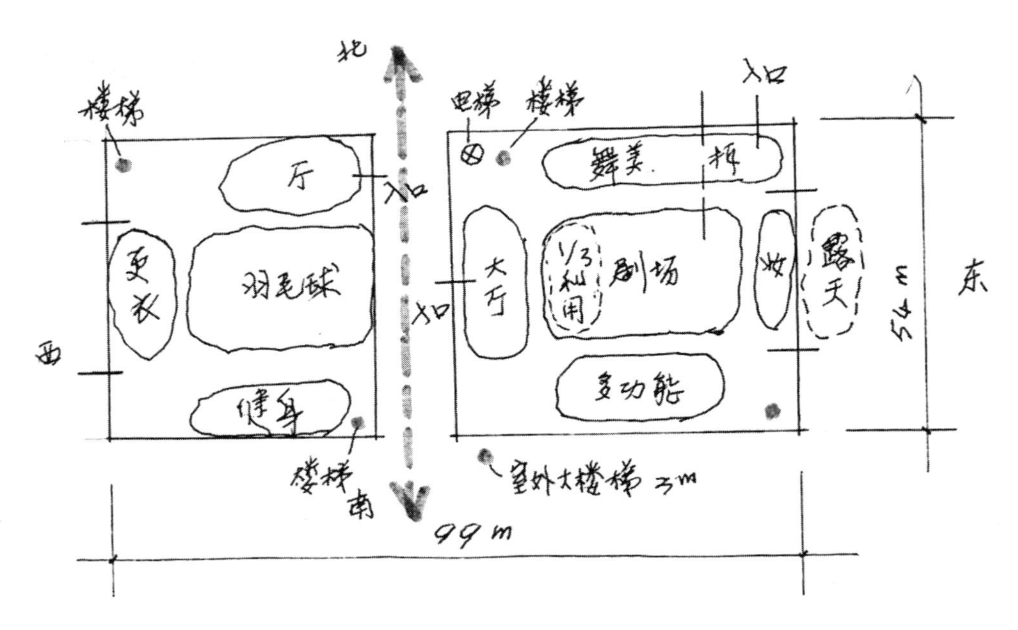

图 18–4　笔记图

2. 题目与过去相比有新意，将文艺和运动组合在一起。房间要求采光，有穿行建筑中的通道，室内外各有演出舞台，使设计有一定难度。

3. 推荐柱网 9m × 9m，每网格 $81m^2$。一层用房表中文艺区所列房间面积 $320m^2$、$324m^2$ 均为 4 个网格（$4 \times 81 = 324m^2$），所给观众厅及舞台平面 $21m \times 27m = 567m^2$；运动区又出现 $160m^2$、$324m^2$、$567m^2$ 皆有利于布置平面。

4. 一层面积要求 $4000m^2$，依照题目建议柱网 9m × 9m（网格面积 $81m^2$），约需 50 个网格。依据总平面图，建筑控制线内土地面积为 99m × 54m，减去通道面积后为 $90m \times 54m = 4860m^2$，即可得 60 个网格。若改为 $90m \times 45m = 4050m^2$，即 $9 \times 5 = 45$ 网格，但面积不够。若改为 $9 \times 5.5 = 49.5$ 网格，则合适。

5. 经计算，一层文艺区面积 $1771m^2$，运动区面积 $1381m^2$，二者面积近似，比例为 1 : 1.3。将其中一项按此比例分配给文艺区及运动区，则文艺区面积应为 $2250m^2$，运动区 $1750m^2$。如是，文艺区约需 $2250m^2/81m^2 = 28$ 网格，取两向柱距为 $5 \times 5.5 = 27.5 \approx 28$ 网格；运动区 $1750m^2/81m^2 = 22$ 网格，取 $4 \times 5.5 = 22$ 网格。

6. 本题属于房屋要求采光的类型，但可以不挖天井。原因有二：一是场地有限，除建筑要求面积外，所剩面积很小，只半跨而已，二是从房间面积表和功能关系图看出，文艺区和运动区都有一个处于中间部分而不要求采光的大房间：观众厅和羽毛球厅（均为 21m × 27m = 567m）。这样，其他要求采光的房间可沿外墙周边布置。

7. 文艺区多功能厅南向布置，文艺区大厅和化妆间分属剧场东西两侧，舞美、拆装、管理等房间自然只能布于北侧。剧场放在中间占南北三跨，各有 3m 宽走道，余宽 27 – 6 = 21m，恰为所要求宽度，化妆间布于剧场之后，既合理又可兼顾为露天剧场服务。剧场一旦定位，其他房间布置起来就得心应手了。

8. 一层运动区的羽毛球厅和健身房与文艺区的观众厅及多功能厅，面积完全一样，按对称布置即可。运动区的门厅和更衣室，自然只能布置在北侧和西侧了。

9. 二层除几处上空外，包括观众厅等位置均与一层无异。观众厅后的练琴室与羽毛球厅上空后的台球室面积均为 126m^2，与一层化妆间同大。健美操室与一层的健身房同大，均是 324m^2，这样就好画了。

画二层时要注意楼梯、电梯与卫生间对位。

10. 将楼梯在文艺区和运动区都设置在平面对角线顶端位置处，是避免疏散时距离过远影响安全。

11. 当一层面积合适，二层面积约超 5% 时，解决办法有二：一是在 5% 范围内挖去一块面积，作为室外楼梯之用；二是将二层直接挖掉一块成为露天。参考答案采用的是第二种方法。

12. 总平面图有一定的难度。首先要求建筑内步行通道与校园南北道路对位，然后左右一分为二，画出文艺区和运动区的一层平面轮廓线。按要求绘制露天剧场舞台及观众区，还要组织交通规划，这是一项体现设计思想的题中题，多少要花费一些时间设计。

其他依常规方法设置出入口位置、集散广场、停车场、装卸口、绿化区，交通的布局是尤为要认真关注的内容。

三、参考答案（图 18–5 ~ 图 18–7）

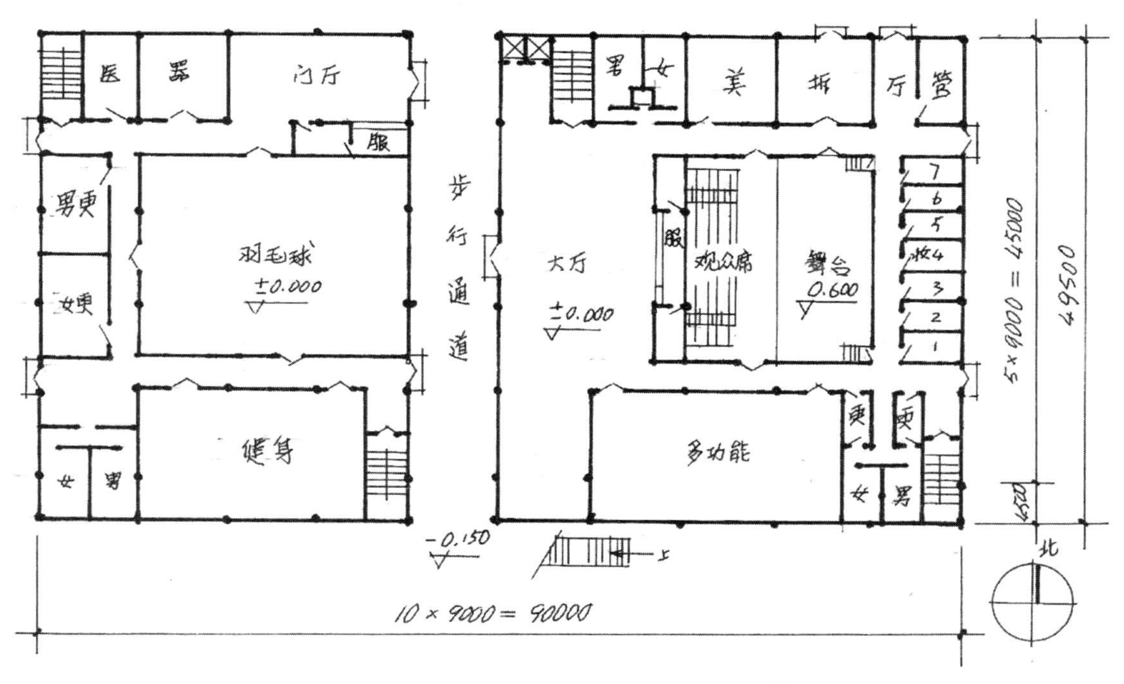

图 18–5　一层平面图　建筑面积：4010m^2

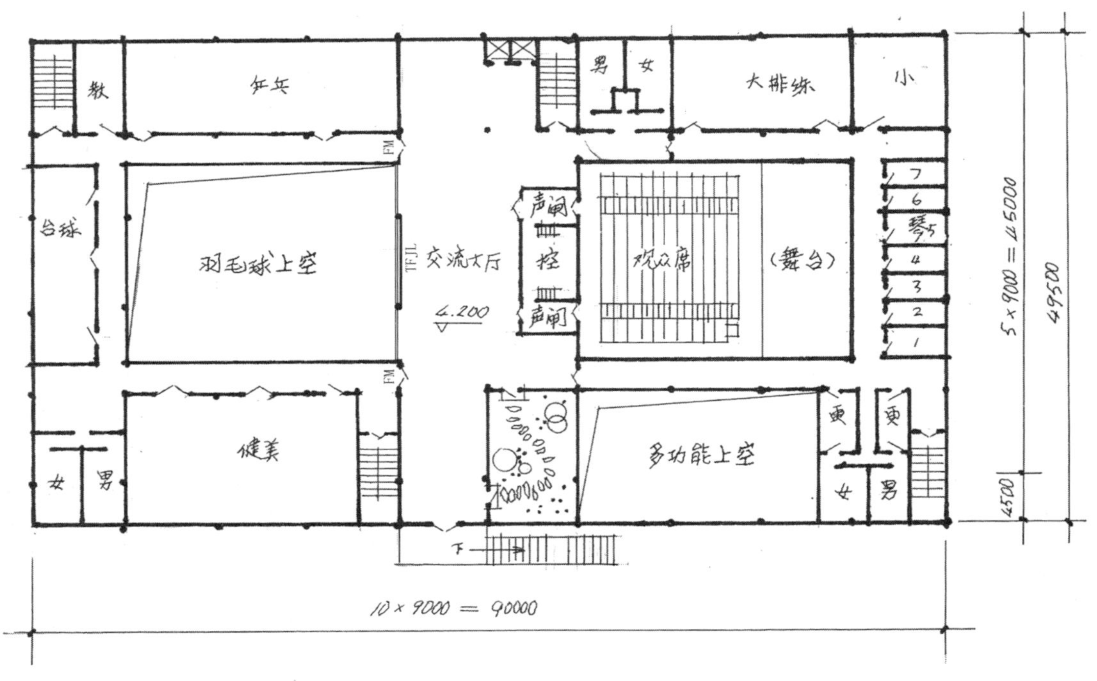

图 18-6　二层平面图　建筑面积：2800m²

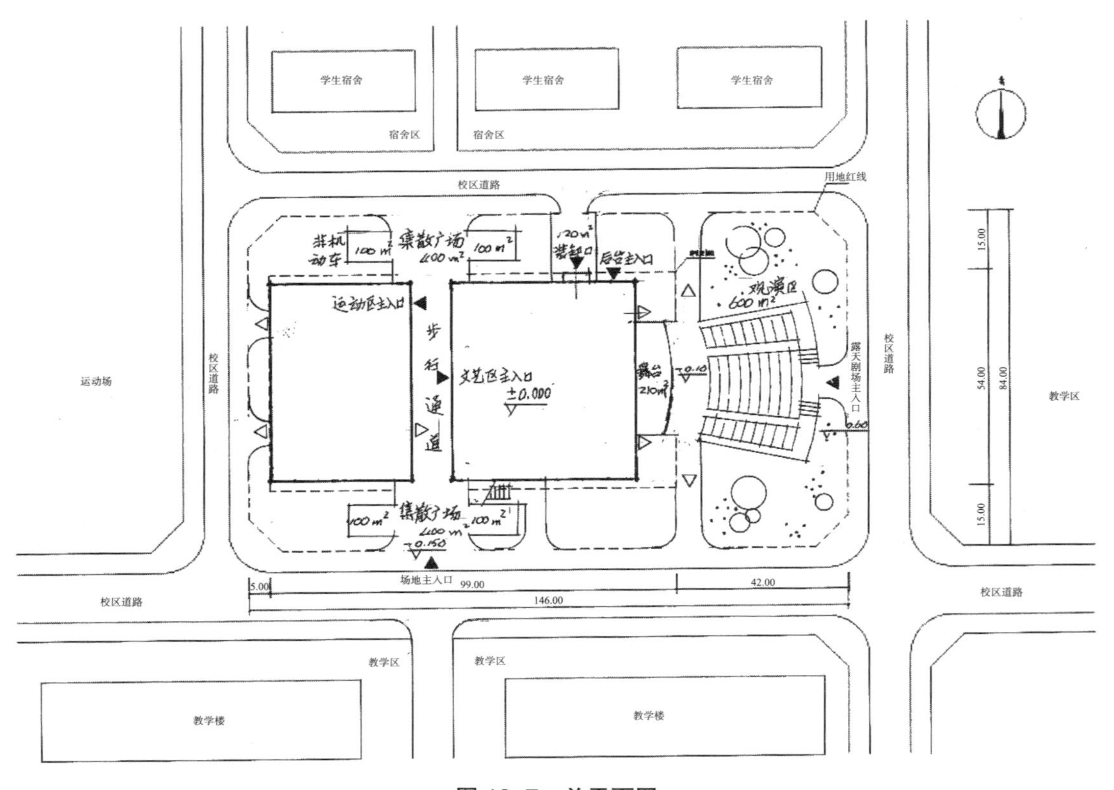

图 18-7　总平面图

四、评分标准（表 18–3）

评分标准　　表 18–3

序号	考核项目		分项考核内容	分值	扣分范围
1	总平面（15）		建筑超出控制线或未画扣 15 分（室外大楼梯超出控制线同样扣 15 分，台阶、坡道、雨篷超出控制线不扣分）	15	15
			未标注步行通道、运动区主出入口、文艺区主出入口、后台出入口及舞台货物装卸口，每处扣 1 分		1 ~ 5
			露天舞台未画扣 3 分，观演区未画扣 3 分，露天舞台未与建筑的上、下场口联系每处扣 1 分，观演区未设置独立出入口与校园道路连接扣 2 分，露天舞台和观演区面积不够每个扣 1 分，露天舞台进深不够扣 1 分		1 ~ 6
			未设置非机动车停车场，每个扣 2 分，面积不足每个扣 1 分；非机动车停车场未能邻近并通向集散广场每处扣 1 分		1 ~ 4
			未设置集散广场每个扣 3 分，集散广场未连接步行通道每处扣 2 分，南侧广场未连接室外楼梯扣 1 分，集散广场未与校园人行道连通每处扣 2 分，集散广场面积不足每个扣 1 分		2 ~ 6
			未设置室外装卸场地扣 2 分，室外装卸场地未与校园车行道连通扣 1 分，未结合货物装卸口设置扣 1 分		1 ~ 2
			道路设计不合理扣 1 ~ 2 分		1 ~ 2
			未布置绿化扣 1 分		1
			总图轮廓与单体不搭（或画成了屋顶轮廓）扣 2 分，未标注室内外地面相对标高各扣 1 分		1 ~ 4
2	一层平面（40）	分区	文艺区与运动区分区不明确扣 15 分	40	15
			文艺区的后台区与公共区域分区不明确或未分隔扣 10 分		10
		步行通道	未设置步行通道扣 20 分，步行通道宽度不是 9m 扣 10 分，步行通道不是直线扣 2 分		2 ~ 20
		文艺区	文艺区大厅入口未开向步行通道扣 5 分，未设置连到二层交流大厅的 1 部楼梯扣 3 分，未设置连到二层交流大厅的两部电梯缺 1 部扣 2 分；大厅空间设计不合理（如形态不规整）酌情扣 1 ~ 4 分；服务台未朝向大厅扣 2 分，服务台未与服务间联系扣 1 分；卫生间直接开门朝向大厅扣 2 分，卫生间离大厅太远扣 1 分		1 ~ 8
			多功能厅未与文艺区大厅紧密联系扣 3 分，未南向布置扣 5 分，未做成两层通高扣 6 分，空间设计不合理（如形态不规整、过于狭长等）酌情扣 1 ~ 4 分，未能兼顾合成排练使用（即未开门向后台区）扣 3 分，二层走廊或交流大厅均不能看到多功能厅活动区扣 3 分		3 ~ 8
			观众席下部空间未利用扣 4 分，观众厅未在一层设置两个出场口每缺 1 个扣 4 分，两个出场口未连通文艺区大厅每个扣 3 分，两个出场口需要通过走道连通文艺区大厅每个扣 2 分，出场口设置声闸每处扣 2 分，舞台未设置上场口和下场口每个扣 3 分		3 ~ 12
			后台未设置独立的人员出入口扣 5 分，拆装间未设置独立的舞台货物装卸口扣 5 分，拆装间未与舞台直接连通扣 3 分，未与舞美制作间相邻扣 3 分，室内舞台上场口和下场口未能通过跑场通道连通扣 3 分，未设置室外舞台的上场口和下场口每缺 1 个扣 2 分，室外舞台的上场口和下场口未能通过跑场通道连通扣 3 分，后台区空间设计不合理酌情扣 1 ~ 4 分		1 ~ 15
		运动区	运动区门厅入口未开向步行通道扣 5 分，门厅空间设计不合理（如形态不规整）酌情扣 1 ~ 2 分，服务台未朝向门厅扣 1 分，未与服务间联系扣 1 分，服务台不方便工作人员观察羽毛球馆活动扣 1 分		1 ~ 6
			健身房未南向采光扣 5 分，空间设计不合理（如形态严重不规整或过于狭长）酌情扣 1 ~ 3 分		1 ~ 8
			未设置通向室外运动场地的出口扣 5 分，医务室、器材室、更衣室、厕所的位置不方便室外运动场地的学生使用扣 2 分		2 ~ 5
			本区其他空间设计不合理酌情扣 1 ~ 5 分		1 ~ 5

续表

序号	考核项目		分项考核内容	分值	扣分范围
2	一层平面（40）	缺房间或面积	未在指定位置标一层建筑面积扣 1 分；误差面积大于 5% 以上，扣 5 分	40	5
			缺观众厅及舞台（567m^2）、羽毛球厅（567m^2）每间扣 30 分，缺文艺区大厅（320m^2）、多功能厅（324m^2）、健身房（324m^2）每间扣 10 分，缺拆装间（80m^2）、舞美制作（80m^2）、化妆间（126m^2）、运动区门厅（160m^2）每间扣 4 分，观众厅及舞台（567m^2）、羽毛球厅（567m^2）平面尺寸不是 27m × 21m 各扣 10 分；其他带 * 号房间面积严重不符（± 10%），各扣 2 分；房间未标注面积，每间扣 1 分		1 ~ 40
			缺其他房间，每间扣 2 分		1 ~ 10
3	二层平面（30）	分区	文艺区与运动区分区不明确扣 15 分	30	15
			文艺区的后台区（包含排练用房和服务于排练用房的厕所）与其他区域分区不明确或未分隔扣 8 分		8
		文艺区	交流大厅空间设计不合理（如形态不规整）酌情扣 1 ~ 4 分，卫生间直接开门朝 向大厅扣 2 分，卫生间离大厅太远扣 1 分		1 ~ 6
			观众厅及舞台没有通高到二层扣 20 分，观众厅未在二层设置两个出场口每缺 1 个扣 4 分，两个出场口未连通交流大厅每个扣 3 分，两个出场口未通过走道连通文艺区大厅每个扣 2 分，出场口未设置声闸每处扣 2 分		2 ~ 20
			多功能厅没有通高到二层扣 10 分，通过二层走廊或交流大厅未能观看多功能厅活动区扣 5 分		5 ~ 10
			本区其他空间设计不合理酌情扣 1 ~ 4 分		1 ~ 4
		运动区	羽毛球厅没有通高到二层扣 20 分，交流大厅未能观看羽毛球厅活动扣 5 分		5 ~ 20
			健美操室未南向采光扣 5 分，空间设计不合理（如形态严重不规整或过于狭长）酌情扣 1 ~ 3 分		1 ~ 8
			乒乓球室未能布置下 6 张球台酌情扣 2 ~ 6 分，台球室未能布置下 4 张球台酌情扣 2 ~ 4 分。能布置下但没画出球台每缺一张球台扣 0.5 分		2 ~ 10
			本区其他空间设计不合理酌情扣 1 ~ 3 分		1 ~ 3
		缺房间或面积	未在指定位置标二层建筑面积扣 1 分；误差面积大于 5% 以上，扣 5 分		5
			缺交流大厅（320m^2）、健美操室（324m^2）、乒乓球室（243m^2）每间扣 10 分，缺大排练室（160m^2）、小排练室（80m^2）、台球室（126m^2）、练琴室（126m^2）每间扣 4 分；带 * 号房间面积严重不符（± 10%），各扣 2 分；未标注面积，各扣 1 分		1 ~ 30
			缺其他房间，每间扣 2 分		1 ~ 10
4	规范与图面（15）		房间疏散门至最近安全出口：位于两个安全出口之间 40m，位于袋形走道两侧或尽端 22m，每个房间不满足扣 5 分。一层楼梯距室外出口大于 15m，每处扣 5 分	15	5 ~ 10
			楼梯长度明显不够，每处扣 2 分		2 ~ 4
			任务书要求天然采光和自然通风的房间，未能天然采光和自然通风，带“*”房间每间扣 2 分，非“*”房间每间扣 1 分		1 ~ 8
			房间未画门每个扣 1 分，楼梯间门开启方向有误每个扣 1 分		1 ~ 3
			未标注轴线尺寸、总尺寸，未标注正负零处地面、0.600 处地面及室外地面相对标高，正负零处地面和 0.600 处地面相连处未画台阶，每项扣 1 分		1 ~ 5
			结构体系未布置，每层扣 5 分；结构布置不合理，酌情扣 1 ~ 10 分（观众厅及舞台、羽毛球厅这两个空间如果没有在周围设置一圈柱子，将导致屋顶结构没法实现，扣 10 分）		1 ~ 10
			剧场观众厅与电梯连接，扣 2 分（噪声干扰）		2
			图面潦草，辨认不清，扣 1 ~ 3 分		1 ~ 3

第十九章　考试测评综合楼（2022 年）

一、试题要求

1. 任务描述

在华南地区某园区，拟新建一座四层考试测评综合楼。按下列要求设计并绘制总平面图 和一、二层平面图（三、四层不绘制），一、二层建筑面积合计约 $6900m^2$。

2. 用地条件

用地东、北侧临园区道路，西、南侧为园区待建用地。用地内地势平坦，有一栋四层既 有办公楼，详见总平面图（图 19-1）。

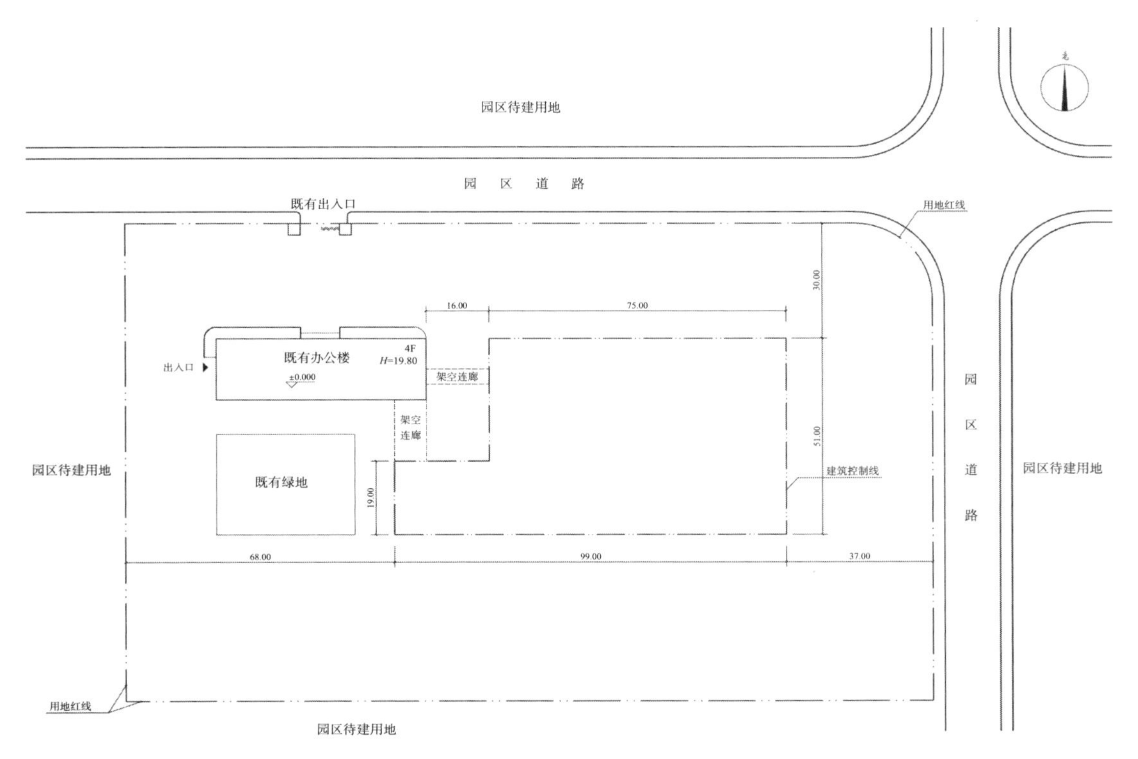

图 19-1　总平面图

3. 总平面设计要求

在用地红线范围内，合理布置建筑（建筑物不得超出建筑控制线）、道路、入口广场、停 车场及绿化等。

（1）基地分内、外两个区域。既有办公楼、阅卷区、卷库区工作人员及试卷的出入口均设在内部区域，人及车辆由北侧既有出入口进出。考试区入口、考试区出口均设在外部区域， 人员及车辆由东侧进出。内、外区域设围墙做封闭式管理。

（2）基地东侧设考试入口广场 800m²（进深不小于 25m），设机动车出入口一个，要求人车分流。外部区域设非机动车停车场 300m²，机动车停车场一处（小型机动车停车位 30 个）。

（3）基地北侧结合既有人行与机动车出入口，设内部广场 500m²（进深不小于 15m）；内部区域设非机动车停车场 150m²，机动车停车场一处（小型机动车停车位 30 个）。

（4）基地内设 7m 宽的消防环路，环通内、外区域，在两区域分界围墙处设汽车道闸。

4. 建筑设计要求

考试测评综合楼由考试区、卷库区和阅卷区组成，要求分区明确，流线合理，各功能用房、面积及要求详见表 19-1、表 19-2，功能关系及流线等要求详见功能关系示意图（图 19-2）。

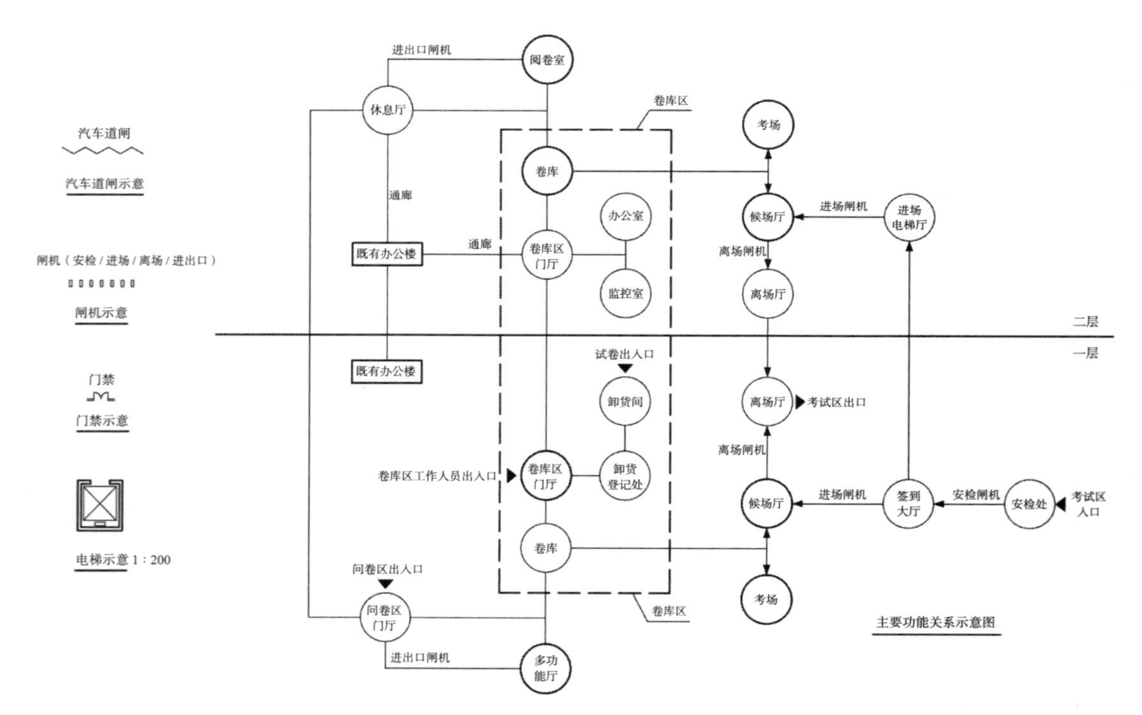

图 19-2　功能关系图

考试区

考试区主要由安检处、签到大厅、候场厅、考场、离场厅等用房组成，考试区与卷库区联系紧密。

（1）考生通过安检处（经安检闸机）进入签到大厅；签到大厅局部通高，内设 2 台进场电梯、1 部开敞楼梯（不计入疏散），其布局利于快速分流；一层考生由签到大厅（经进场闸机）直接进入候场厅，二层考生由进场电梯厅（经进场闸机）进入候场厅。

（2）候场厅应与考场、离场厅联系紧密。

（3）各层设小考场（12m × 8m）4 间，大考场（24m × 12m）1 间；4 间小考场集中设置，与大考场相对独立，便于各自集散；大、小考场均为无柱空间，长边南向或北向布置，直接采光通风。

（4）离场厅应便于考生快速离场，可分设；离场厅内设疏散楼梯及离场电梯（共计 2 台）。

（5）寄存处临近考试区入口设置，对外独立开门，外存、外取。

卷库区

卷库区主要由卷库区门厅、卸货间、卸货登记处、卷库等用房组成。

（1）卷库区与考试区、阅卷区联系紧密，通过连廊与既有办公楼联系，与其他各区连接处设置门禁。

（2）卷库区工作人员通过独立的出入口进入卷库区门厅，门厅内设 2 台电梯（客货兼用）、1 部疏散楼梯。

（3）设独立的试卷出入口，货车进入卸货间装卸试卷，试卷经卸货登记处，通过内部通道、电梯（门厅内）送达各层卷库。

（4）卷库由整理录入室、试卷库房、收发管理室组成；试卷经整理录入室进入试卷库房；考试或阅卷期间，试卷由试卷库房，经收发管理室，送达考试区或阅卷区。

阅卷区

阅卷区主要由阅卷区门厅、多功能厅、休息厅、阅卷室等用房组成。

阅卷区与卷库区联系紧密，通过连廊与既有办公楼联系。

设独立的阅卷区出入口，门厅内设 2 台电梯、1 部疏散楼梯。

多功能厅（21m × 12m）、阅卷区（21m × 12m）均为无柱空间，由门厅 / 休息厅经进出口闸机进出；多功能厅、阅卷室均长边南向布置，直接采光通风。

其他

（1）根据建筑功能、防火及无障碍设计等要求，合理设置出入口、走道、疏散楼梯等，并符合国家现行规范、标准及规定。

（2）建筑各层层高均为 4.8m，室内外高差为 150mm。

（3）建筑采用框架结构，建议选用 8m 基本柱网模数。

（4）除卷库房间外，其他房间（表中带 # 号房间及空间，包括其备注中的管理室、男女厕所）均要求有天然采光和自然通风。

5. 制图要求

（1）总平面图

1）绘制建筑的一层外轮廓，并标注层数和出入口处室外地面相对标高；建筑物不得超出建筑控制线（雨篷、台阶除外）。

2）在基地范围内绘制道路、围墙、汽车道闸、绿化、广场、机动车停车场和非机动车停车场，标注机动车停车位数量，标注广场、非机动车停车场面积。

3）标注基地东侧机动车出入口、广场人员出入口；标注建筑各出入口（考试区入口、考试区出口、卷库区工作人员出入口、试卷出入口、阅卷区出入口）。

（2）平面图

1）绘制一、二层平面图，表示出柱、墙（双线或单粗线）、门（表示开启方向、门禁）、闸机、踏步及坡道。窗、卫生洁具可不表示。

2）标注建筑总尺寸、轴线尺寸，标注室内楼、地面相对标高。

3）注明房间或空间名称；标注带 * 号房间及空间（表 19-1、表 19-2）的面积，允许误差在规定面积的 ±10% 以内。

4）分别填写一、二层建筑面积，允许误差在规定面积的 ±5% 以内，房间及各层建筑面积均以轴线计算。

一层用房及要求　　表 19–1

功能区	房间或空间名称	建筑面积（m^2）	数量	采光通风	备注
考试区	安检处	72	1	#	
	* 签到大厅	312	1	#	含问询处 $24m^2$、2 台进场电梯、1 部开敞楼梯
	* 候场厅	560	1	#	含管理室 $32m^2$、2 处茶水间 $24m^2$、2 处厕所各 $52m^2$（每处男、女厕各 $24m^2$，无障碍厕所 $4m^2$）
	* 大考场	288	1	#	24m × 12m
	* 小考场	384	4	#	每间 12m × 8m（$96m^2$）
	离场厅	208	—	#	可分设
	寄存处	24	1	#	外存、外取
	小计	1848			
卷库区	卷库区门厅	96	1	#	含 2 台电梯、1 部疏散楼梯
	卸货间	64	1		
	卸货登记处	64	1	#	
	* 卷库	416	1		含整理录入室 $100m^2$、试卷库房 $216m^2$、收发管理室 $100m^2$
	小计	640			
阅卷区	* 阅卷区门厅	312	1	#	含管理室 $24m^2$、寄存柜、茶水台
	* 多功能厅	252	1	#	21m × 12m
	厕所	52	1	#	含男、女厕各 $24m^2$，无障碍厕所 $4m^2$
	小计	616			
其他走道、楼梯等		446			
一层建筑面积：3550 m^2（允许 ±5%）					

二层用房及要求　　表 19–2

功能区	房间或空间名称	建筑面积（m^2）	数量	采光通风	备注
考试区	* 进场电梯厅	128	1	#	

续表

功能区	房间或空间名称	建筑面积（m^2）	数量	采光通风	备注
考试区	* 候场厅	560	1	#	含管理室 $32m^2$、2 处茶水间 $24m^2$、2 处厕所各 $52m^2$（每处男、女厕各 $24m^2$，无障碍厕所 $4m^2$）
	* 大考场	288	1	#	24m × 12m
	* 小考场	384	4	#	每间 12m × 8m（$96m^2$）
	离场厅	208	—	#	可分设
	小计	1568			
卷库区	卷库区门厅	96	1	#	含 2 台电梯、1 部疏散楼梯
	* 卷库	416	1		含整理录入室 $100m^2$、试卷库房 $216m^2$、收发管理室 $100m^2$
	监控室	64	1	#	
	办公室	64	1	#	
	小计	640			
阅卷区	* 休息厅	312	1	#	含管理室 $24m^2$、寄存柜、茶水台
	* 阅卷厅	252	1	#	21m × 12m
	厕所	52	1	#	含男、女厕各 $24m^2$，无障碍厕所 $4m^2$
	小计	616			
其他走道、楼梯等		526			
二层建筑面积：$3350m^2$（允许 ± 5%）					

二、设计分析

1. 这是一道办公类的考题，题目分区和房间都不多，二层几乎是一层的重复。与前两年 试题相比，应该说难度不是太大。

2. 除 1 ~ 2 种房间外，几乎所有房间都要求采光和自然通风。

3. 此次考题所给建筑控制线内的平面近似 L 形，有别于历年的矩形平面。按“十要”中设计平面形状与控制线内平面相似的原则，首层平面也应设计成 L 形。

4. 本试题因有采光要求，照例先将地块面积用足。按题目要求，建议选用 8m × 8m 的柱网，可得建筑面积：

$[(6\times9)+(2\times3)]\times64=3840m^2$（60 个网格）

减去首层建筑面积 $3550m^2$，得到天井面积。

$3840m^2-3550m^2=290m^2$，$290m^2/64m^2\approx5$（格）

5. 本次试题房间表中给出了各功能区的面积，这使得应试人员估算更方便，是历年考试中的第 一次。

据此，考试区 $1848m^2$，需 29 网格，加天井 5 网格，共 34 网格，取 36 网格。卷库区（$640m^2$）和阅卷区（$616m^2$）二者面积相近，均分剩余的 24 网格各占 12 网格，小草图分配如图 19-3。

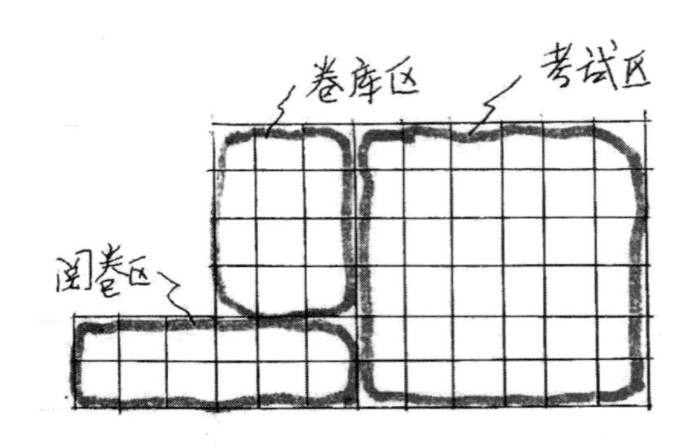

图 19–3　功能分区小草图

6. 根据功能关系图应试者的行程顺序，首先定位考试区入口安检处和签到大厅，共需面积为 $72m^2+312m^2=384m^2$，为 6 个柱网格。为后续布置方便，将其放在入口中间位置，以求左右对称。应试者注意：签到大厅要求部分升高，并要求布置一个开敞楼梯。因此，宜将电梯和开敞楼梯都安排在大厅的北半部，以满足直上二层考场的应试人员安检需求。

7. 观察考试区各房间应为 $64m^2$ 的倍数，根据试题中给出的具体尺寸和采光要求，先将各考场定位。位于中间部分的小考场利用中心天井采光。

8. 卷库区和阅卷区房间不多，且面积较大，依功能关系图提示的关系摆放即可。为使各功能区遵守相对独立、互不干扰原则，在三个功能区分界处设门禁。

9. 注意在入口和离场门外，均应设无障碍坡道。

10. 二层几乎是一层的重复，这里不再赘述。唯有签到大厅面积减半，安检处只设一层，其他楼、电梯及厕所注意上下对位即可。

11. 本题已给出的结构体系是 8 × 8 柱网的框架结构，要求大小考场均为无柱空间，这容易做到，将处于考场室内的柱拔掉即可。但应该注意，拔掉室内柱之后，周边余量不要大于 16m × 16m（即两个柱跨），结构工程师便于经济合理地布置结构方案。

12. 考试测评综合楼总面积 $6900m^2$，要做防火分区。考虑签到大厅有开敞楼梯，考试区有天井的不利条件，一、二层在考试区门口设立防火卷帘（FJL），将建筑东、西分成两个防火分区。在二层通往连廊处设防火门，以防火灾向既有办公楼蔓延。

13. 总平面布置比较复杂，要分内外区，中间设分隔院墙和汽车道闸。这时应注意不要将寄存处隔在内区。内外区均要求有广场、机动车停车场和非机动车停车场。要标注题目所要求的人、车的出入口。按要求设 7m 宽消防车环道，处理好环道和两个广场的交叉关系。

最后，不要忘记在场地空白处，适当地、象征性地做一些简单的绿化。

三、参考答案

参见图 19-4 ~ 图 19-6。

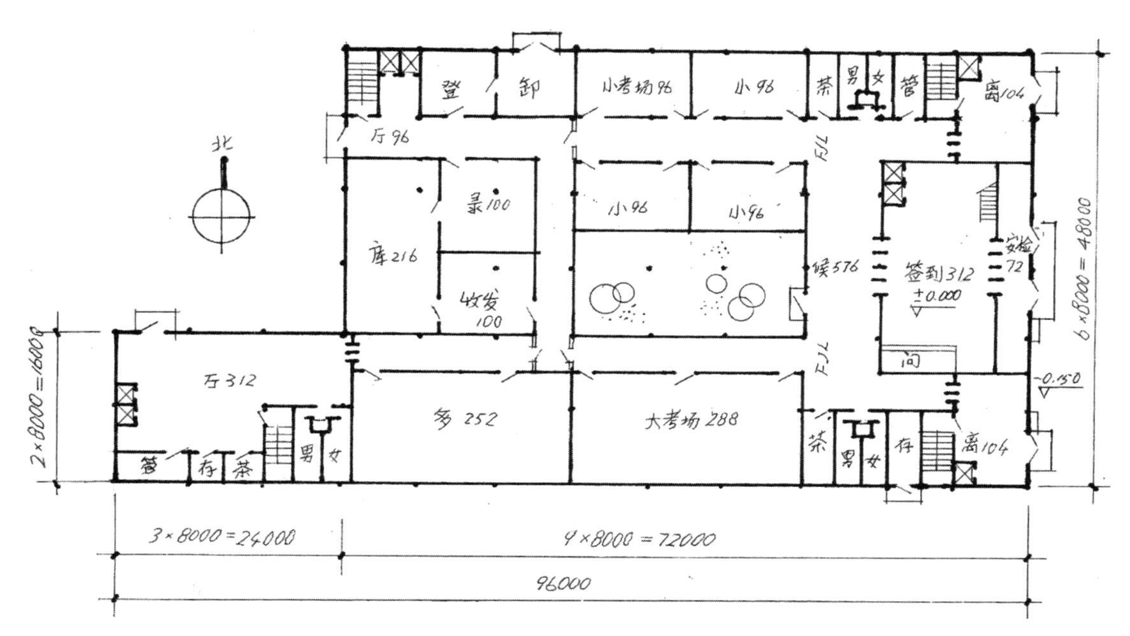

图 19-4　一层平面图　建筑面积：3520m²

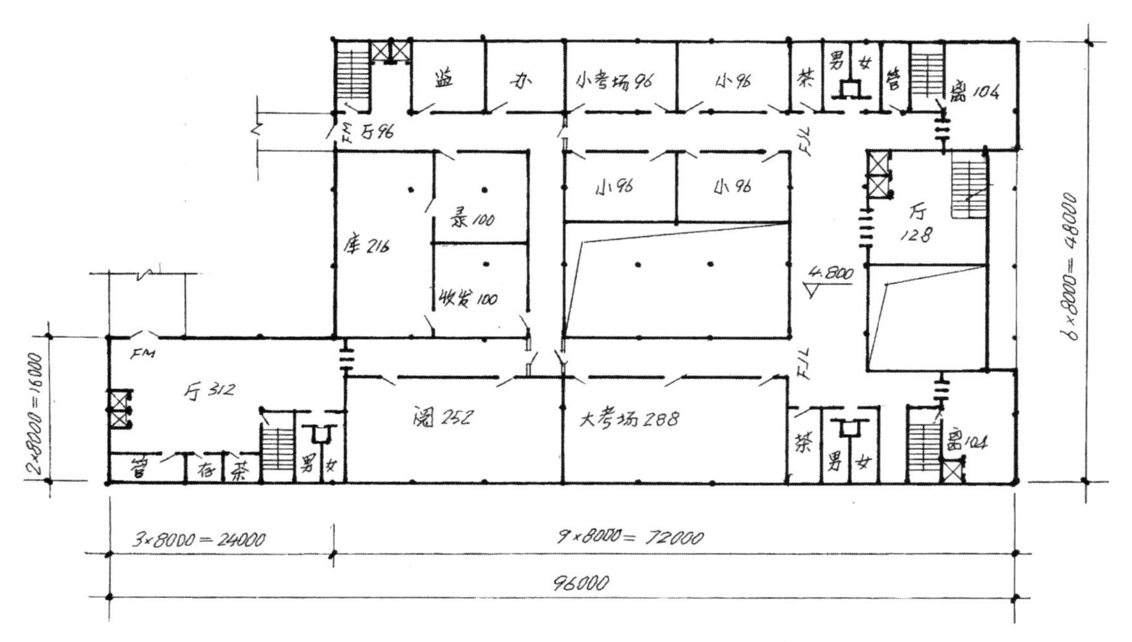

图 19-5　二层平面图　建筑面积：3292m²

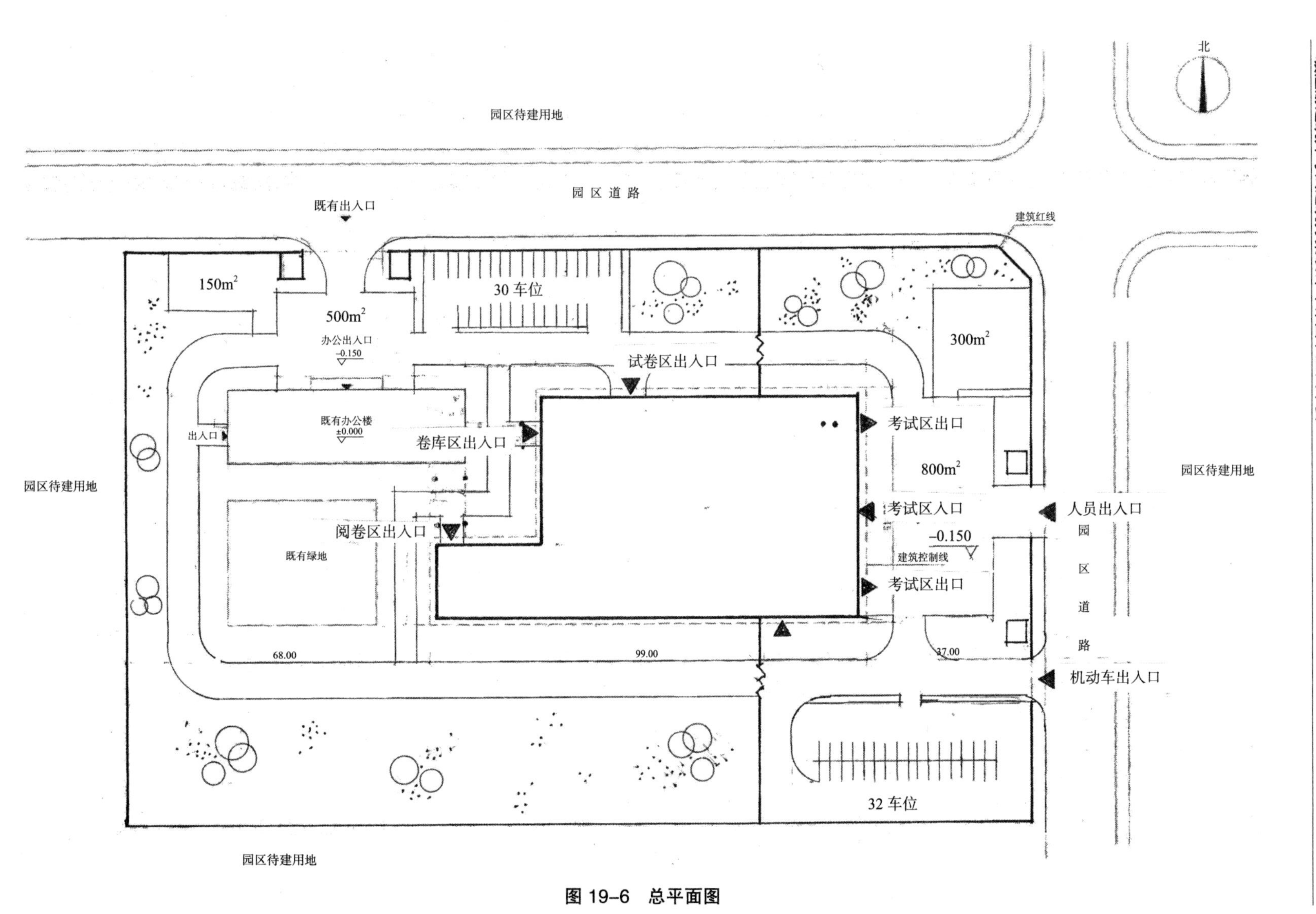
北
园区待建用地
园 区 道 路
既有出入口
建筑红线
150m²
500m²
30 车位
300m²
办公出入口
-0.150
试卷区出入口
既有办公楼
±0.000
出入口
卷库区出入口
考试区出口
800m²
园区待建用地
园区待建用地
考试区入口
人员出入口
阅卷区出入口
-0.150
建筑控制线
园
区
道
路
既有绿地
考试区出口
68.00
99.00
37.00
机动车出入口
32 车位
园区待建用地

图 19-6 总平面图

附件 课堂作业

课堂作业一：试做某消防站大草图

一、试题要求

消防队总建筑面积：1249m²，一层建筑。建设用地如附图 1-1 所示。

二、面积要求

一层各功能分区面积：

业务用房：477m²；2. 业务附属用房：235m²；3. 辅助用房：270m²；其他：267m²。（设计时面积偏差允许 ±10%）。场地条件及功能关系图如附图 1-2、附图 1-3 所示。

房间要求采光（车库、器材库、装备库、烧水房、蓄电池室等除外）。

层高：车库 4.5m，其他 3.6m。

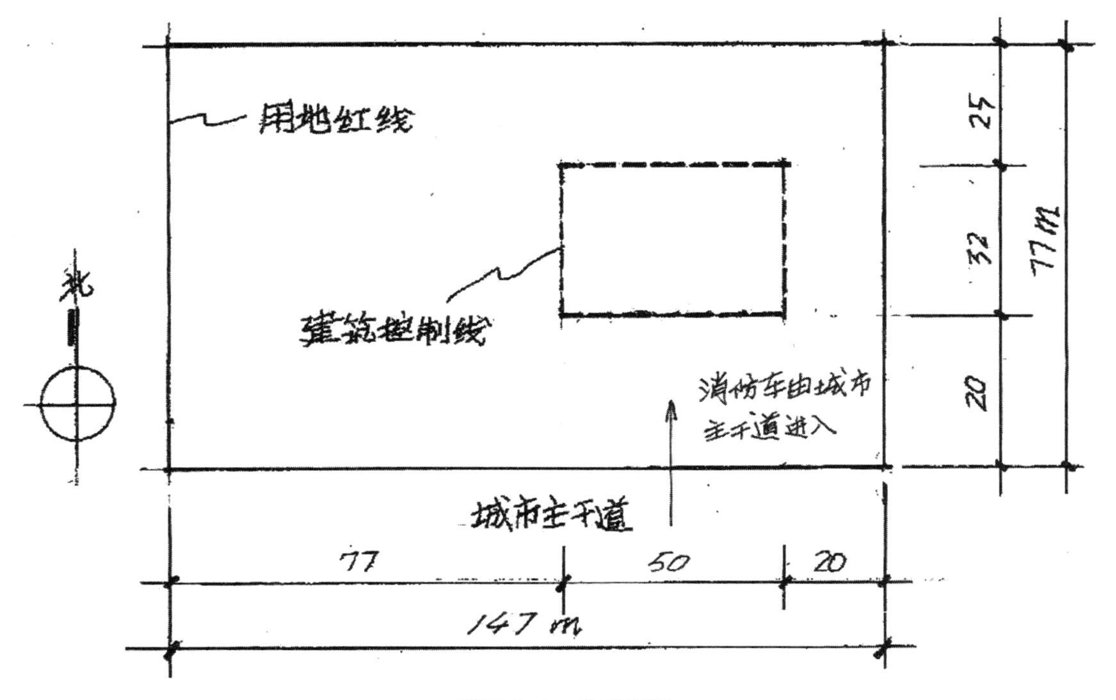

附图 1–1 总平面图

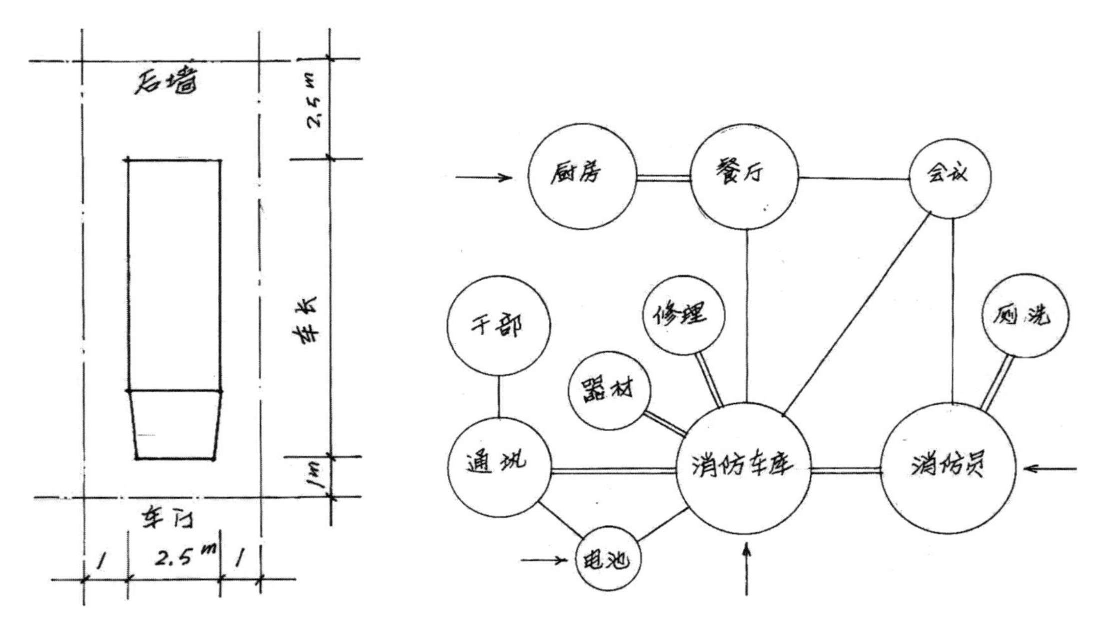

附图 1–2　规范对消防车库的要求　　　　附图 1–3　功能关系图

为满足 6 辆消防车停放，车库在东西方向必须选择 3 跨 9m 柱网，其他部分仍采用 7.8m 柱网。于是：

东西向最多（3×9）+（2×7.8）=47.6m。

南北向最多 4×7.8=31.2m。

需挖天井（47.6×31.2）−1249=80.1m^2，挖 1 格（7.8×9=70.2m^2）。

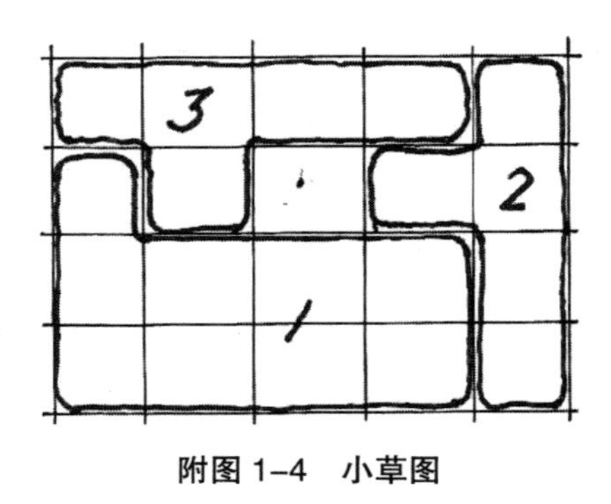

附图 1–4　小草图

小草图如附图 1-4 所示。

分配系数：$K=\dfrac{267}{1249-267}$=0.27

1. 业务用房：477×1.27=606m^2，取（70×6）+（60×3）=600m^2；

2. 附属用房：235×1.27=298m^2，取 60×5=300m^2；

3. 辅助用房：270×1.27=343m^2，取（70×4）+60=340m^2。

三、参考答案（附图 1-5）

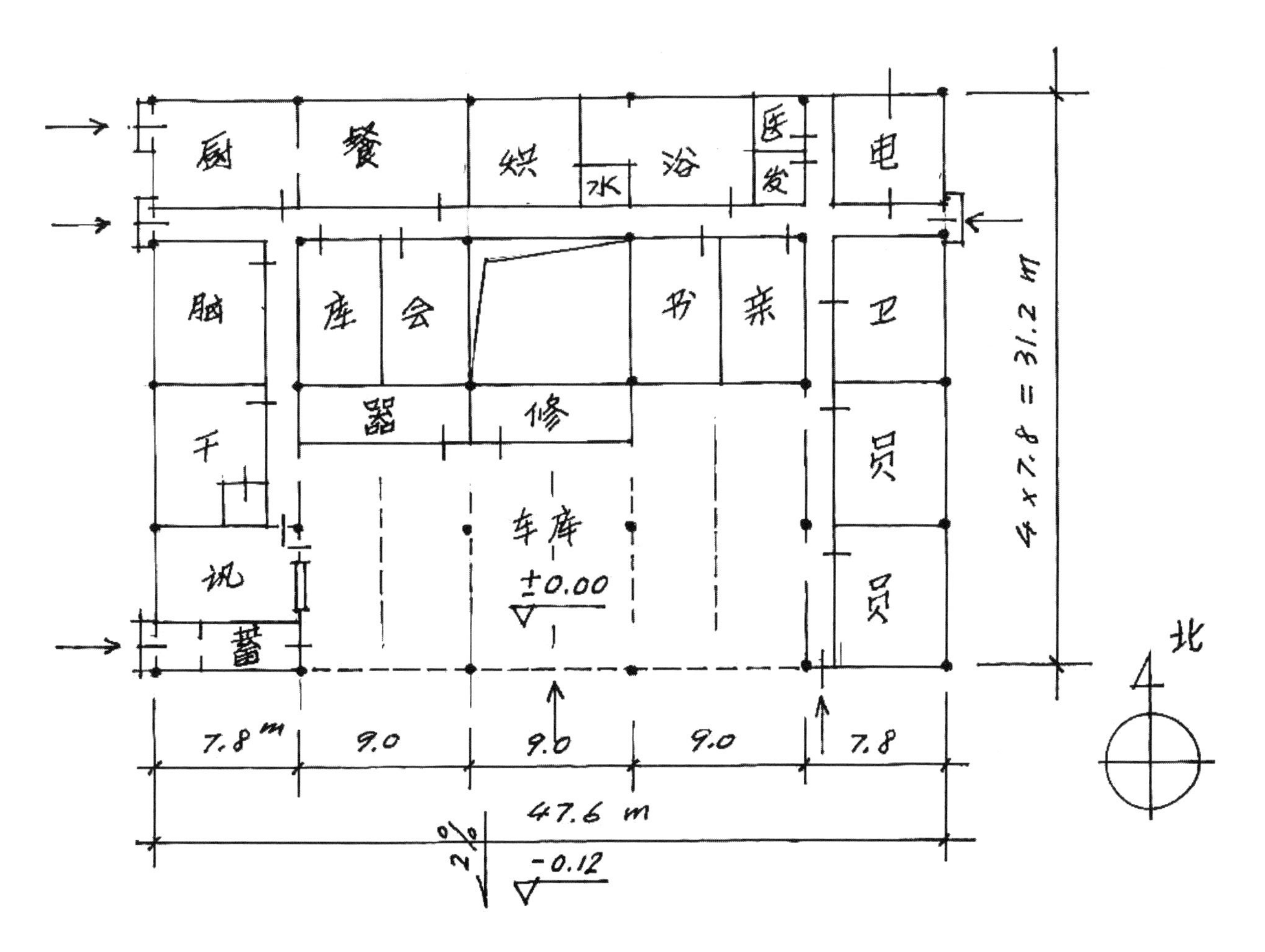

附图 1-5　一层平面图

课堂作业二：某二层建设银行方案设计

设计首、二层平面及总平面。首层不要求采光，二层要求采光（更衣间、卫生间、库房除外）。

一、二层层高均为 3.9m；一层候办厅及前台办公区、二层多功能厅层高均为 5.1m。走道宽一律 2.5m，室内外高差 0.15m。

在适当位置设电梯一部。

其他要求同考试常规要求。

功能关系图如附图 2-1 所示，一层用房及要求见附表 2-1，二层用房及要求见附表 2-2，总平面图如附图 2-2 所示。

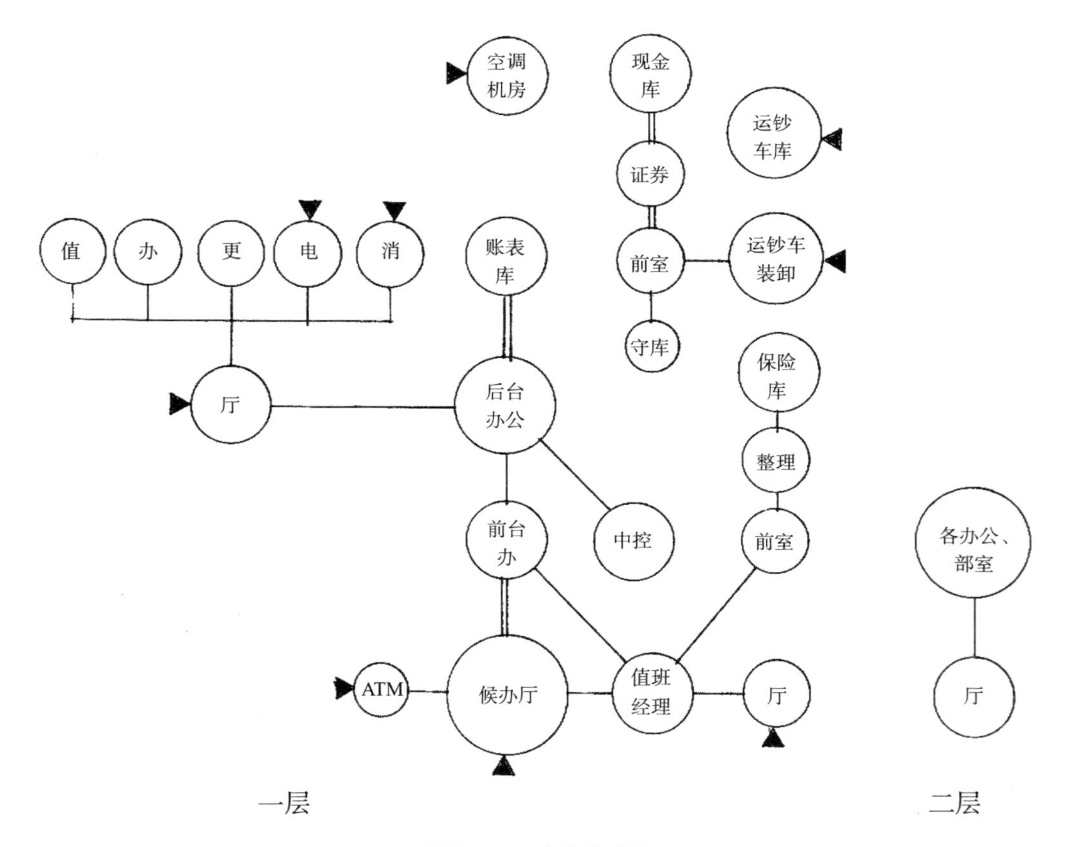

附图 2-1　功能关系图

一层用房及要求　　附表 2-1

层数	功能区	房间名称	面积（m^2）	设计要求
一层	营业区	* 顾客候办厅	220	
		* 营业部前台办公	120	与顾客候办厅以前台相隔
		营业部后台办公	150	

续表

层数	功能区	房间名称	面积（m^2）	设计要求
一层	营业区	值班经理室	60	兼接待用
		出租保险库	40	周边为 200mm 钢筋混凝土墙
		整理间	16	
		保险库前室	12	
		中央控制室	100	
		警卫室	8	
		自动取款机（ATM）	8	单独房间直接对外，并与前台相通
	库房区	现金库	60	
		证券库	30	
		现金库前室	30	
		账表库	2×30	
		守库室	20	
		运钞车装卸间	100	含消防器材库 $12m^2$
		运钞车库	80	
		空调机房	60	
	管理区	门卫、值班	2×10	
		后勤办公室	2×25	
		男女更衣室、休息	2×25	
	其他	消防控制室	25	
		配电室	20	
		储藏室	50	
		男、女卫生间	2×40	分两处设置，每处 $40m^2$，男女各 1 间
		门厅及交通面积	660	
	一层建筑面积：$2129m^2$（设计时允许误差 10% 以内）			

二层用房及要求　　**附表 2–2**

层数	功能区	房间名称	面积（m^2）	设计要求
二层	营业区	经理室	3×40	一正两副
		接待室	40	
		个人金融	40	
		信贷部	112	
		评估室	60	与信贷部相邻
		监督室	60	
		结算部	60	
		* 多功能室	300	
		休息室	40	

续表

层数	功能区	房间名称	面积（m^2）	设计要求
二层	营业区	更衣室	2×30	
		男、女卫生间	2×40	分两处设置，男、女每处各 $20m^2$
		门厅及交通面积	573	
	二层建筑面积：$1545m^2$（设计时允许误差 10% 以内）			

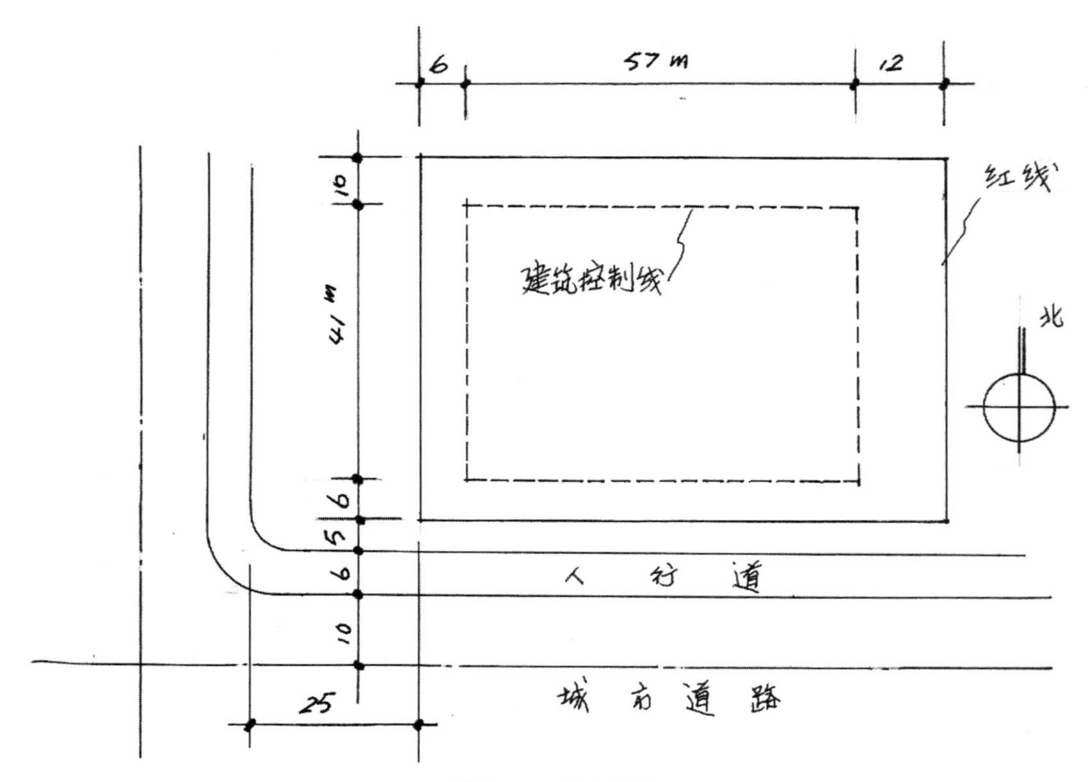

附图 2-2　总平面图

参考答案（附图 2–3、附图 2–4）

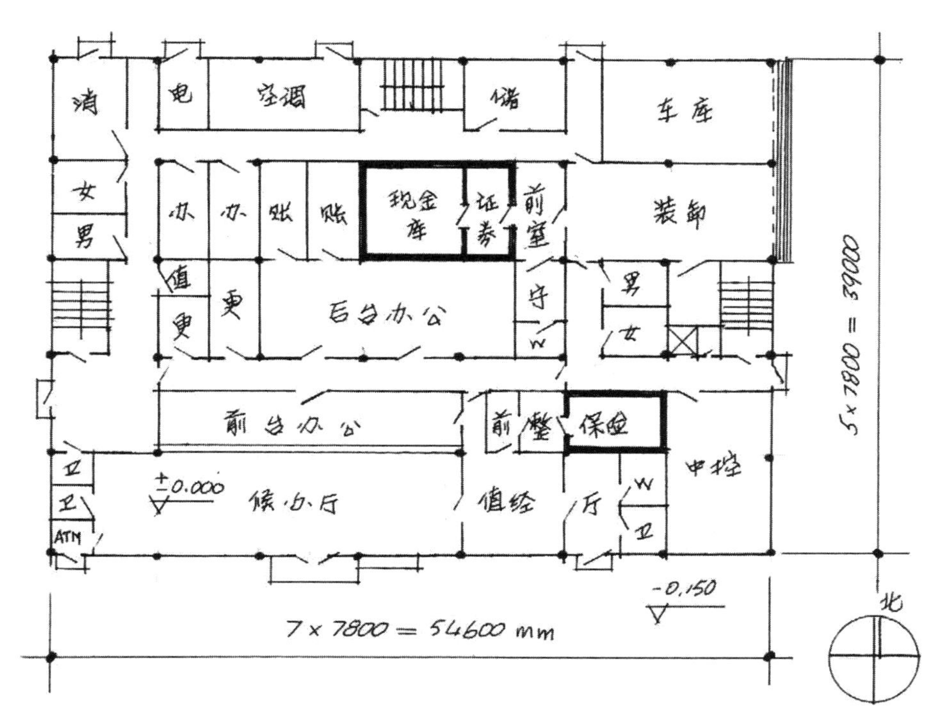

附图 2–3　一层平面图 2129m²

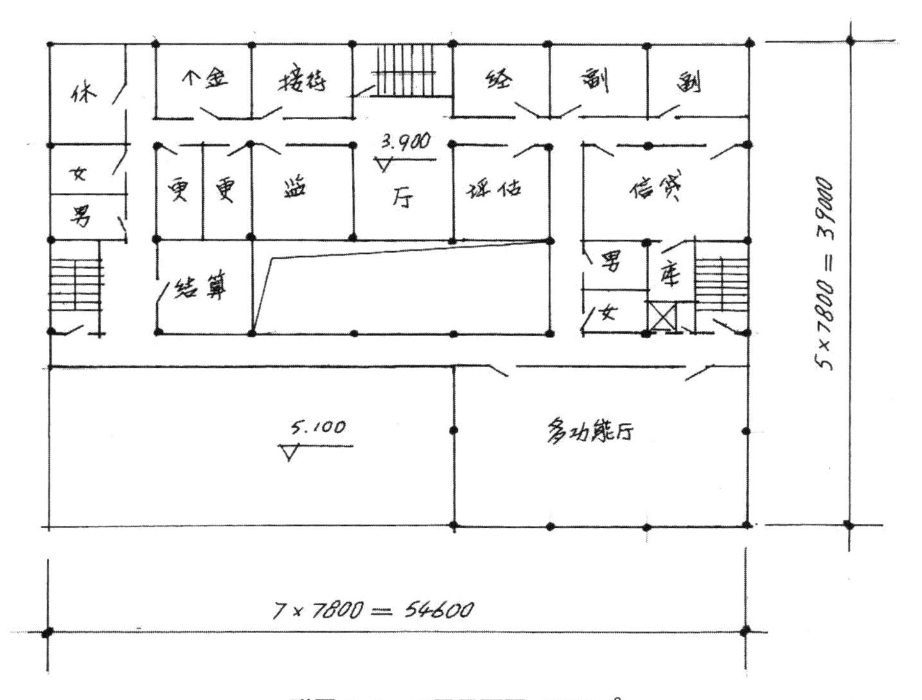

附图 2–4　二层平面图 1545m²

课堂作业三：某宾馆附属用房方案设计

一、试题要求

1. 任务描述

设计某宾馆新建二层附属用房，总建筑面积 8340m²。

2. 用地条件

用地平坦，建筑用地南邻城市干道（人、车均由此干道进入），西侧为停车场用地（附图 3-1）。

3. 总平面设计要求

（1）在建筑控制线内布置附属用房。

（2）在用地红线内布置道路及行人出入口。

（3）在用地红线内布置小汽车停车位 80 个，大客车停车位 4 个。

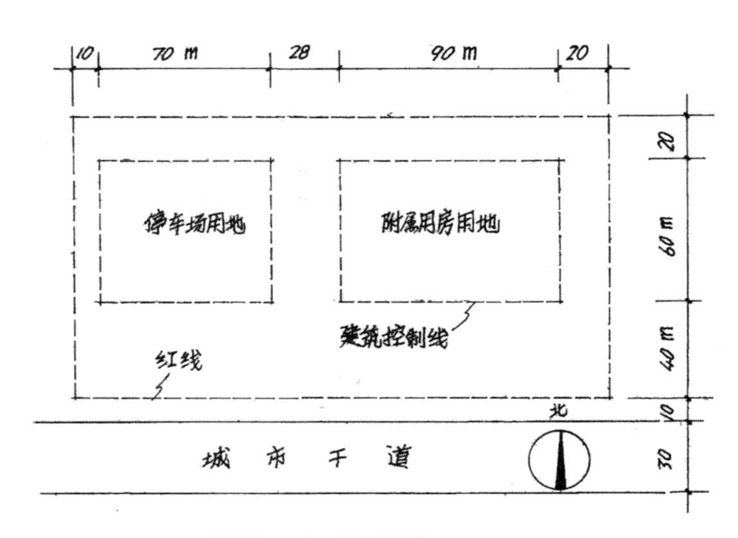

附图 3-1　总平面图　1：2000

4. 建筑设计要求

（1）一、二层用房及建筑面积要求，见附表 3-1、附表 3-2。

（2）一、二层主要功能关系要求如附图 3-2 所示。

（3）该用房设计应分区明确，交通组织合理。各种进出口及楼梯位置，应使用与管理方便，满足防火、疏散要求。

（4）会议区要求邻近停车场一侧布置。

（5）除库房、机房、更衣、备餐、卫生间外，所有用房均应有自然通风、采光。

（6）厨房工作人员按更衣（厕所）→淋浴→换工作服进入厨房。

（7）除办公区走廊宽不小于 1.8m 外，其他公共走廊宽一律不小于 3m。

（8）楼梯间开间宽度不小于 3.6m。
（9）层高：一层 5.5m，二层 5m。
（10）结构：采用钢筋混凝土框架结构，屋顶局部大房间可采用钢结构。
（11）应符合有关设计规范要求，应考虑无障碍设计要求。

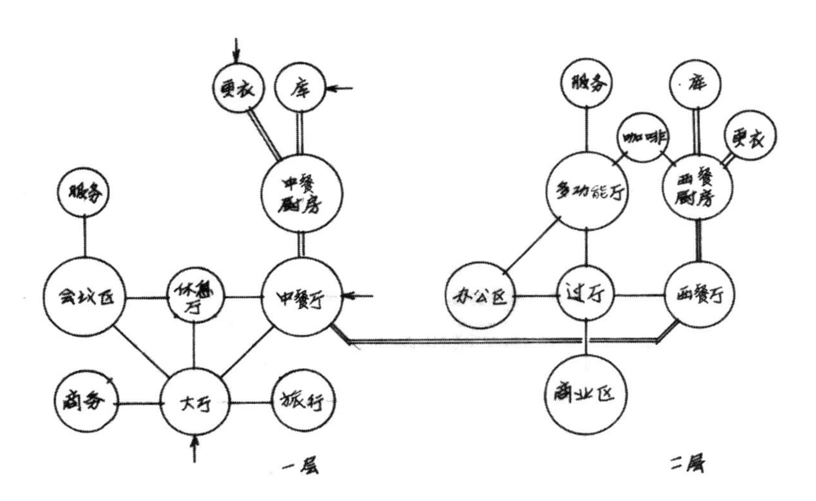

附图 3–2　主要功能关系图

一层用房及建筑面积表　　附表 3–1

功能区	房间名称	建筑面积（m^2）	房间数	备注
服务区	* 大厅	360	1	设 3 部客梯，1 部货梯，柜台不小于 10m
	商务	90	1	
	旅行	90	1	
	* 休息厅	270	1	
	卫生间	120	2	男、女、无障碍各 1
餐区	* 中餐厅	600	1	含 6 个包间（$25m^2$/ 间），收银台 6m 长
	中餐厨房	500	1	设男、女更衣间共 $60m^2$（各含 $6m^2$ 卫生间），洗碗间 $40m^2$，设食梯 2 部
	库房	60	1	靠外墙设置，有专用进货口
	备餐间	30	1	要便于联系厨房和餐厅
会议区	* 大会议室	350	1	室内门外应有不小于 $200m^2$ 的活动空间
	中会议室	180	1	
	小会议室	180	2	
	服务	60	1	
	卫生间	120	2	男、女各 1
其他	消防控制室	30	1	
	安监室	30	1	
	走廊、楼梯	1100		
	一层建筑面积	4170		

5. 制图要求

（1）按要求画出附属用房的一、二层平面（按 1：200 或 1：300），及一张总平面（1：2000）。

（2）标出各房间名称，主要房间的面积（附表 3-1、附表 3-2 中带 * 者），并分别标出各层的建筑面积和总面积。

（3）尺寸及面积均以轴线计算。

（4）各房间面积及各层建筑面积，允许误差在规定面积的 ±10% 以内。

（5）画出承重结构体系，标出建筑物的轴线尺寸及总尺寸。

（6）画出墙（可单线）、门的开启方向，卫生洁具可不表示。

二层用房及建筑面积表 **附表 3–2**

功能区	房间名称	建筑面积（m^2）	房间数	备注
服务区	* 过厅	270	1	
	* 多功能厅	520	1	
	咖啡	120	1	主要为多功能厅服务
	服务	50	2	
	卫生间	120	2	男、女各 1
餐区	* 西餐厅	360	1	内设吧台 $10m^2$，收银台 4m 长
	西餐厨房	300	1	设男、女更衣间共 $40m^2$（各含 $6m^2$ 卫生间），洗碗间 $30m^2$，设食梯 2 部
	库房	60	1	
	备餐间	30	1	要便于联系厨房和餐厅
商业区	* 服装	350	1	
	化妆品	120	1	
	美容	60	1	
	美发	60	1	
	箱包	60	1	
	首饰	120	1	
	鞋帽	60	1	
	钟表	60	1	
	西式点心	60	1	
办公区	办公室	240	10	
	机房	60	1	
	库房	110	2	
	卫生间	90	2	男、女各 1
其他	走廊、楼梯	890		
	二层建筑面积	4170		

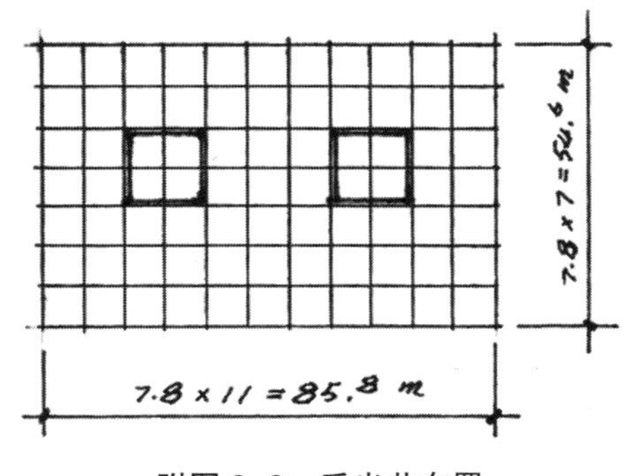

附图 3–3　采光井布置

二、设计分析

1. 确定柱网：选 7.8m × 7.8m。

2. 确定平面

本题设计因有采光要求，首先尽量充分用足建筑控制线内的场地。为此：东西方向最大可设计成 90m/7.8m=11.54 ≈ 11 个柱距；南北 60m/7.8m=7.69 ≈ 7 个柱距。

确定采光井面积：(11 × 7 × 60) –4170=515m^2，约为 515m^2/60m^2 = 8.58 ≈ 8 网格。

为使采光均匀，考虑设 2 个采光井，如附图 3-3 所示。

3. 绘制小草图（附图 3-4）

一层：

分配系数：$K=\dfrac{1160}{4170-1160}=\dfrac{1160}{3010}=0.38$

（1）服务区：930 × 1.38=1283m^2，取 21 格；

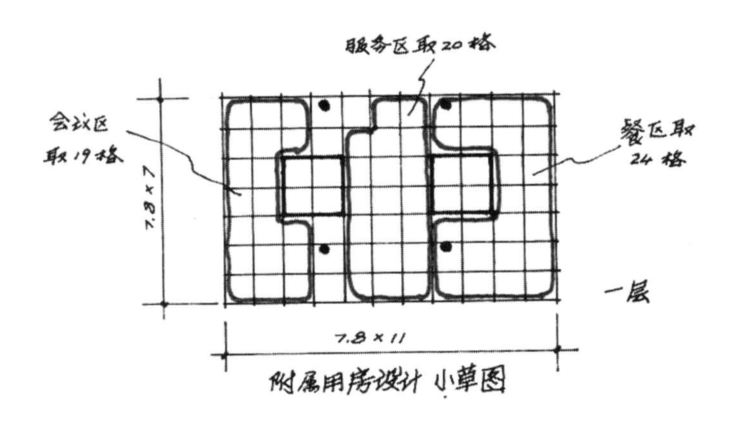

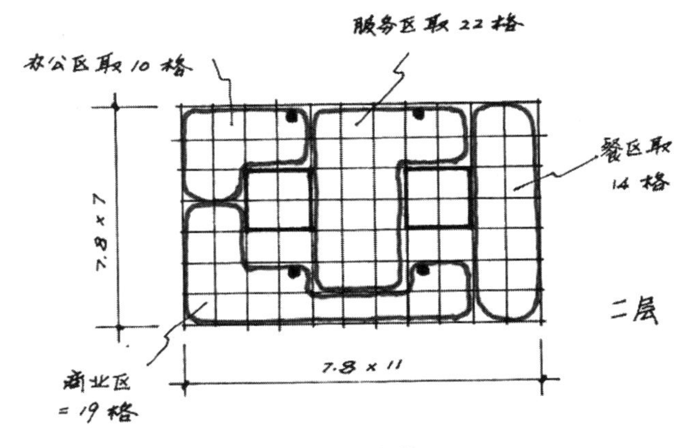

附图 3–4　小草图

（2）餐区：1190 × 1.38=1642m^2，取 27 格；

（3）会议区：890 × 1.38=1228m^2，取 21 格；

检查：21+27+21+（8）=77 格，正确。

二层：

分配系数：

$$K=\frac{890}{4170-890}=\frac{890}{3280}=0.27$$

（1）服务区：1080 × 1.27=1372m^2，取 23 格；

（2）餐区：750 × 1.27=953m^2，取 16 格；

（3）商业区：950 × 1.27=1207m^2，取 20 格；

（4）办公区：500 × 1.27=635m^2，取 10 格；

检查：23+16+20+10+（8）=77 格，正确。

4. 绘制大草图（附图 3-5）

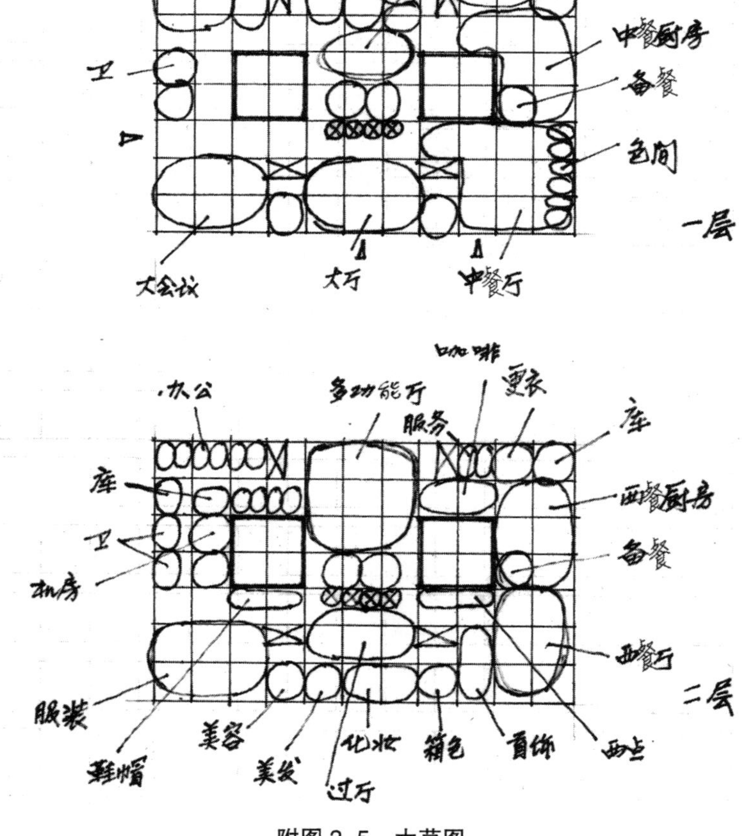

附图 3–5　大草图

三、参考答案

1. 宾馆附属用房平面图（附图 3-6）

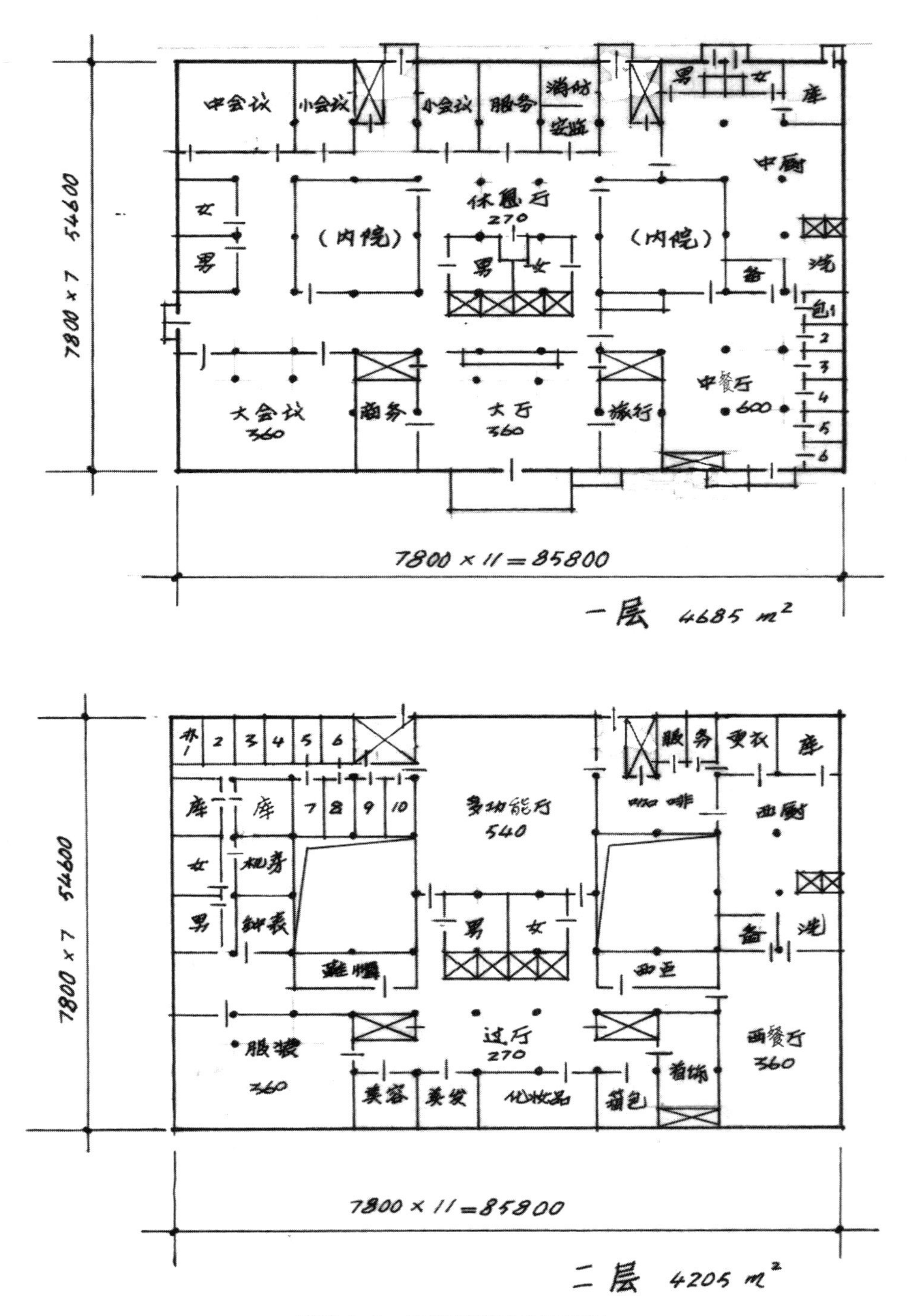

附图 3-6　宾馆附属用房平面图

2. 宾馆附属用房停车场平面图（附图 3-7）

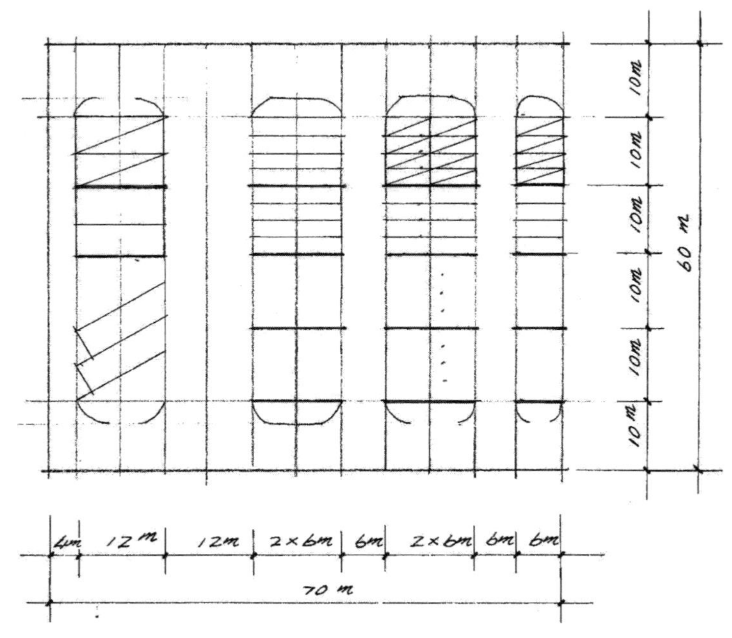

附图 3–7　宾馆附属用房停车场平面图

课堂作业四：会所方案设计

一、试题要求

1. 建设用地情况

总平面（附图 4-1），停车 20 辆，用地西邻中心路，东邻温水河，南北两侧毗邻城市绿化带。

建筑退线要求：东退 16m，西退 32m，南北各退 6m。在建设用地上有 8m × 16m 树丛一处，另古树一棵（胸径 400mm，主干高 9m），设计中应予保留，并与室内景观和采光相结合。

2. 设计要求

（1）按附表 4-1 所给各层用房要求，设计一座地上二层和地下一层的会所。总建筑面积 10800m^2（允许房间面积误差 ±15%；每层建筑面积误差 ±10%，面积均按轴线计算）。除楼梯、电梯、库房、贮藏室、设备用房外，地上所有房间均要求天然采光和自然通风。

（2）房屋首层层高 4.5m，二层层高 4m，地下室层高 3.6m（游泳池局部可以下降）。

（3）要求考虑防火疏散及无障碍设计。

（4）采用钢筋混凝土框架结构。

（5）主入口在中山路。

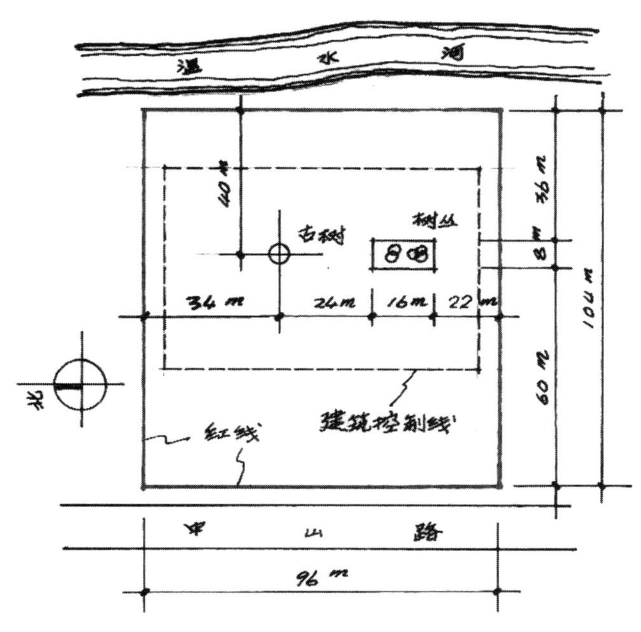

附图 4–1　总平面图

（6）楼前广场停小车 20 辆，大车 4 辆。

3. 设计要求

（1）给定柱网并绘制小草图；

（2）绘制总平面图。

会所房间功能及建筑面积表　　　　**附表 4–1**

层数	功能区	房间名称	建筑面积（m^2）	房间数	备注
一层	餐饮会议	* 大厅	400	1	
		* 大会议	320	1	
		* 中会议	220	1	
		* 小会议	120	1	
		* 厨房	500	1	包括菜案 300m^2、面案 70m^2、主食库 20m^2、副食库 30m^2、更衣、淋浴、厕所等（男 50m^2，女 30m^2）
		* 备餐	130	1	
		* 餐厅	640	1	包括 60m^2 包间 1 间
		经理室	120	1	
		财务室	120		
		服务	120	2	
		商店	60	1	
		走廊、过厅、楼梯、贮藏	690		走道宽不小于 3m

续表

层数	功能区	房间名称	建筑面积（m^2）	房间数	备注
一层	餐饮会议	男女卫生间	160	4	男 2，女 2，其中男 1，女 1 尽量邻近会议室
	一层建筑面积		3600		
二层	健身娱乐	* 卧室	680	6	每间设卫生间≥ 12m^2 应朝东以能看到温水河
		* 斯诺克	380	1	设 6 球道
		* 乒乓球	260	2	
		* 健身	200	1	
		茶室	64	1	
		咖啡室	64	1	
		吧台	60	1	
		书画	100	1	
		网吧	64	1	
		棋牌	200	2	
		美发	64	1	
		服务	240	3	
		男女卫生间	80	2	男、女各 1 间
		走廊、电梯、楼梯、贮藏	1144		楼梯 2 部，电梯 2 部，走道宽不小于 3m
	二层建筑面积		3600		
地下室		游泳池	900	1	含泳池 12.5m × 25m，水处理 1 间（65m^2），锅炉房 1 间（65m^2），男、女更衣各 1 间（2 × 65m^2）均应与泳池紧邻
		影音室	320	1	
		保龄球	420	1	
		卡拉 OK	210	2	
		咖啡	64	1	
		酒窖	64	1	
		配电室	64	1	
		监控室	64	1	
		男宿舍	204	1	含卫生间 1（40m^2）
		女宿舍	160	1	含卫生间 1（40m^2）
		洗衣	64	1	
		服务	130	2	
		库房	64	1	
		走廊、电梯、楼梯、贮藏	864		
	地下室总计		3600		
总建筑面积		10800m^2			

二、设计分析

绘制小草图（与大草图结合），如附图 4-2 所示。

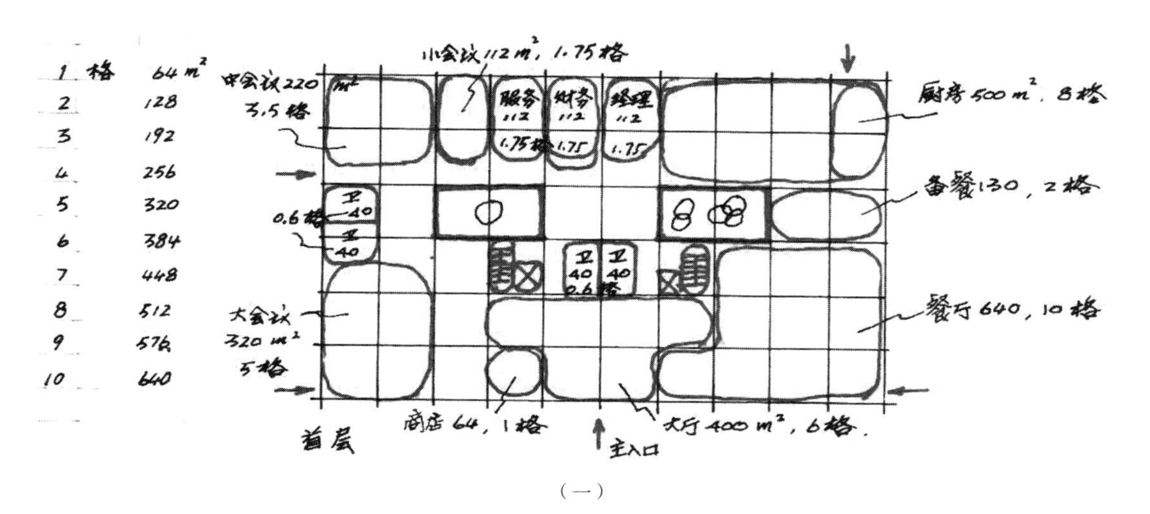

（一）

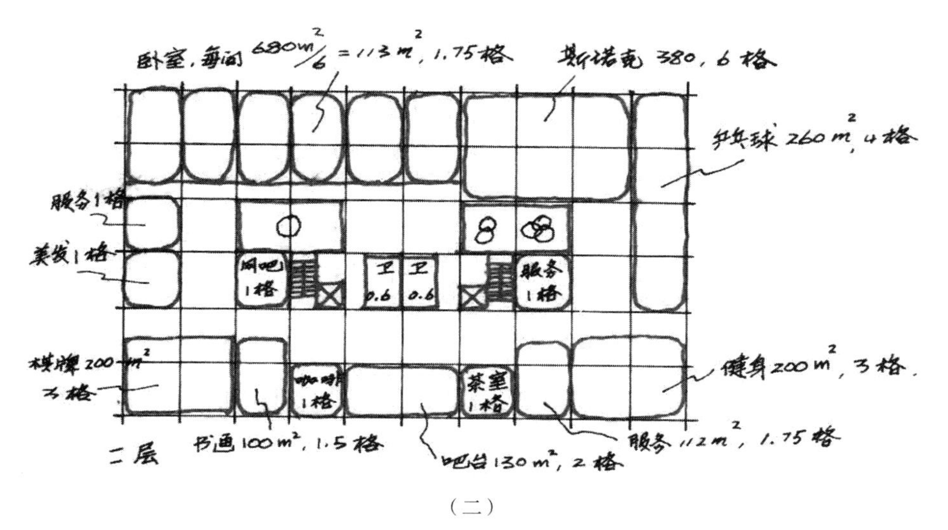

（二）

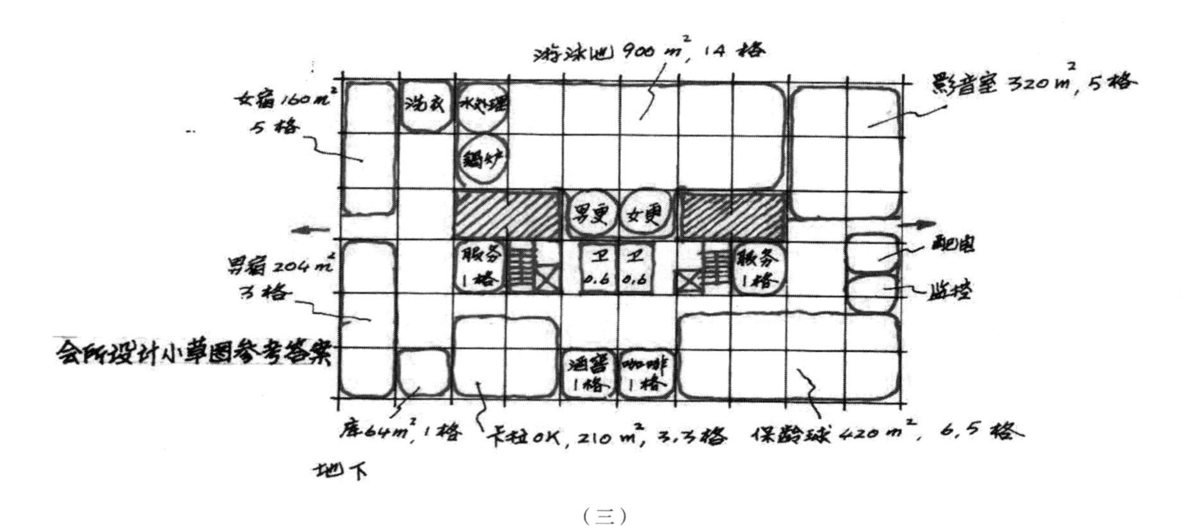

（三）

附图 4–2　小草图

三、参考答案（附图 4–3 ~附图 4–5）

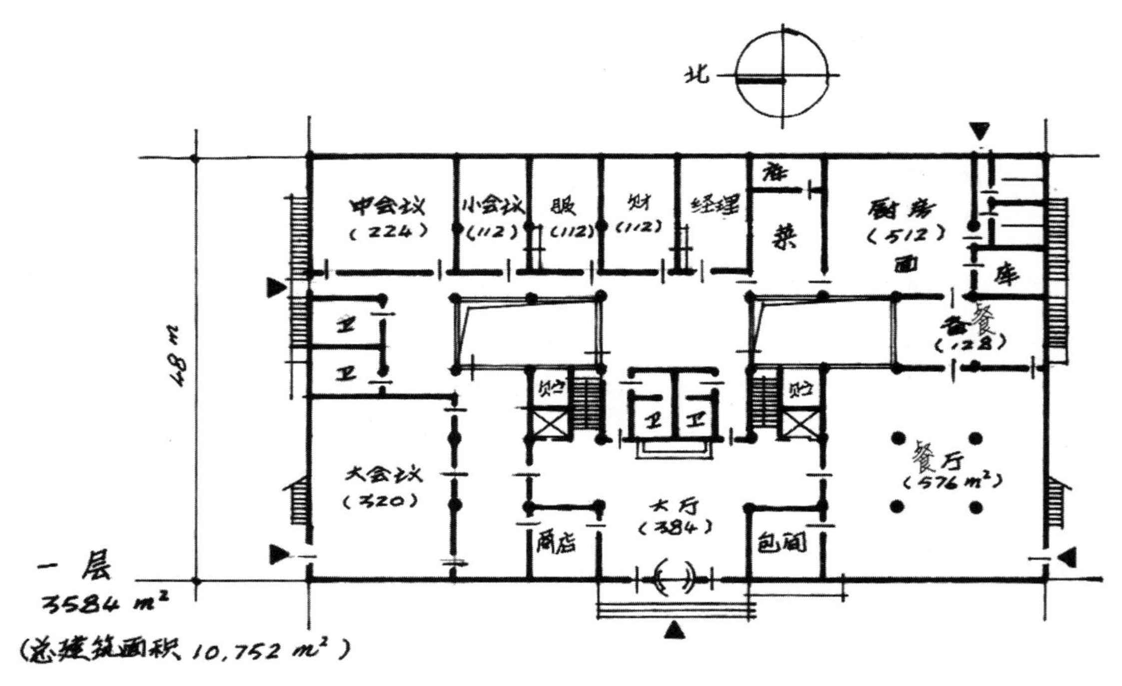

附图 4–3　一层平面图

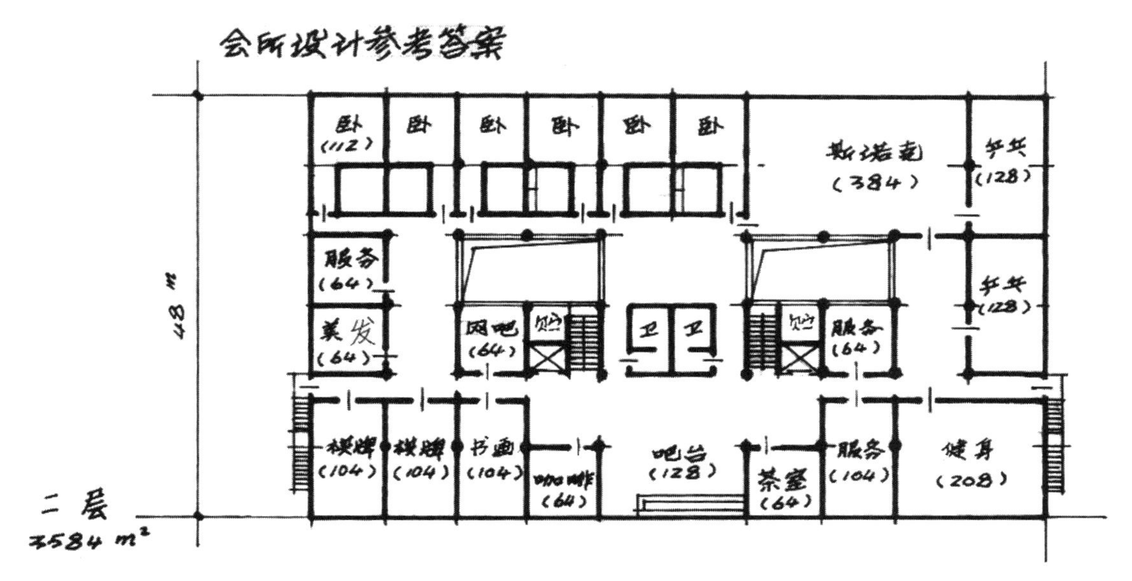

附图 4–4 二层平面图

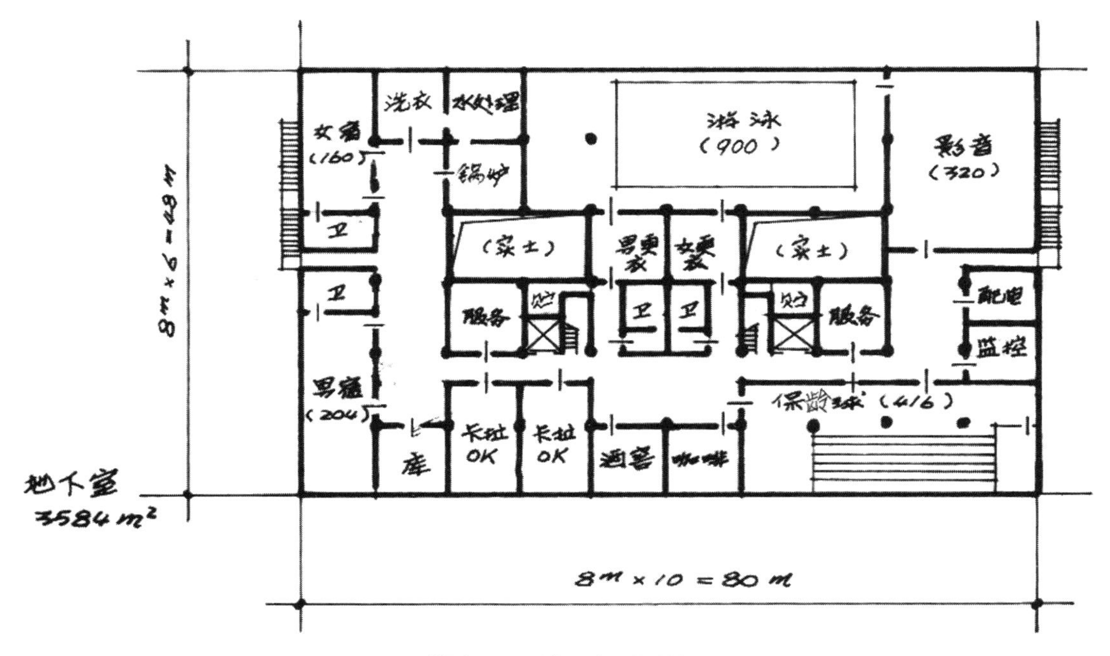

附图 4–5 地下室平面图

课堂作业五：某餐馆方案设计

一、试题要求

设计某餐馆的小草图，总平面图如附图 5-1 所示，功能关系图如附图 5-2 所示，餐馆房间功能及面积要求见附表 5-1。

说明：1. 中、西餐厅均要求双面采光，咖啡厅可单面采光；

2. 院内可停小车 30 辆。

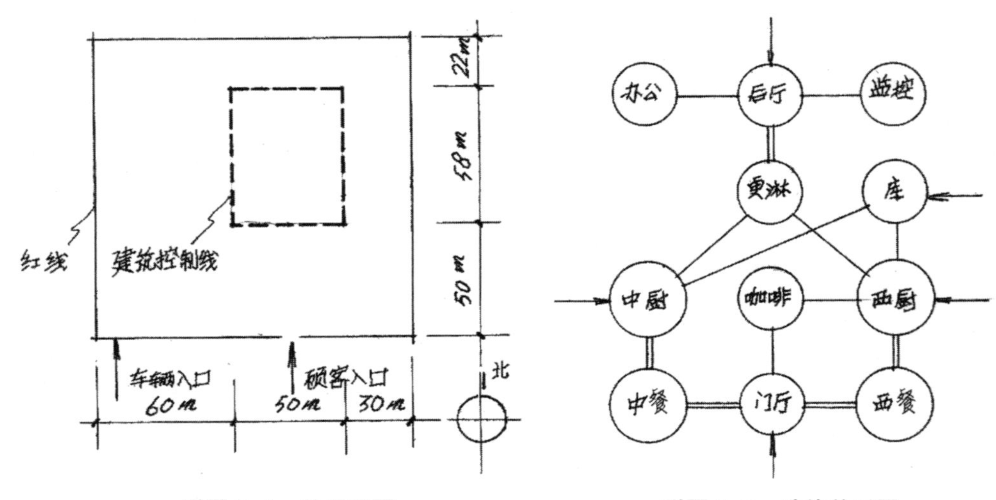

附图 5–1　总平面图　　　　附图 5–2　功能关系图

餐馆房间功能及面积要求　　　　附表 5–1

分区	房间名称	面积（m^2）	备注
门区	门厅	160	
	厕所	50	设男、女、残卫
厨区	更淋	180	中更 $100m^2$、西更 $80m^2$
	中厨	320	含冷库 $50m^2$
	西厨	220	含冷库 $50m^2$
	库	100	主食 $40m^2$、副食 $60m^2$
餐区	中餐	320	设款台
	西餐	220	设款台
	咖啡	105	设款台
办公区	后厅	50	
	办公	250	含监控室 $80m^2$
	走道	300	
总计		2275	

二、设计任务

1. 因有采光要求，先将场地用足。50/7.8=6.4 取 6；58/7.8=7.4 取 7。

再确定所挖天井，（$6\times7\times60$）$-2275=245\text{m}^2$，挖 4 格（附图 5-3）。

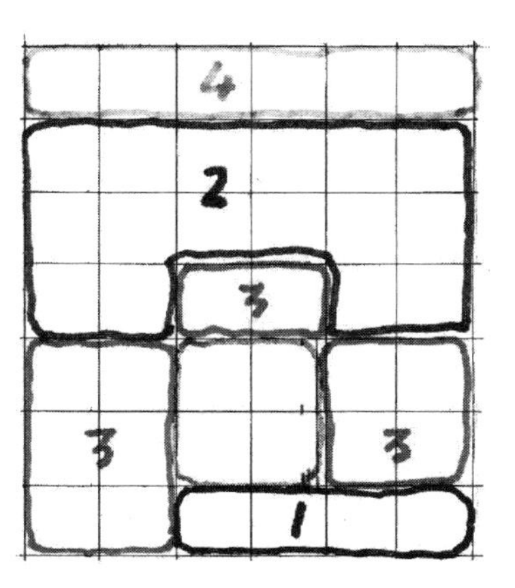

附图 5–3　场地布置

2. 绘制小草图（附图 5-4）：门区 210m^2，厨区 820m^2，餐区 645m^2，办公 300m^2。

分配系数：

$$K=\frac{300}{210+820+645+300}=0.15$$

（1）门区：$210\times1.15=242\text{m}^2$，取 4 格；

（2）厨区：$820\times1.15=943\text{m}^2$，取 16 格；

（3）餐区：$645\times1.15=742\text{m}^2$，取 12 格；

（4）办公：$300\times1.15=345\text{m}^2$，取 6 格。

检查：4+16+12+6+4=42 格，无误。

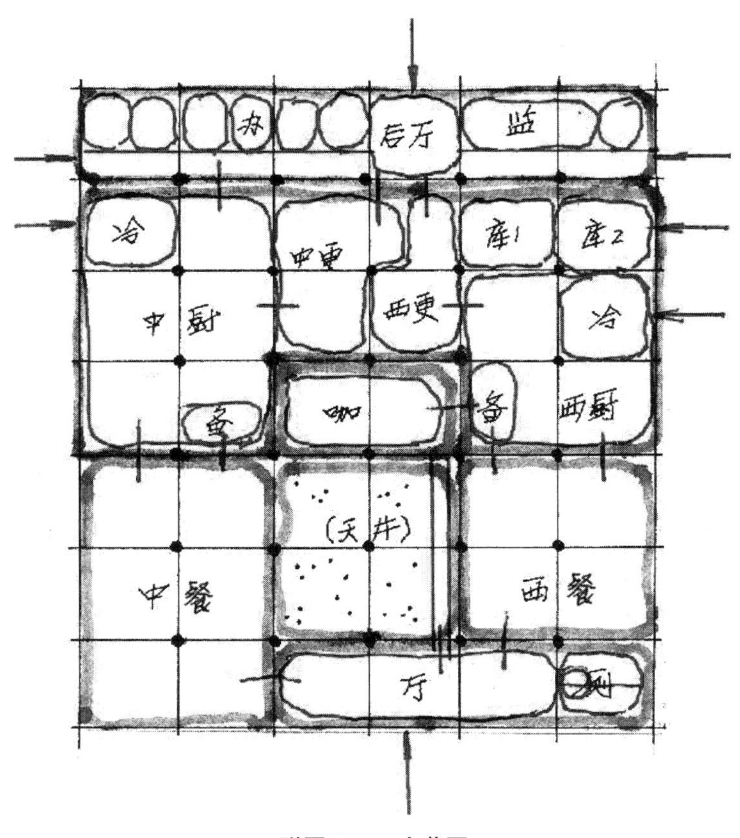

附图 5–4　小草图

课堂作业六：600座剧场方案设计

一、试题要求

1. 设计要求

（1）建设场地平整、用地情况如附图6-1所示。

（2）剧场为二层建筑，建筑面积5094m^2。

（3）前厅首层高4.5m，二层高4.5m；后台首层高3.6m，二层高4.0m。

（4）观众席前后排座位高差可按80～100mm。

（5）舞台高0.8m；台口宽18m，台口高7m。舞台部分层高15m。

（6）建筑控制线南侧设社会停车场，要求可停放小轿车100辆，大客车5辆，自行车停车场300m^2；西侧要求停放演员和工作人员用小轿车30辆。

（7）设计中要符合无障碍规范要求。

（8）各层用房及要求（附表6-1、附表6-2），剧场主要功能关系图如附图6-2所示。

2. 制图要求

（1）绘制一、二层平面图，标注所有房间名称（带*房间的面积以轴线计），并以乐池和池座第一排前地面为±0.000，标注出第一、二层平面中前厅、休息厅、池座、楼座第一排地面，以及后台的地面标高，并绘出与之相应的池座及楼座的地面台阶布置。

（2）画出墙（可用单线）、柱、门、卫生间（不画洁具）。

（3）标注轴线尺寸，及以轴线尺寸计算的首、二层建筑面积及总建筑面积（均允许控制在规定要求的±10%及以内）。

（4）在总平面图上绘制剧场建筑屋顶平面图，并标注层数、相对标高和建筑物主要出入口。布置用地内各类车辆的停车场及院内相关道路。

一层用房及要求　　附表6-1

功能分区	房间名称	房间面积（m^2）	房间数目	房间总面积（m^2）	备注
前厅	前厅	550	1	550	其中约400m^{2}升高至二层层面，形成采光屋顶，设电梯1部
	售票厅	25	1	25	
	存包	25	1	25	
观众厅	池座	600	1	600	每座按0.6m×1m，共设480座，可以±10座
	休息厅	200	2	400	每处设柜台围合小卖部10m^{2}一处，共两处
	厕所	50	2	100	每处均有男、女厕及无障碍厕位

续表

功能分区	房间名称	房间面积（m^2）	房间数目	房间总面积（m^2）	备注
舞台	主台	500	1	500	
	乐池	120	1	120	
	耳光室	10	2	20	
后台	大化妆室	100	1	100	
	小化妆室	50	2	100	
	休息室	30	2	60	
	道具	50	2	100	
	服装	50	2	100	
	配电	30	1	30	
	音响	30	1	30	
	厕所	30	2	60	男、女各 1 间
交通	楼梯、走道			334	
一层建筑面积 3254m^2（允许误差 ±10%）					

二层用房及要求　　**附表 6–2**

功能分区	房间名称	房间面积（m^2）	房间数目	房间总面积（m^2）	备注
观众厅	楼座	230	1	230	每座按 0.6m × 1m，共设 120 座，可以 ± 10 座
	休息厅	250	2	500	
	小卖部	15	2	30	只柜台围合 6m^2 一处，共两处
	卫生间	35	2	70	男、女各 1 间
后台	大排练室	250	1	250	兼作休息室
	小排练室	50	2	100	
	库房	50	2	100	
	大办公室	40	4	160	
	小办公室	20	6	120	
	卫生间	25	2	50	
交通	楼梯、走道			230	
二层建筑面积 1840m^2（允许误差 ±10%）					

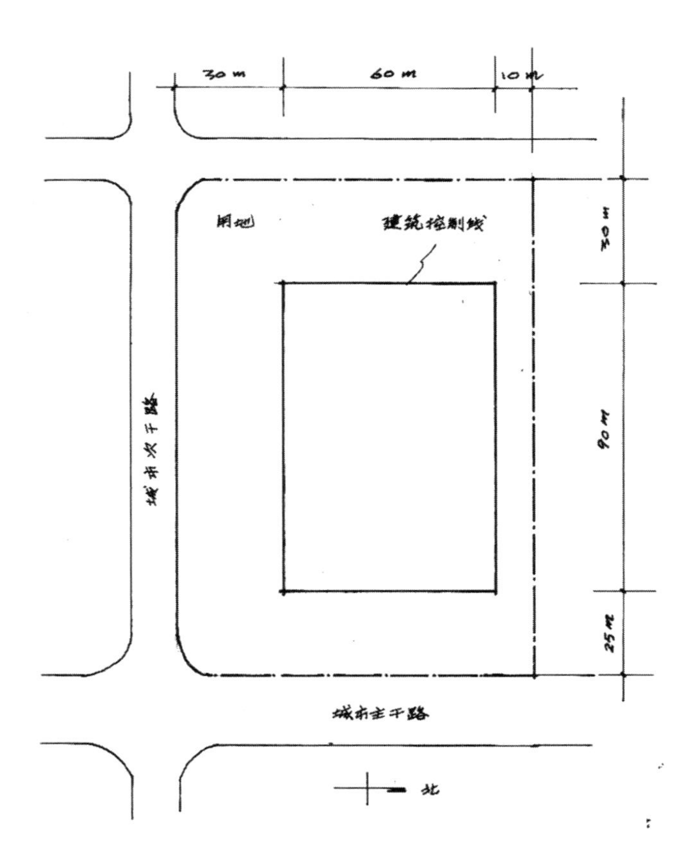

附图 6–1　总平面图

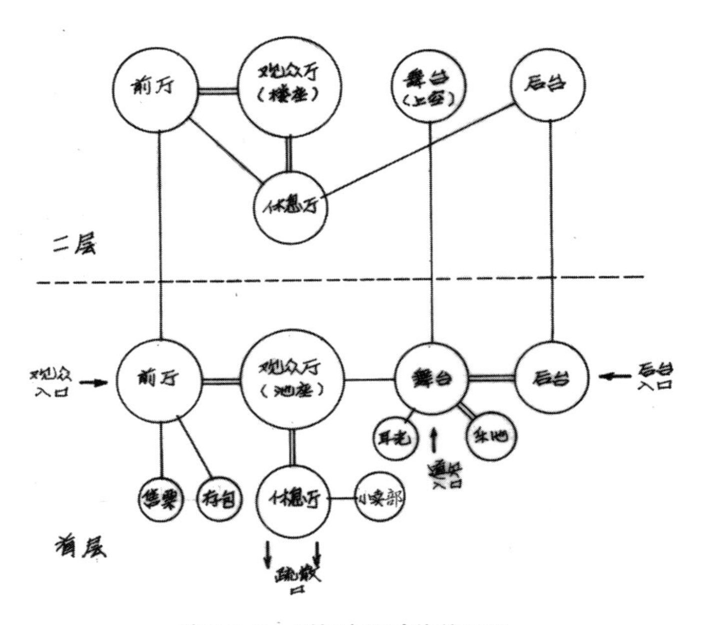

附图 6–2　剧场主要功能关系图

二、设计分析

绘制小草图（附图 6-3）

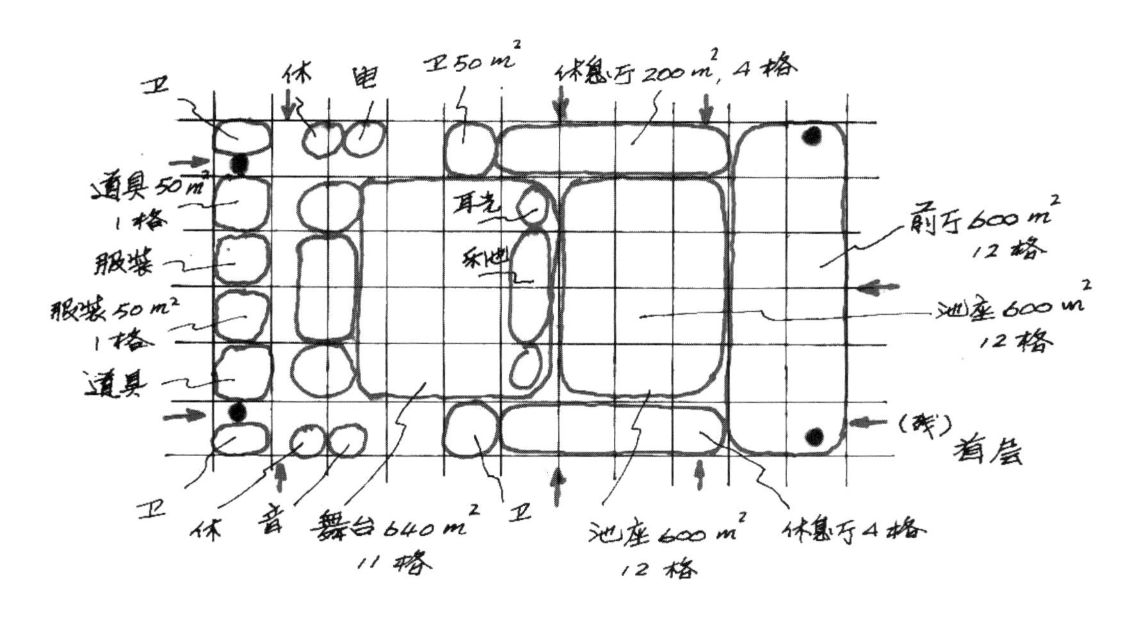

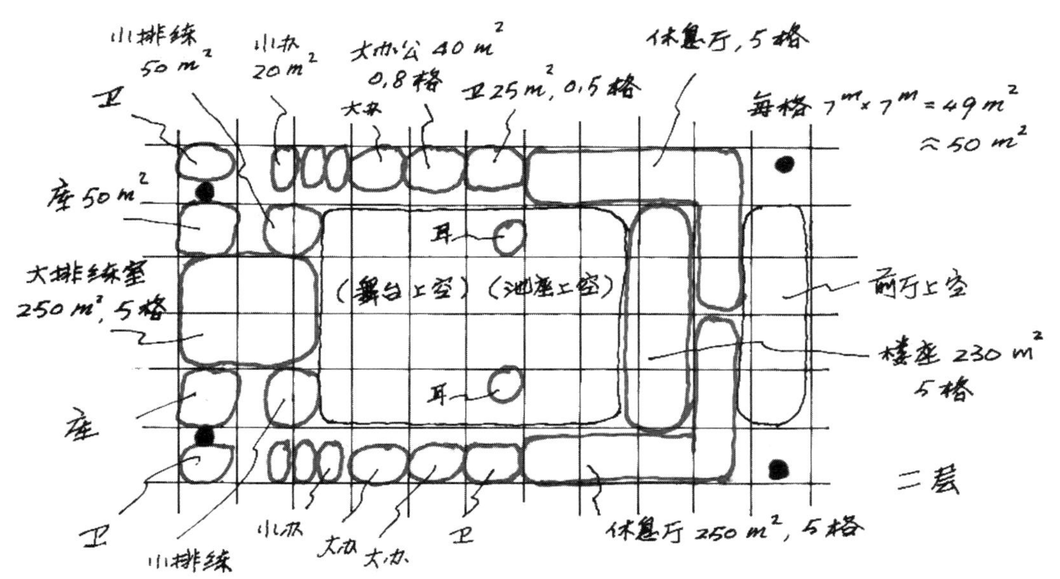

附图 6-3 小草图

三、参考答案（附图6-4、附图6-5）

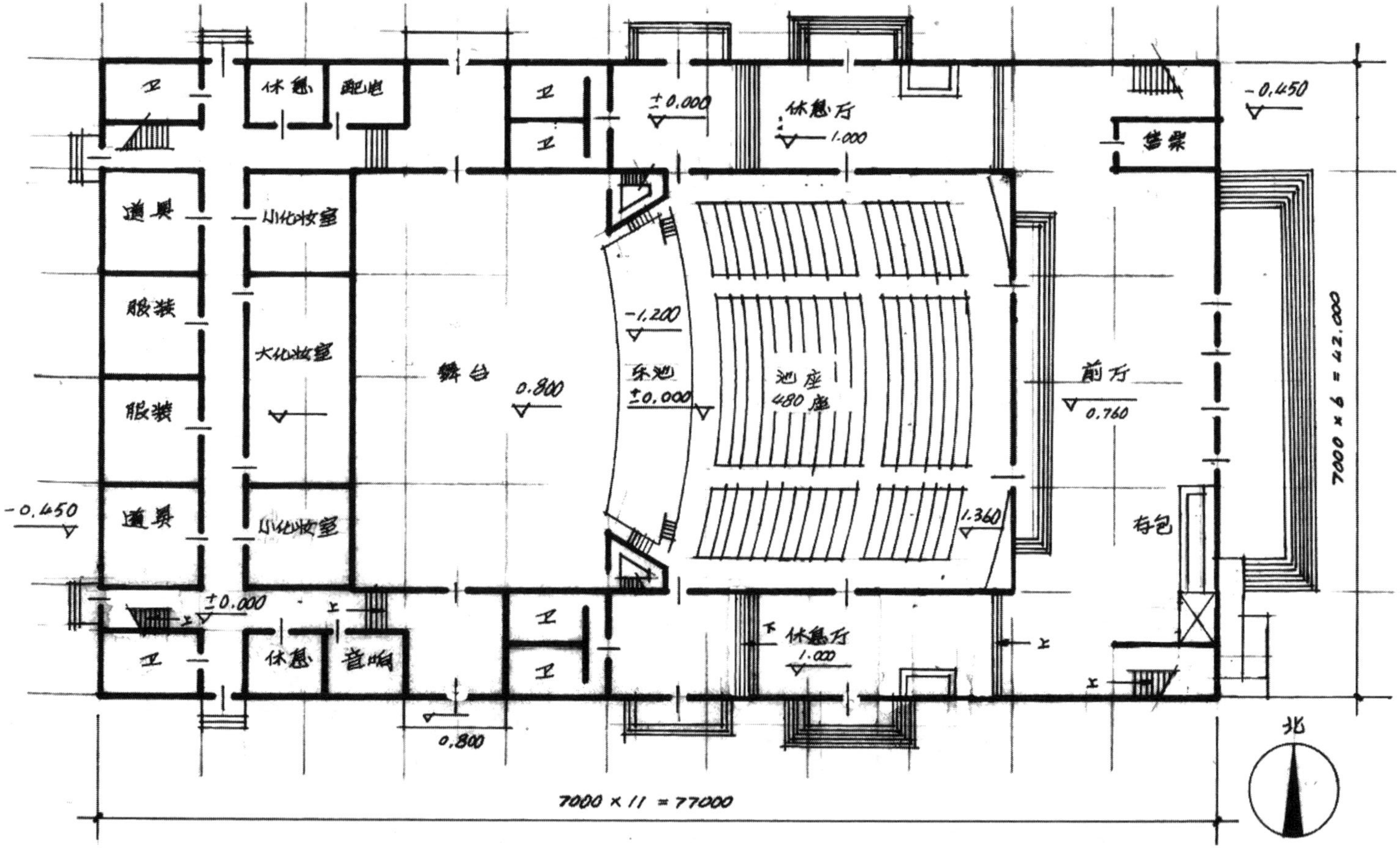

附图6-4　一层平面图

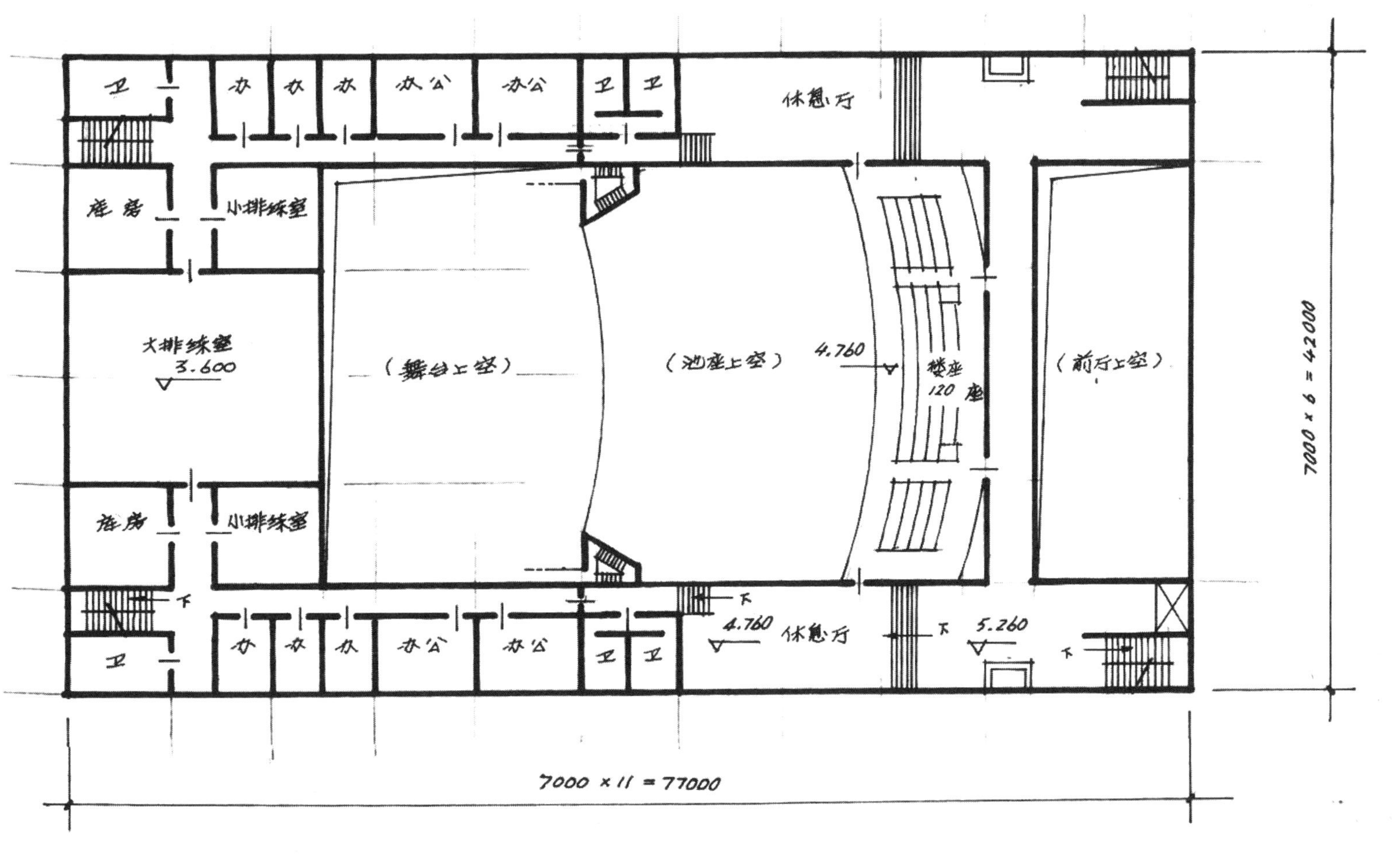
卫
办
办
办
办公
办公
卫
卫
休息厅
库房
小排练室
大排练室
3.600
（舞台上空）
（池座上空）
4.760
楼座
120座
（前厅上空）
库房
小排练室
下
卫
办
办
办
办公
办公
卫
卫
下
4.760
休息厅
下
5.260
下
7000 × 6 = 42000
7000 × 11 = 77000

附图 6-5　二层平面图

课堂作业七：小型铁路旅客车站方案设计

一、试题要求

设计要求

利用原有站台设计一座客运小型火车站，建筑面积 7000m²，二层。

一层为钢筋混凝土框架结构，二层屋顶为大跨度钢结构。

建筑有采光要求（电源、运转、通信、库房除外）。

集散厅应设楼梯、自动扶梯、电梯，成对检票口的一侧应设有电梯，办公区应设直通候车厅的楼梯。将西广场设计为停车场，要求可停小车 70 辆，出租车排队线 120m（附图 7-1）、功能关系图（附图 7-2），房间功能及要求（附表 7-1、附表 7-2）。

候车厅应设不少于 600 个座位（50cm/ 座），座椅间走道净宽不小于 1.3m。

集散厅应设安检区（设 2 台安检机）；候车厅每个检票口设 2 台检票机。

首层层高 4.8m；二层层高 6m，设计考虑无障碍要求。

小火车站透视图如附图 7-3 所示。

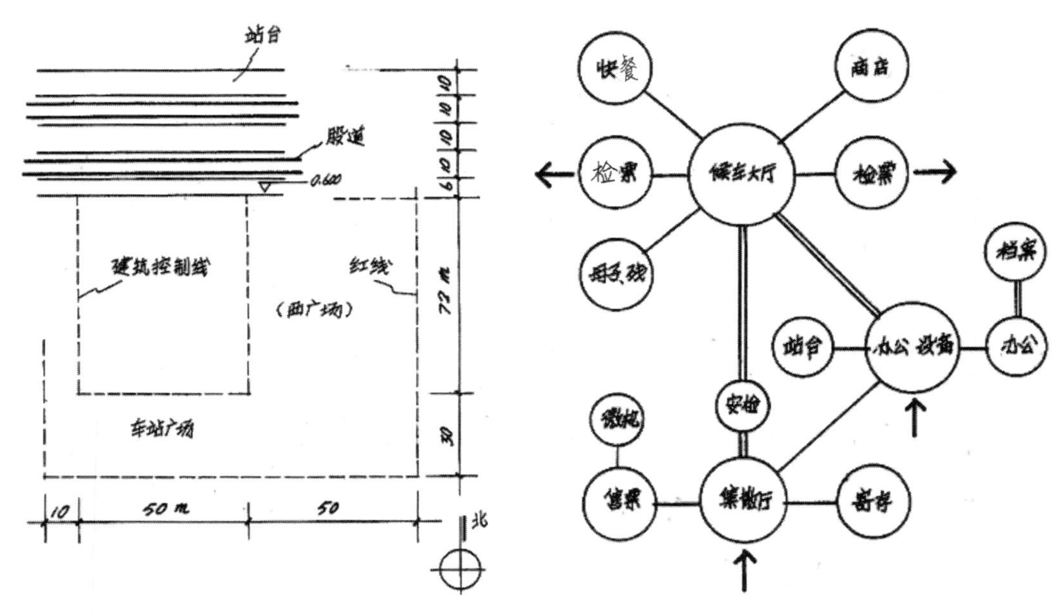

附图 7–1　总平面图　　　　附图 7–2　功能关系图

一层房间功能及要求　　　　附表 7–1

层	分区	房间名称	面积（m²）	数量	备注
一层	集散区	集散厅	900	1	含问询台 1，取票机 2，ATM1，安检机 1
		售票室	120	1	设 4 个售票窗口，不在集散厅开门
		退票、站台票	45	1	

续表

层	分区	房间名称	面积（m^2）	数量	备注
一层	集散区	票据室	45	1	
		微机室	40	1	
		广播室	20	1	
		小件寄存	100	1	内附库房 $20m^2$
		公安	30	1	
		值班	30	1	
		卫生间	60	1	男、女各 1 间
	办公设备区	站长室	60	1	
		会议室	120	1	
		客运室	210	1	
		计划室	210	1	
		通讯室	210	1	
		电源室	105	1	
		运转室	105	1	
		值班室	120	2	
		办公	120	1	内含档案室 $40m^2$
		库房	100	4	
		走道、楼梯、卫生间	450		
	总计		3200		

二层房间功能及要求　　**附表 7-2**

层	分区	房间名称	面积（m^2）	数量	备注
二层		候车厅	2465	1	
		检票口	360	6	检票机后应设门
		检票员休息室	80	2	应邻近检票口布置
		母婴候车室	40	1	
		残障候车室	40	1	
		商店	240	4	
		快餐	150	1	内含制作间 $40m^2$
		公安	60	1	
		问询	30	1	
		盥洗卫生间	150	2	每间含洗脸池≥ 6m，并且有男 1 女 1，有残位
		卫生间	60	1	男卫 1、女卫 1
		报刊	30	1	
	总计		3705		

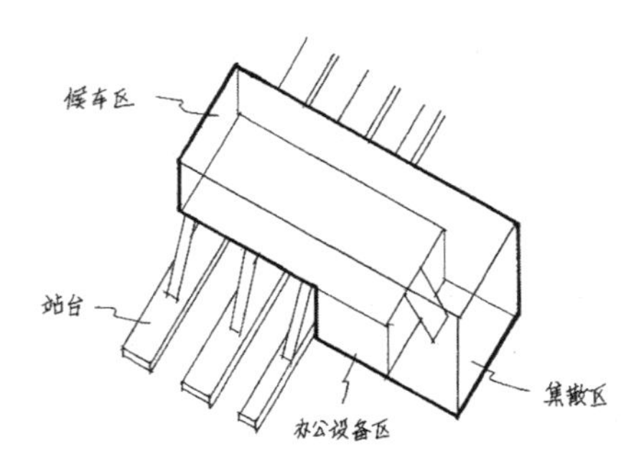

附图 7–3　小火车站透视图

二、参考答案（附图 7–4 ~附图 7–6）

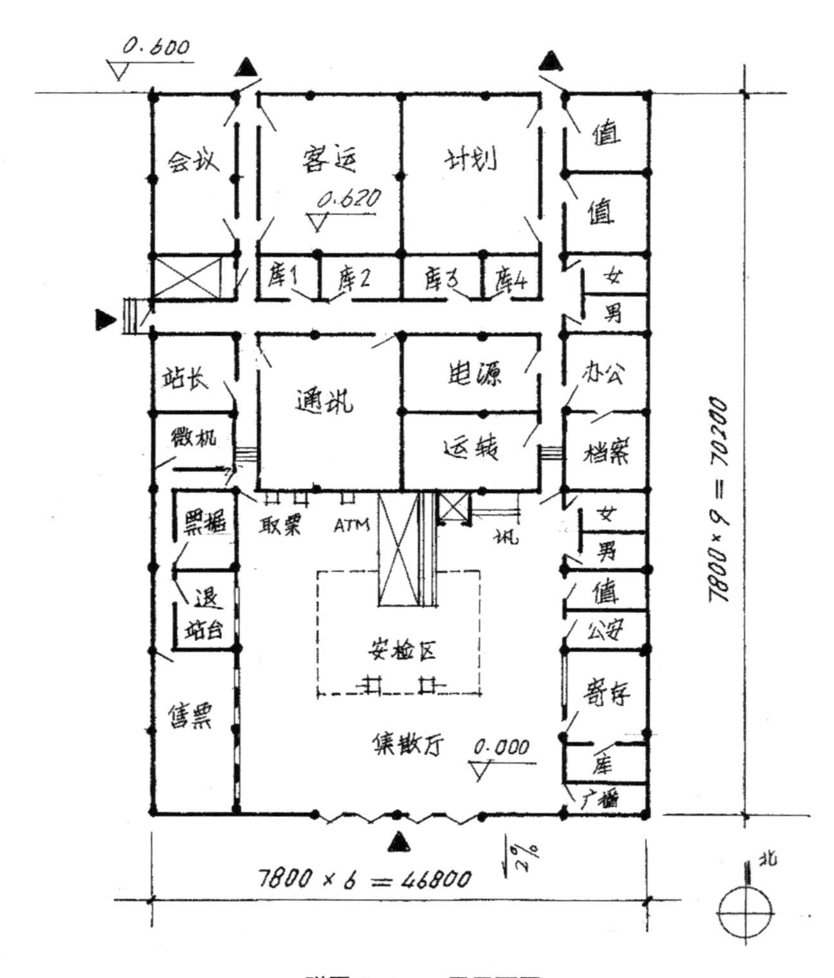

附图 7–4　一层平面图

一层建筑面积：3285m²　总建筑面积：7010m²

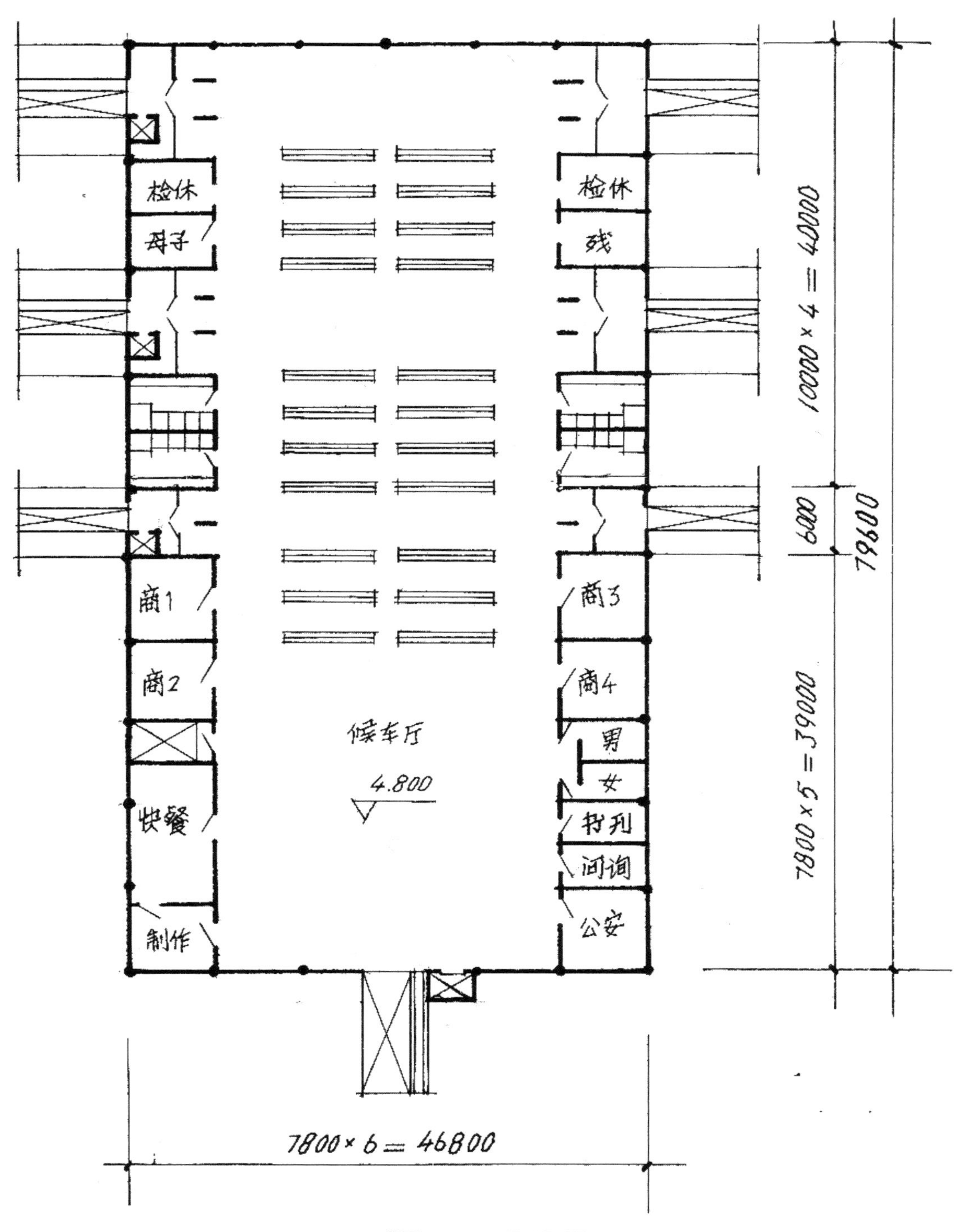

附图 7–5 二层平面图

建筑面积：3725m²

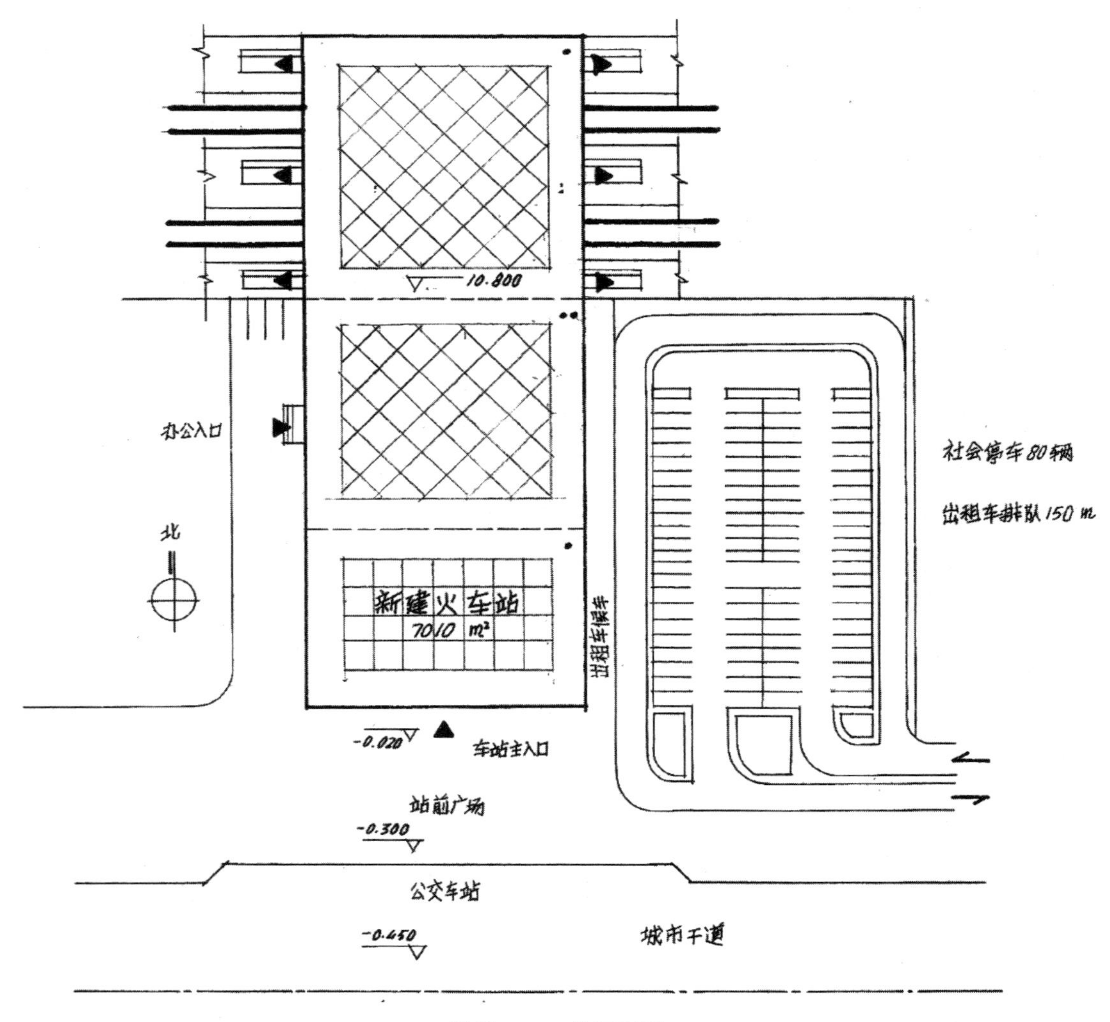

附图 7–6　总平面图

课堂作业八：某客运码头方案设计

一、试题要求

设计要求

码头用地如附图 8-1 所示，有采光要求（行李房、卫生间除外），停车场小车 70 辆，大车 3 辆，层高 5.8m。功能关系图（附图 8-2），房间功能及面积要求（附表 8-1）。

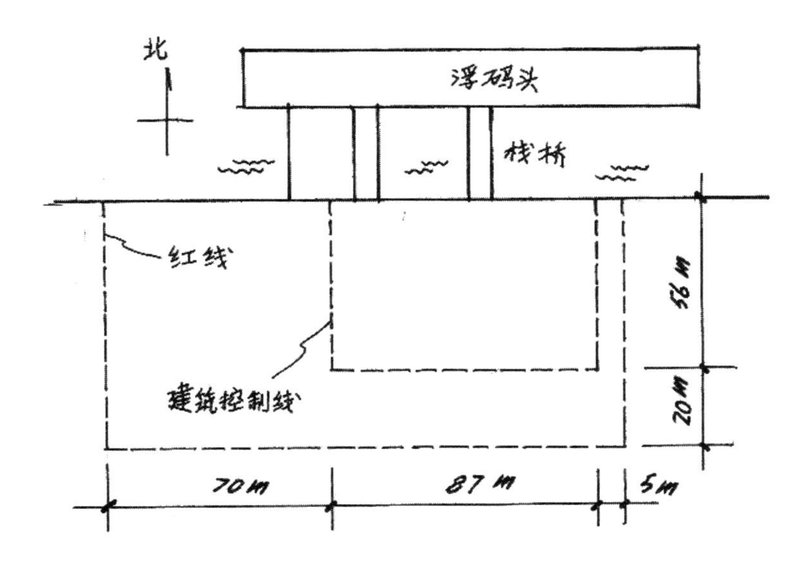

附图 8–1　总平面图

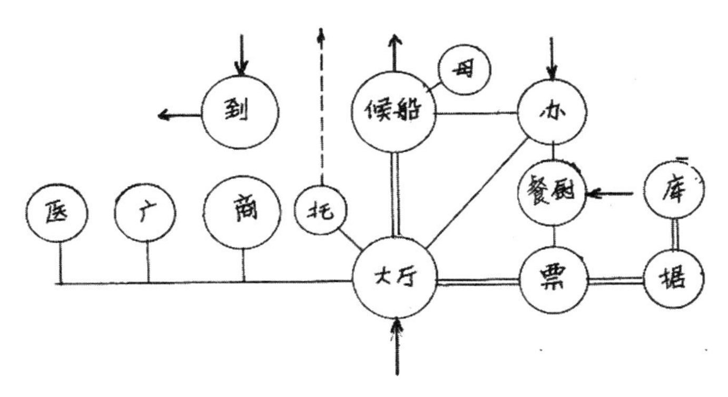

附图 8–2　功能关系图

房间功能及面积要求　　附表 8–1

功能分区	房间名称	面积（m^2）	备注
旅客大厅	* 大厅	1070	设安检通道 2 个
售票区	售票室	220	含售票 100m^2，票据 60m^2，库 60m^2
服务区 420m^2	* 商店	180	
	托运	60	有传送带至码头
	医务	30	
	广播	30	
	公厕	60	男、女、残卫各 1 间
	值班	60	
管理区 800m^2	办公	105	3 间
	* 餐厅	300	其中厨房 120m^2（内含男女更衣）

续表

功能分区	房间名称	面积（m^2）	备注
管理区 $800m^2$	会议	110	
	检票	90	
	值班	65	
	站长	65	
	卫生间	65	
候船区 $970m^2$	* 候船厅	760	设检票口 2 个
	母子	90	含女厕 $40m^2$
	安检	20	
	公安	40	
	公厕	60	
到达区 $330m^2$	到达厅	210	
	行李	60	
	检票	60	
其他	交通面积	400	
总建筑面积		4210	

二、设计分析

1. 平面布置（附图 8-3）

因有采光要求，先将控制线内面积用足。

$\frac{87}{7.8}=11.15$，取 11，$\frac{56}{7.8}=7.18$，取 7。

$7\times11\times(7.8\times7.8)=4685m^2$，需挖天井 $4685-4210=475m^2$。

$\frac{476}{60}=7.9$取 8 格。

（按 ±10% 要求，本例尚可取 8×9，8×10，9×9，但限于南北向用地所限，最大只能选 7）

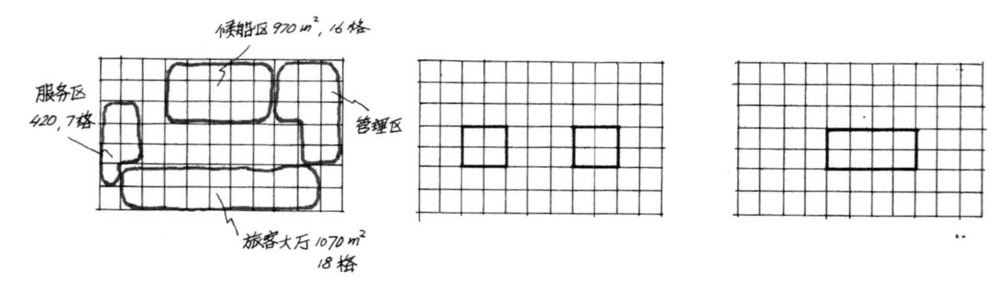

附图 8–3　平面布置

2. 小草图（附图 8-4）

将走道面积分配给各功能区。

分配系数 $K=\dfrac{400}{4210-400}=0.105$

旅客大厅 1070×1.105=1182，20 格；

售票区 220×1.105=243，4 格；

服务区 420×1.105=464，8 格；

管理区 800×1.105=884，15 格；

候船区 970×1.105=1072，18 格；

到达区 330×1.105=365，6 格。

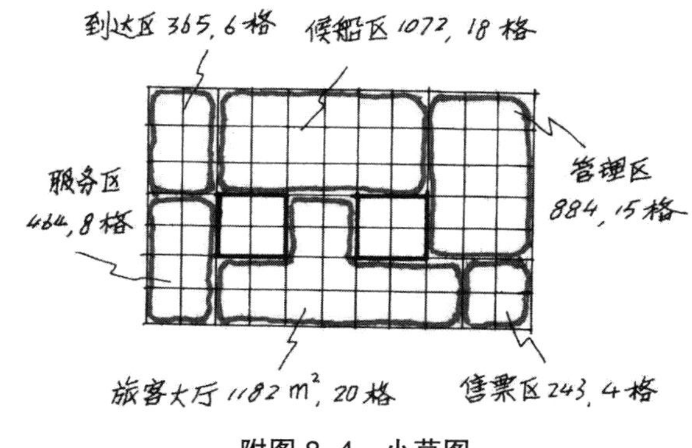

附图 8-4 小草图

三、参考答案（附图 8-5，附图 8-6）

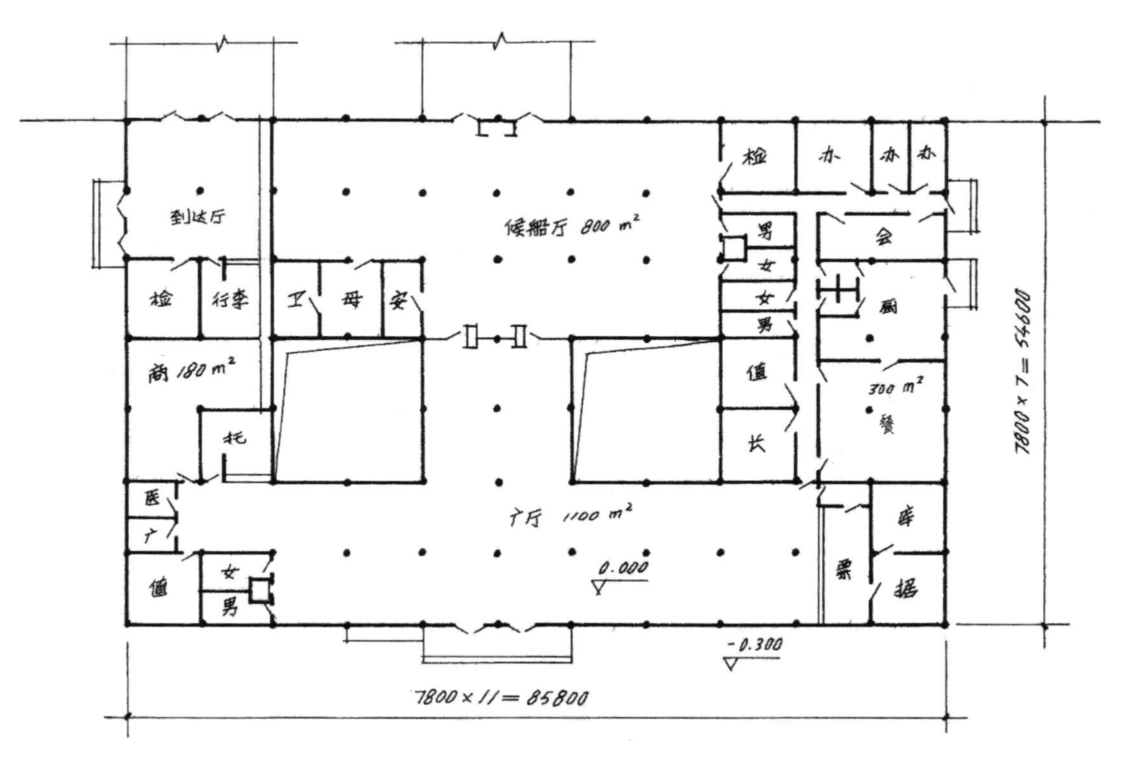

附图 8-5 平面图

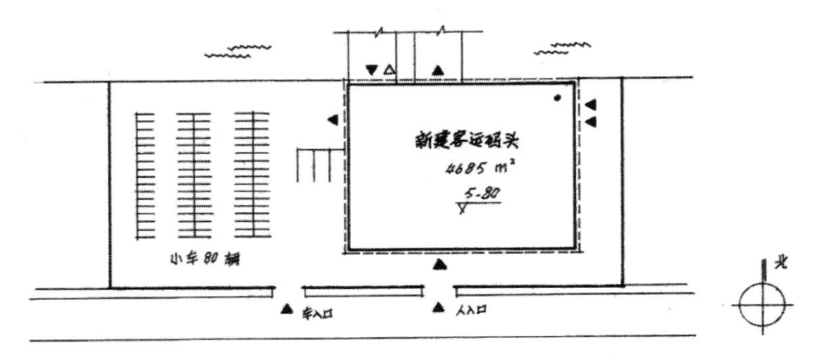

附图 8-6　总平面图

课堂作业九：老年公寓综合服务楼方案设计（绘制小草图）

1. 老年公寓综合服务楼是一栋二层建筑(附图 9-1)，一层为体检中心，二层为老年大学，每层房间功能及面积要求见附表 9-1、附表 9-2。

2. 综合服务楼为老年公寓内居住的老人服务，一、二层都要求与老年公寓以走廊相连。

3. 除库房、胸透室外的所有房间，均要求自然采光和通风。

4. 除楼梯布置应满足防火、疏散要求外，另要求布置 2 部电梯。

5. 楼梯间开间不小于 3.3m，走道宽不小于 2.0m。

6. 应符合无障碍设计要求。

7. 主入口由南面进入。

功能关系图（附图 9-2）、小草图（附图 9-3）。

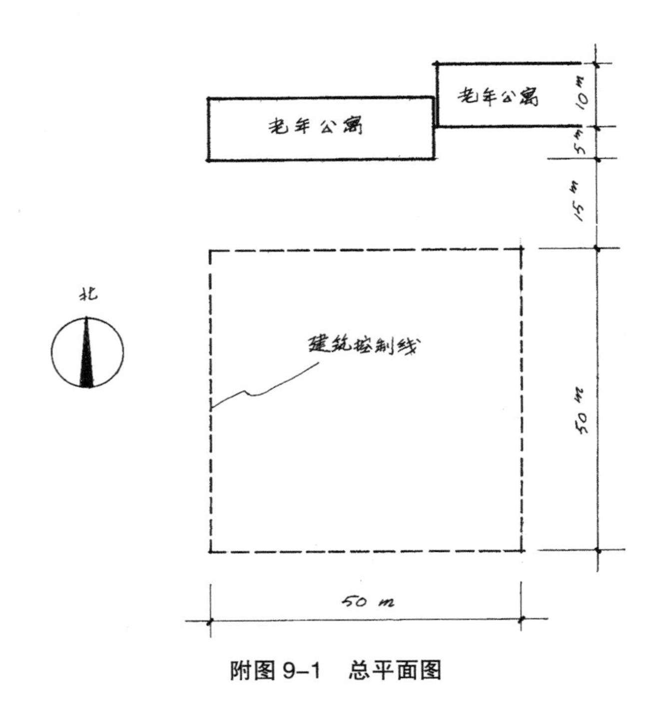

附图 9-1　总平面图

一层房间功能及面积要求 附表 9-1

房间名称	单间面积（m^2）	间数	共计面积（m^2）	备注
体检门厅		1	80	
老年大学门厅		1	45	可由体检门厅进入，也有单独入口
内科		1	60	
外科		1	60	
眼科		1	45	
耳鼻喉		1	45	
口腔		1	60	
放射科		1	120	
B 超		1	120	
心电图		1	60	
心血管		1	45	相邻心电图室
内分泌		1	60	
输液、注射		1	90	
办公室	30	5	150	
医档室		1	60	
休息厅	45	2	90	应分散二处布置
卫生间	40	2	80	每处分设男、女、残卫
库房	35	3	105	
楼梯、走道			572	
一层共计			1947	

二层房间功能及面积要求 附表 9-2

房间名称	单间面积（m^2）	间数	共计面积（m^2）	备注
多功能教室		1	200	兼作舞蹈教室
书法教室		1	90	
绘画教室		1	120	
音乐		1	80	
戏曲		1	80	
电脑		1	100	
园艺		1	60	
烹饪		1	90	
办公室	30	6	180	
休息厅	45	2	90	应分散二处布置
小卖部		1	45	
茶室		1	80	
库房		1	35	
卫生间	40	2	80	每处分设男、女、残卫
楼梯、走道			617	
二层共计			1947	

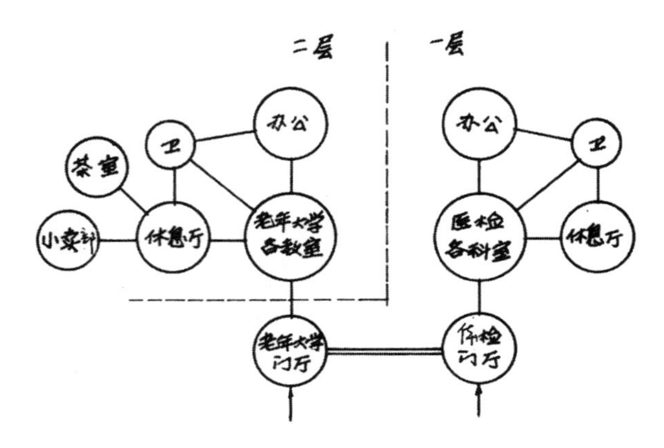

附图 9–2　综合服务楼功能关系图

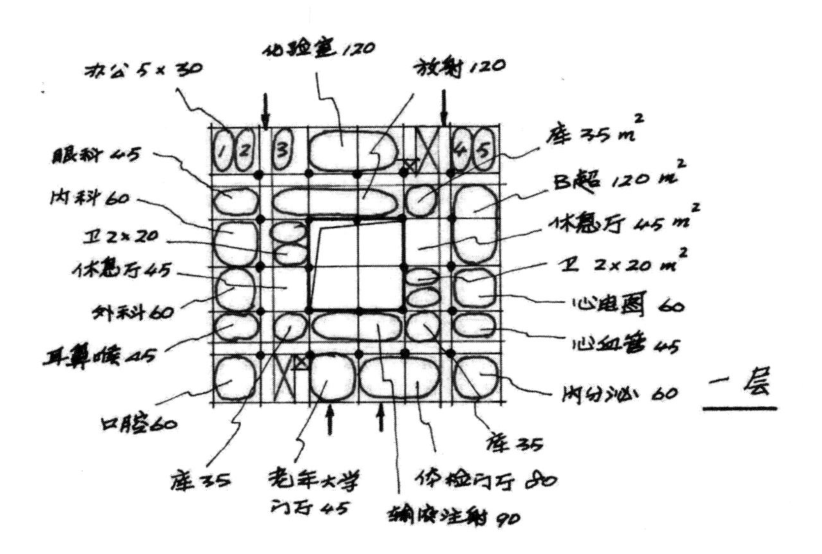

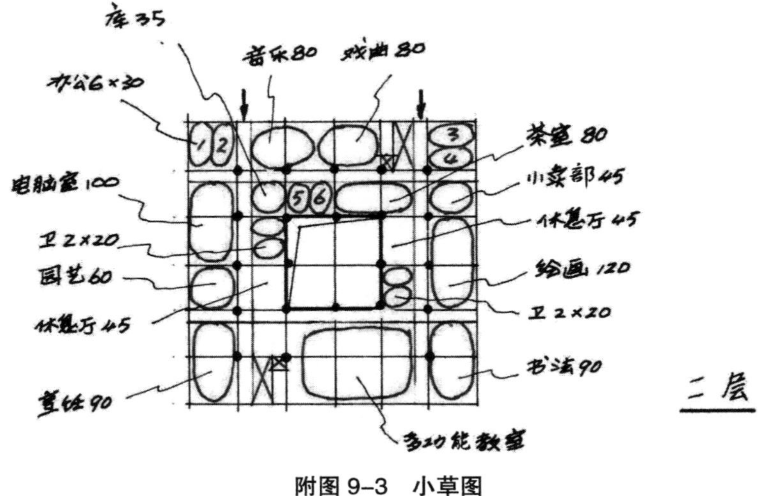

附图 9–3　小草图

课堂作业十：电视演播中心概念设计

1. 服务区：厅、寄存室、警卫室、卫生间。

2. 演播区：演播室（舞台、观众席、导演、光、声）摄像机存放、中心机房、办公室、会议室、道具室。

3. 演员区：化妆间、服装间、候播间、排练间、休息室、卫生间。

4. 录音区：录音室、声闸、控制室、候录间、库房间、备稿间、办公间、卫生间。

5. 辅助用房：空调间、变电间、消防间。

作业要求：编制房间表和功能关系图。

作业条件：走道宽 2.8m。

平面设计图如附图 10-1 所示。

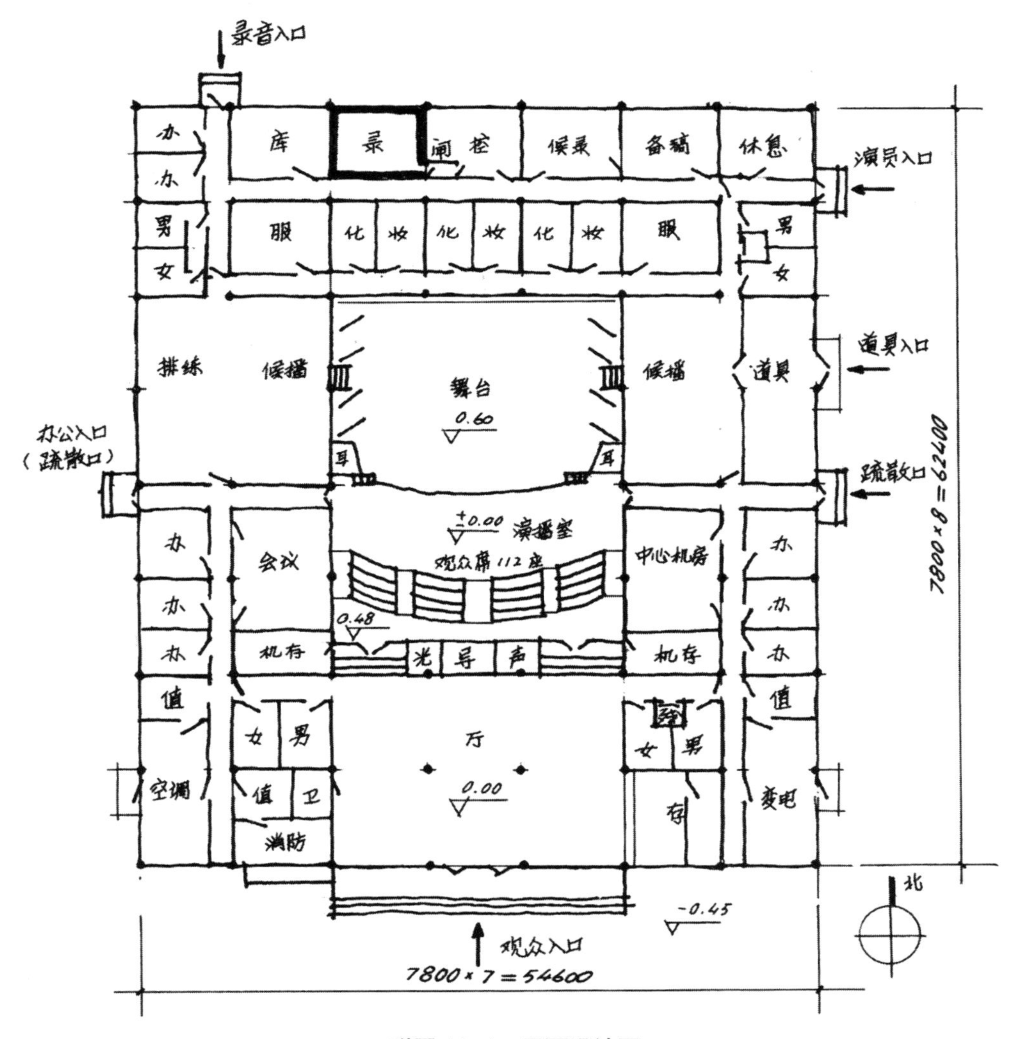

附图 10-1　平面设计图

课堂作业十一：幼儿园（二层）方案设计（绘制小草图、大草图）

设计要求

1. 幼儿卧室和活动室需朝阳（单侧采光进深不宜大于 6.6m）。

2. 走道宽 1.8m。一、二层层高均为 3.6m，室内外高差 0.3m。

3. 厨房应自成一区，并与儿童的活动用房有一定距离。

总平面图如附图 11-1 所示，一层功能关系图如附图 11-2 所示，一层建筑面积要求见附表 11-1，二层建筑面积及要求见附表 11-2，二层功能关系图如附图 11-3 所示。

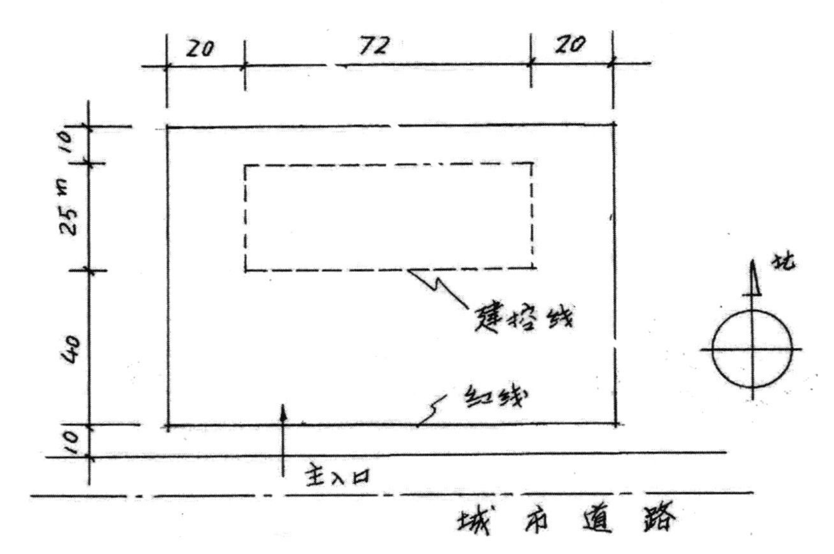

附图 11-1 总平面图

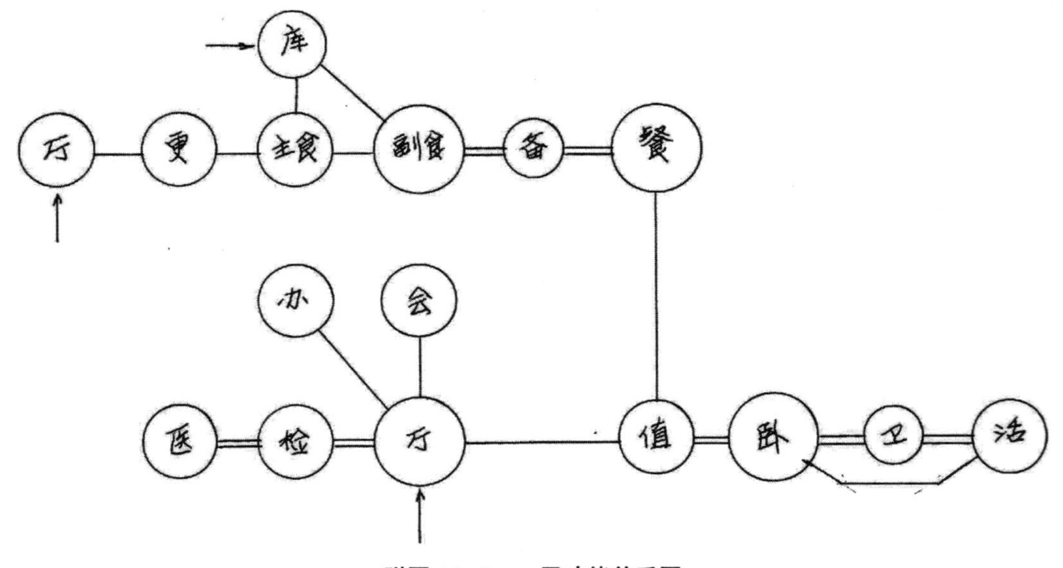

附图 11-2 一层功能关系图

一层建筑面积要求 **附表 11–1**

功能区	房间名称	面积（m^2）	间数	备注
使用区 $550m^2$	活动室	50	1	每班一组，大、中、小 3 个班，面积 $140\times3=420m^2$
	卧室	70	1	
	卧室卫生间	20	1	
	值班室	100	2	
	公共卫生间	30	2	
管理区 $166m^2$	门厅	60	1	
	晨检	30	1	
	医务	20	1	
	会计	14	1	
	办公	14	1	
	厕所	28	1	含男卫生间 $9m^2$，女卫生间 $9m^2$，残疾人卫生间 $5m^2$，清洁间 $5m^2$
后勤区 $244m^2$	门厅	10	1	
	更衣	20	1	
	主食	30	1	
	副食	60	1	
	备餐	15	1	
	餐厅	50	1	
	冷库	5	1	
	库房	20	1	
	开水间	8	1	
	洗衣房	14	1	
	消毒室	12	1	
其他	$210m^2$			
建筑面积合计：$1170m^2$（设计时允许误差 ±10% 以内）				

二层建筑面积及要求　　附表 11-2

功能区	房间名称	面积（m^2）	间数	备注
使用区 455m^2	活动室	50	1	
	卧室	70	1	
	卧室卫生间	20	1	
	值班室	30	1	
	教室	120	1	
	大活动室	120	1	
	公共卫生间	30	1	仅女用，内含卫生间 4m^2
	教具室	15	1	
行政区 380m^2	园长室	45	1	
	教师室	60	2	每间 30m^2
	储藏室	35	1	
	多功能室	240	1	
其他	走道、楼梯 160m^2			
建筑面积合计：995m^2（允许误差 ±10% 以内）				

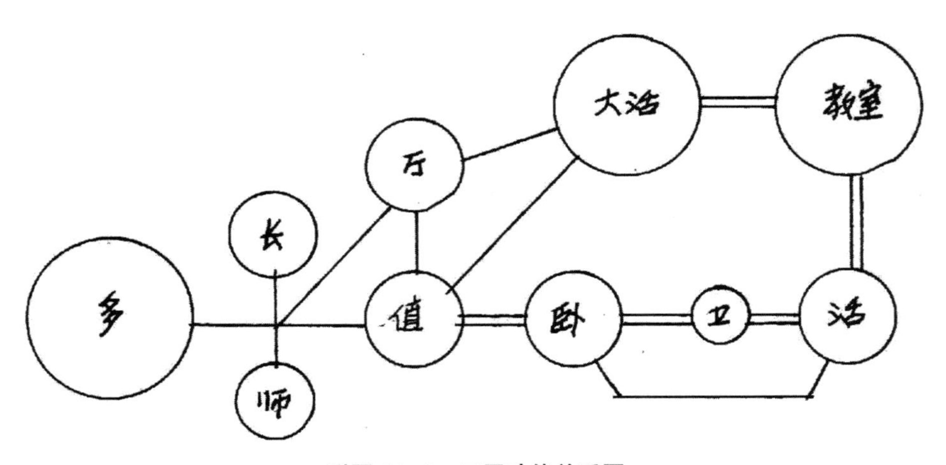

附图 11-3　二层功能关系图

参考答案（附图 11-4、附图 11-5）

选 7.8^m × 7.8^m 柱网，共需 $\frac{1170}{60}$ = 20 格

分配系数 $K \leqslant \frac{210}{1170-210} = 0.22$

使用区　550 × 1.22 = 671 m^2，11 格

管理区　166 × 1.22 = 203 m^2，4 格

后勤区　244 × 1.22 = 298 m^2，5 格

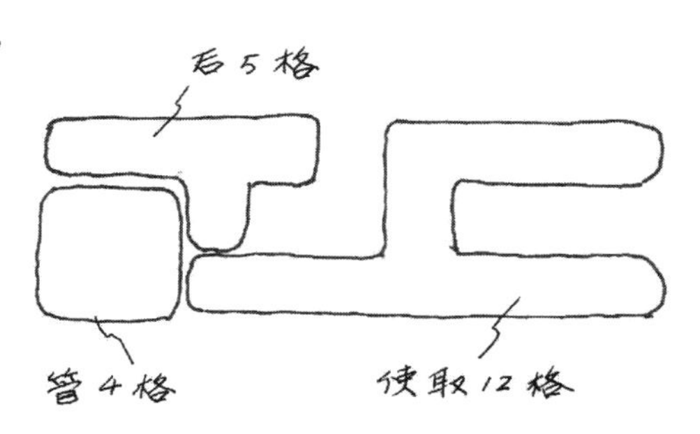

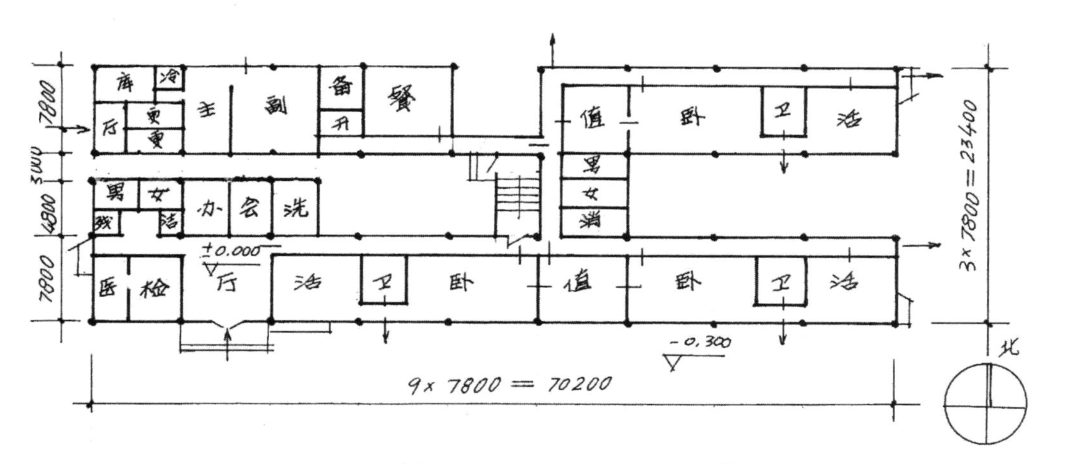

附图 11-4　一层平面图 1221m^2

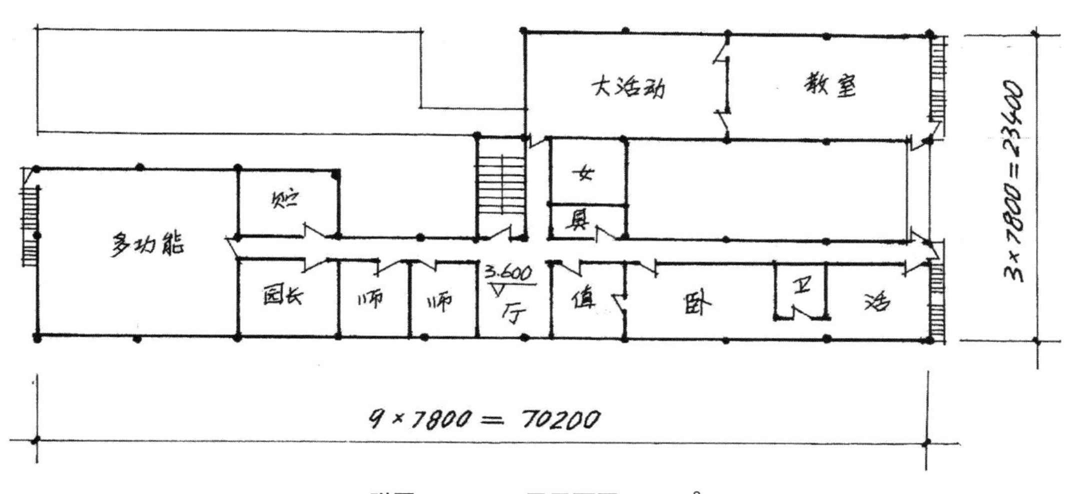

附图 11-5　二层平面图 990m^2

课堂作业十二：急救中心方案设计

试设计二层急救中心（$6726m^2$），绘制急救中心方案设计的小草图和大草图。用地总平面图和功能关系图如附图 12-1、附图 12-2 所示。房间功能及面积要求见附表 12-1、附表 12-2。

设计要求：

1. 功能分区明确、医、患、办公流线清晰、互不交叉。

2. 功能房间尽可能布置能够采光（厕所、库房、护士站、药房、化验室、X 光用房等可除外）。

3. 抢救区走廊宽不小于 2.7m，办公区走廊宽不小于 2.1m。

4. 楼梯间宽度不小于 3.6m。

5. 层高：首层 4.5m，二层 4.2m，室内外高差 0.15m。

6. 在总平面图中布置车库一座。车库要求能停放 6 辆急救车（每辆长 5680mm，宽 2000mm，高 2615mm）和驾驶员休息室 1 间（$30m^2$），汽车洗消间 1 间（$30m^2$）。车库要进出车方便，并不少于 2 个出口。

主入口从城市次干道进入。布置停车场：社会小车 30 辆，内部小车 15 辆。

7. 适当布置绿化。

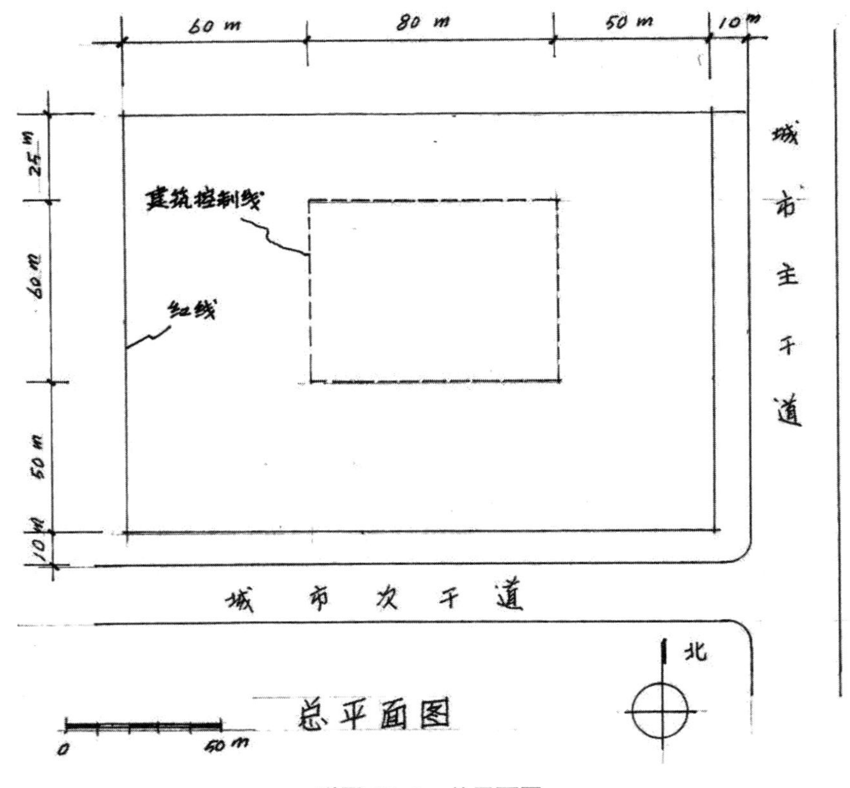

附图 12–1　总平面图

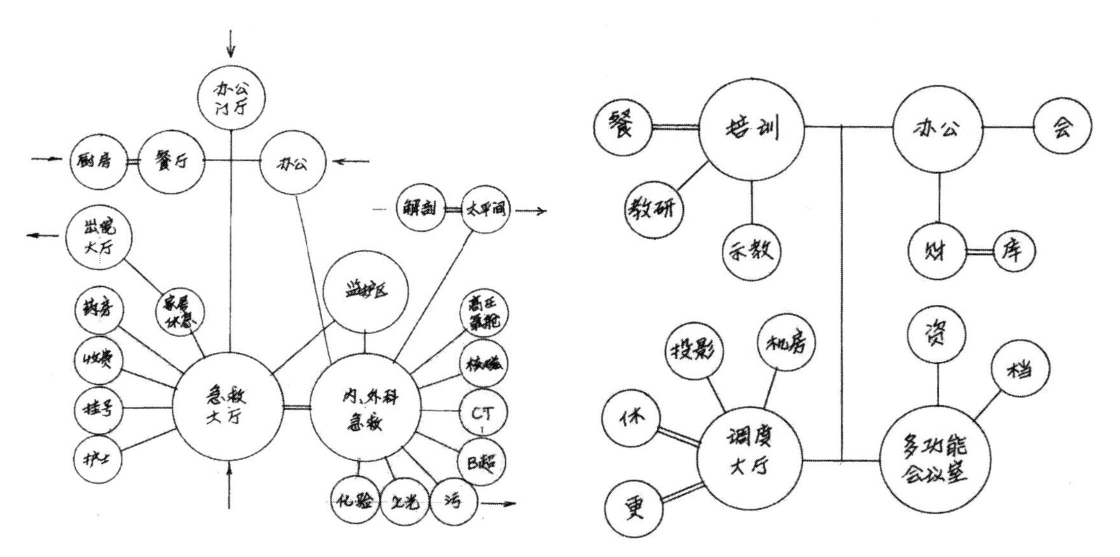

附图 12–2　一、二层功能关系图

一层房间功能及面积要求　　附表 12–1

功能分区	房间名称	建筑面积（m^2）	间数	备注
公共用房区 437m^2	* 急救大厅	220	1	救护车可驶入
	挂号	15	1	
	药房	35	1	
	收费	22	1	
	休息室	60	1	
	护士值班室	25	1	
	出院大厅	60	1	
急救区 760m^2	* 内科急救	90	3	急救 45m^2，手术室 30m^2，准备室 15m^2，三者应当相邻
	* 外科急救	240	6	急救 60×2，手术室 40×2，准备室 20×2，三者应当相邻
	化验室	60	1	
	CT	60	1	
	B 超	60	1	
	X 光	40	1	拍片 25m^2，控制室 15m^2
	高压氧舱	40	1	
	办公室	20	1	
	污物间	20	1	要有直接开向院中的门
	核磁共振	80	1	主机室 40，控制室 20，计算机室 20
	卫生间	50	3	男 20m^2，女 20m^2，清洗间 20m^2

续表

功能分区	房间名称	建筑面积（m^2）	间数	备注
监护区 240m^2	观察室	120	6	
	护士站	40	1	
	治疗室	20	1	
	药房	20	1	
	输液	20	1	
	医生值班	20	1	
办公区 430m^2	办公门厅	100	1	
	大办公室	120	4	
	小办公室	80	4	
	会议室	90	1	
	卫生间	40	2	男、女各 1 间
后勤区 570m^2	后勤门厅	30	1	
	厨房	210	2	其中更衣、淋浴、厕所共 30m^2，操作间 120m^2
	餐厅	300	1	
	库房	30	1	
其他 1060m^2	交通面积	980		
	太平间	80	2	其中解剖室 40m^2，停尸房 40m^2
本层建筑面积：3497m^2				
（允许层面积误差 ±10%，即 3147 ~ 3847m^2）				

二层房间功能及面积要求 **附表 12-2**

功能分区	房间名称	建筑面积（m^2）	间数	备注
指挥调度区 1250m^2	* 调度大厅	350	3	其中大厅 240m^2，更衣区 50m^2，休息区 60m^2，要能看到院中车库
	* 多功能指挥会议室	360	1	
	投影室	120	1	
	程控机房	60	1	
	配线室	40	1	
	维修用房	20	1	
	档案室	40	1	
	资料室	80	1	
	库房	100	3	
	垃圾间	20	1	设垃圾电梯 1 部
	卫生间	60	3	男 1 女 1，清洁间 5m^2

续表

功能分区	房间名称	建筑面积（m^2）	间数	备注
培训区 $645m^2$	* 培训室	240	1	
	* 餐厅	225	1	设食梯 1 部
	教研室	60	2	
	卫生间	60	2	男、女各 1 间
	示教室	60	1	
办公区 $330m^2$	专业办公室	60	3	
	办公室	40	2	
	资料室	40	1	
	主任室	30	1	
	财务室	30	1	含 $10m^2$ 库房
	会议室	90	1	
	卫生间	40	2	男、女各 1 间
其他交通面积		1004		
本层建筑面积：$3229m^2$				

一、设计分析

1. 选柱网 $7.8m \times 7.8m$

2. 将地块用足

$\frac{80}{7.8}=10.3$ 取 10，$\frac{60}{7.8}=7.7$ 取 7

3. 挖天井（附图 12-3）

$(7 \times 10 \times 60.84)-3497=762m^2$

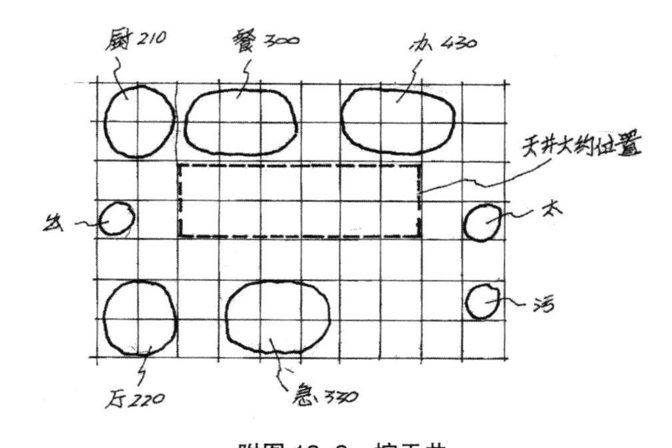

附图 12-3　挖天井

4. 分配系数

一层：$K=\dfrac{1060}{3497-1060}=0.43$

二层：$K=\dfrac{1004}{3229-1004}=0.45$

5. 绘制小草图（附图 12-4）

一层：

公共区：$437 \times 1.43=625m^2$，10 格。

急救区：$760 \times 1.43=1087m^2$，18 格。

监护区：$240 \times 1.43=343m^2$，6 格。

办公区：$430 \times 1.43=615m^2$，10 格。

后勤区：$570 \times 1.43=815m^2$，14 格。

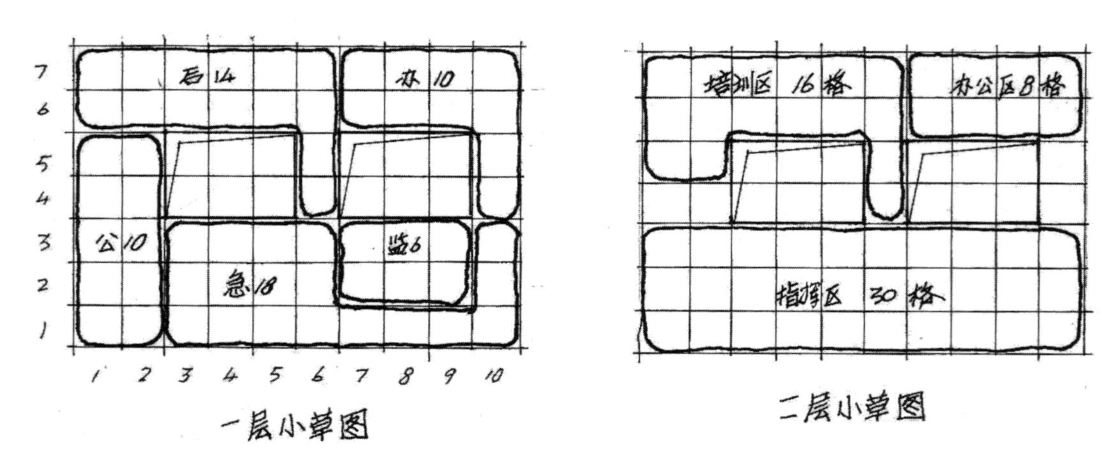

附图 12-4　小草图

共 3485m²，58 格。

二层：建筑面积：78 × 54.6=4259m²，4259−730−（3497−3229）=3261m² 尚有 54 格。

指挥区：1250 × 1.45=1813m²，30 格。

培训区：645 × 1.45=935m²，16 格。

办公区：330 × 1.45=479m²，8 格。

6. 绘制大草图（附图 12-5、附图 12-6）

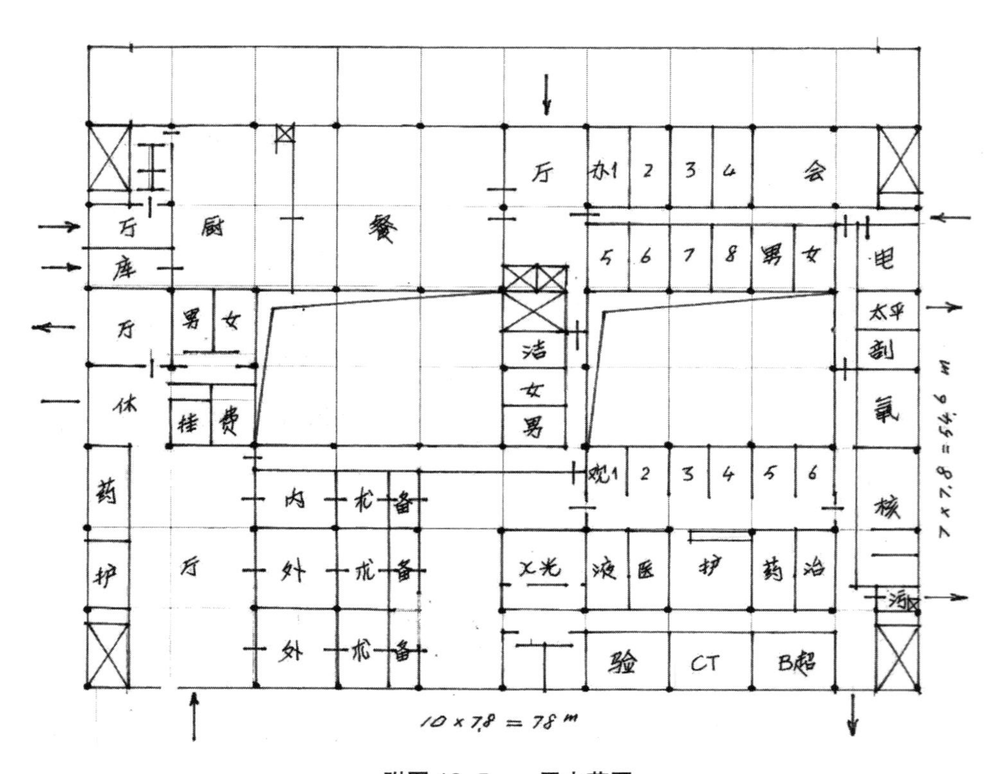

附图 12-5　一层大草图

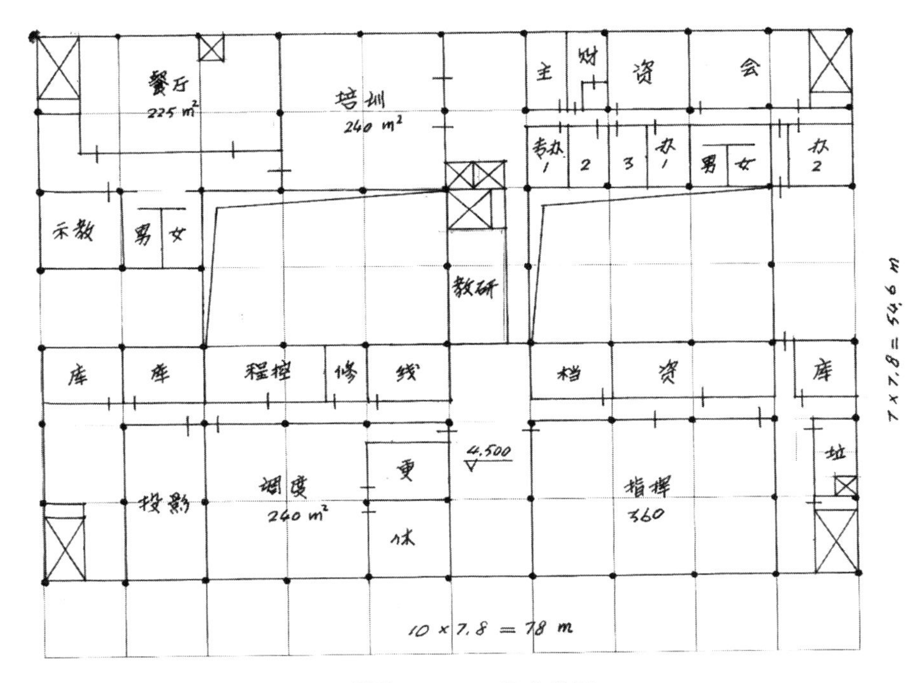

附图 12-6　二层大草图

二、参考答案（附图 12-7 ~附图 12-9）

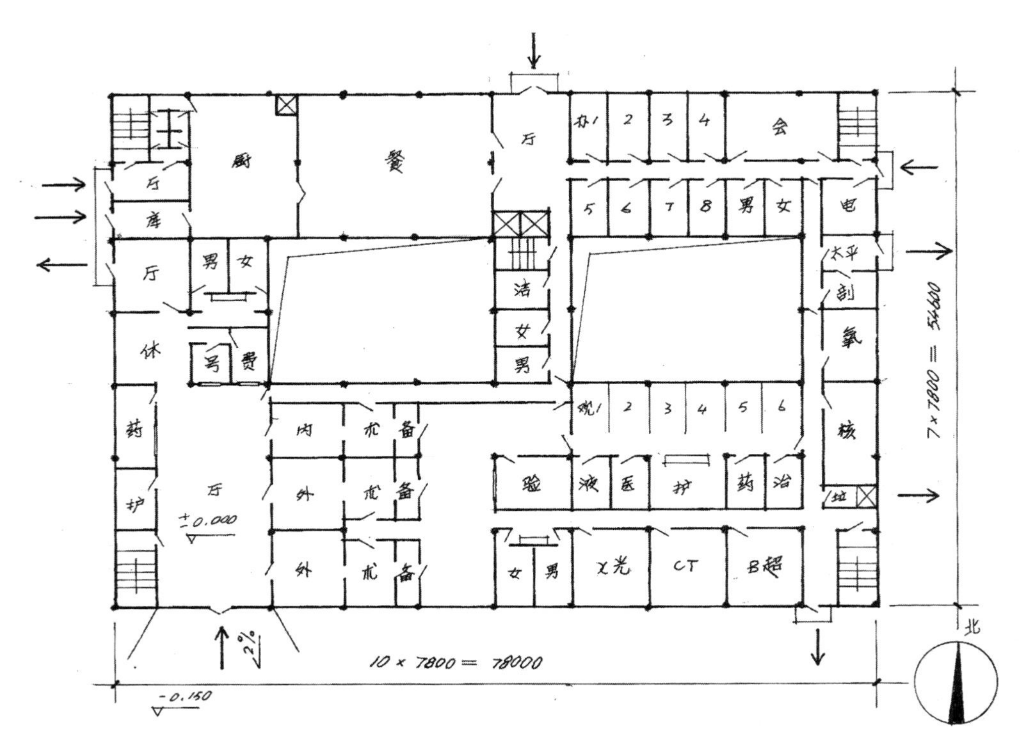

附图 12-7　一层平面图

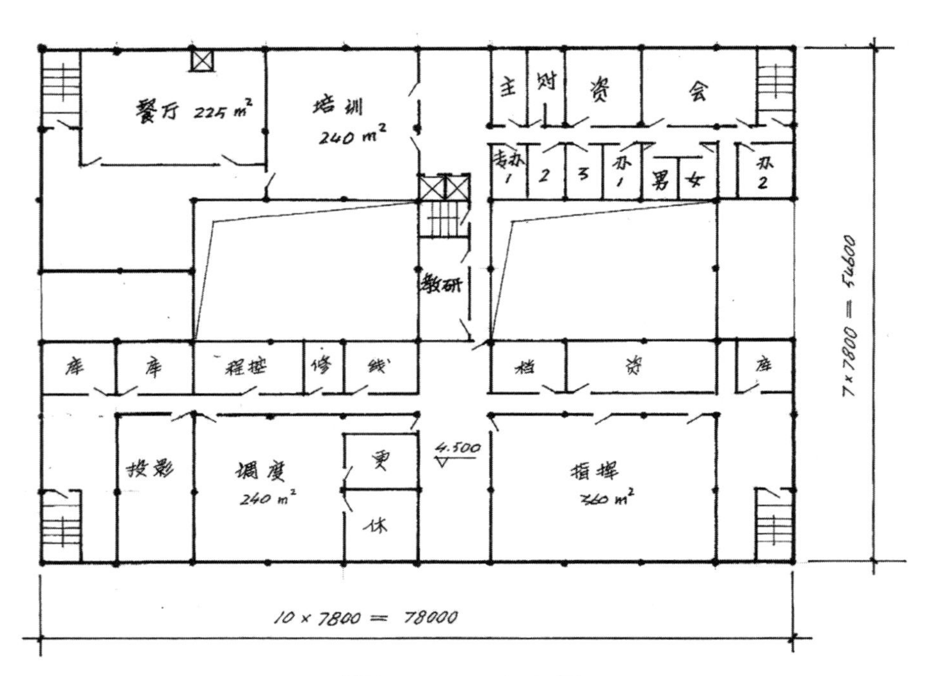

附图 12-8　二层平面图

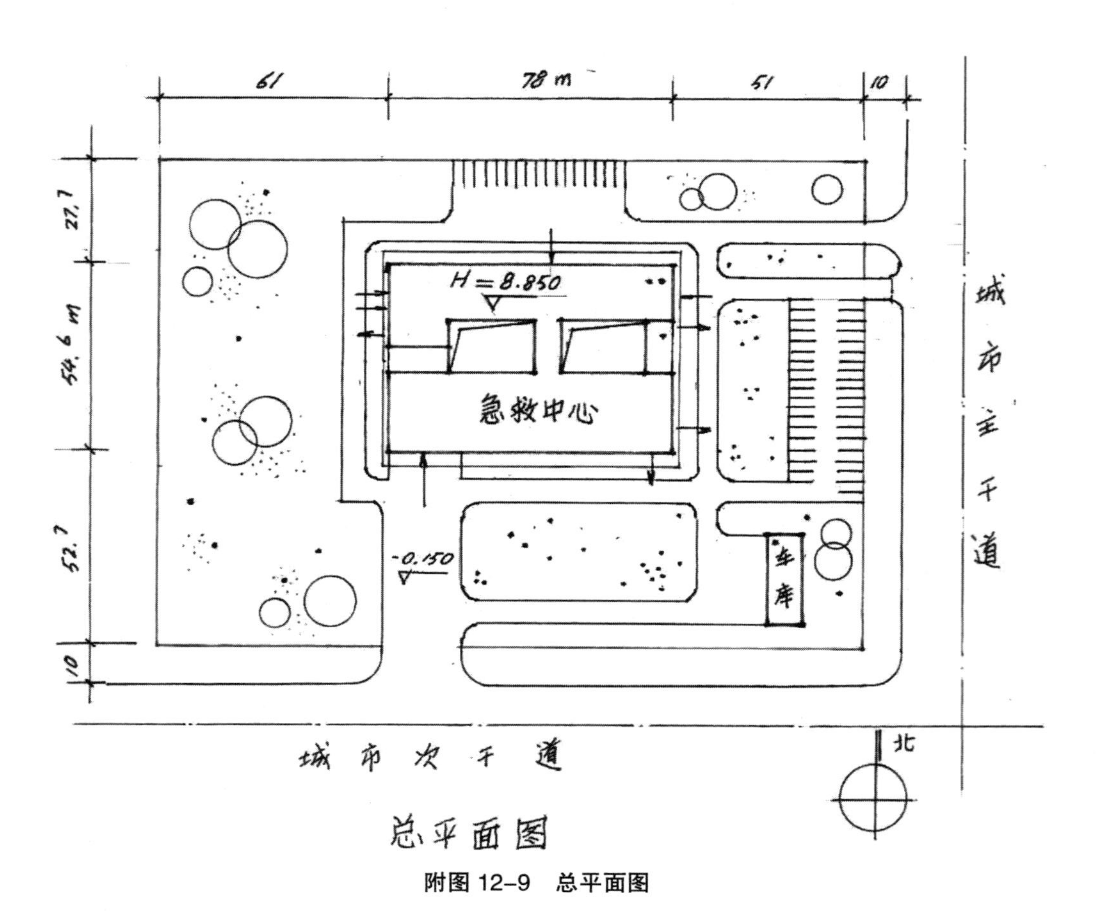

附图 12-9　总平面图

课堂作业十三：支线航空港候机厅方案设计

设计说明：单层、框架结构、无采光。

各区用房面积及要求见附表 13-1。功能关系图如附图 13-1 所示。柱网图如附图 13-2 所示。

各区用房面积及要求　　表 13-1

功能区	房间名称	面积（m^2）	数量	备注
公共区 $1423m^2$	大厅	1000	1	设休息座席 50 座（每座宽 600mm），打包机占地 $6m^2$
	值机	70	1	服务台长不小于 12m
	行李房	180	1	紧邻停机坪，由值机通过地下皮带廊传送，含休息室 $20m^2$
	值机经理	13	1	
	警务室	30	1	
	厕所	130	1	男 $62m^2$，女 $62m^2$，残 $6m^2$
安检区 $224m^2$	安检口	160	1	由 4 条安检通道组成，每条通道 4.5m × 9m
	检查室	24	2	每间 $12m^2$
	休息室	40	1	
候机区 $2510m^2$	候机厅	1200	1	设候机座席 200 座（每座宽 600mm）
	快餐厅	320	1	含备餐 $80m^2$
	土特产店	160	1	
	书店	80	1	
	贵宾休息	80	1	含服务间 $15m^2$
	母婴室	100	1	含 $9m^2$ 卫生间，可直接检票入登机廊
	登机廊	280	1	宽不小于 4.5m
	休息室	110	3	$80m^2$ 在安检附近，$20m^2$ 在检票口附近，$10m^2$ 在卫生间附近
	厕所	180	3	$80m^2$ 各 1 处，男、女各半，残位 1 处 $20m^2$ 邻厕所
其他：走道　$370m^2$				
总计：$4527m^2$（允许误差 ±5%）				

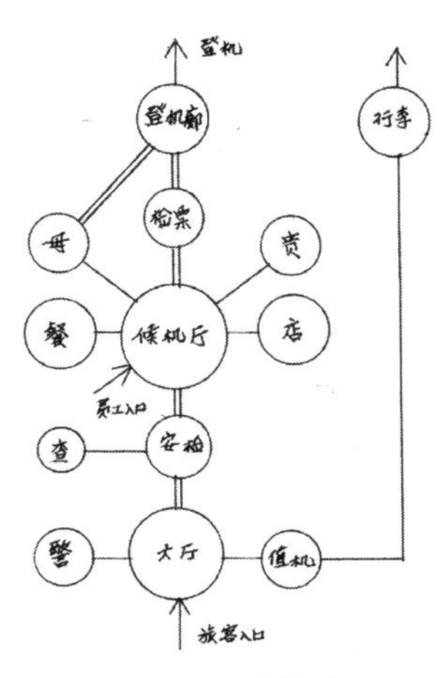

附图 13-1　功能关系图

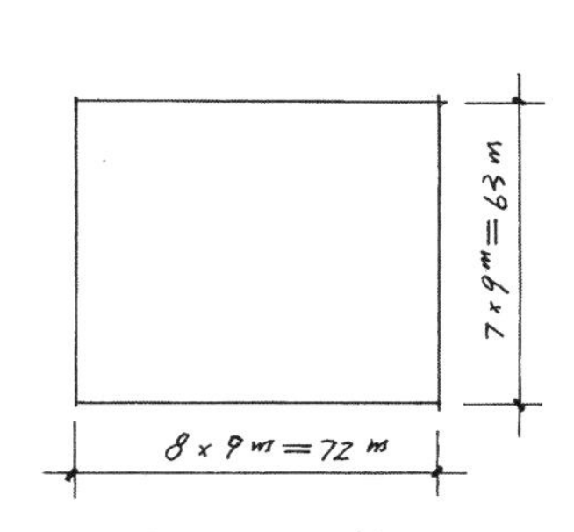

附图 13-2　柱网图

参考答案（附图 13–3）

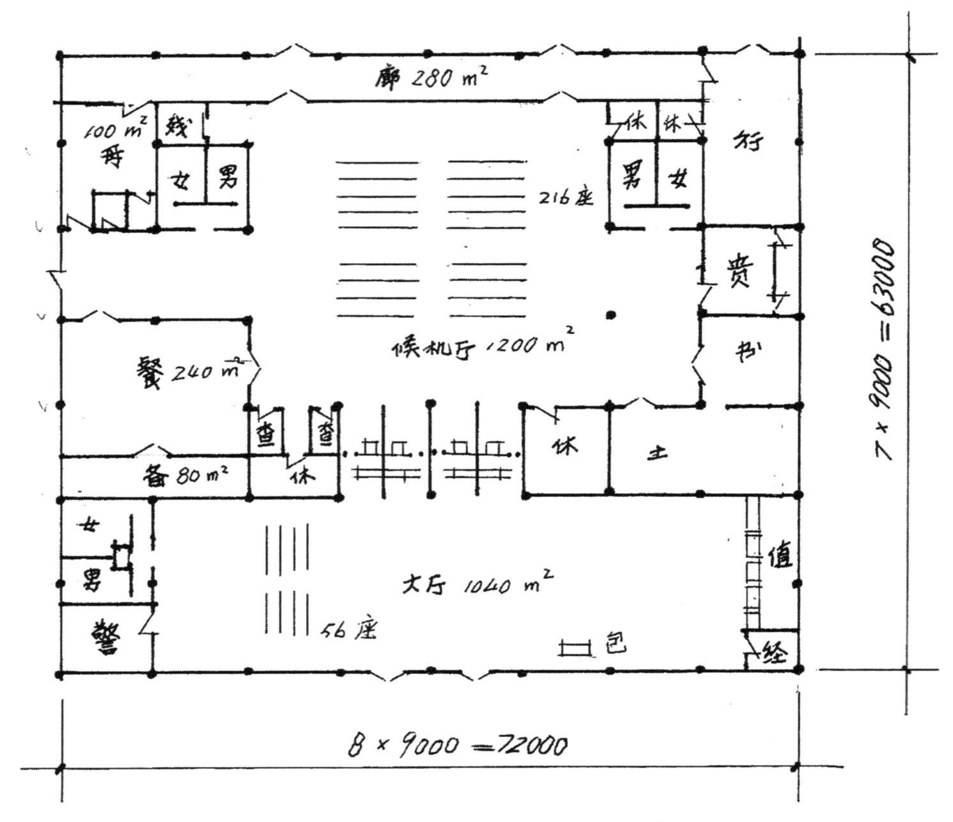

附图 13–3　候机厅平面图 4536m²

课堂作业十四：遗址博物馆方案设计

博物馆为地上二层，钢筋混凝土框架结构，一层层高 6m，二层层高 4.5m（局部报告厅层高 5m）。遗址展厅、序厅、门厅均为两层通高。室内外高差 0.3m。

建议柱网 8m × 8m。

所有房间均要求自然采光（遗址厅与寄存处除外）。

除要求外，合理布置楼梯、电梯和无障碍设施。

观众走道宽不小于 3m，其他自定。

采光井可以布置成内庭花园，供休憩和通过。

博物馆设自动灭火系统，依需要设防火分区。

观众由南侧进入，职工由北侧进入。

功能关系图如附图 14-1 所示，场地建筑控制线如附图 14-2 所示，各层用房面积及要求见附表 14-1。

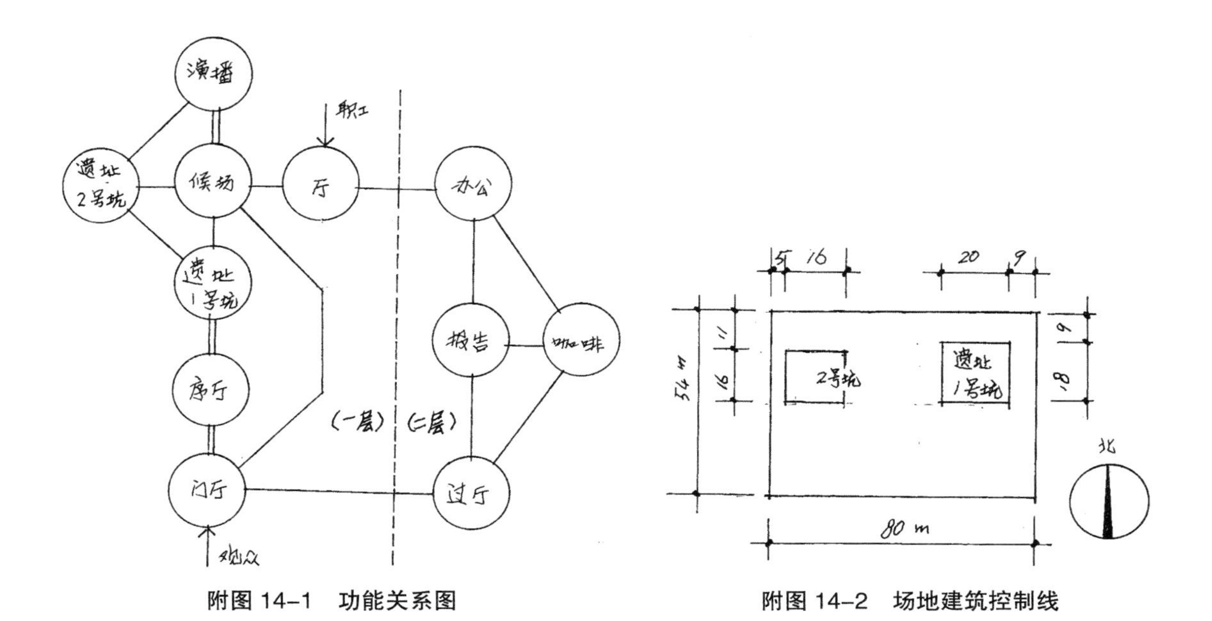

附图 14–1 功能关系图

附图 14–2 场地建筑控制线

各层用房面积及要求 **附表 14–1**

楼层	功能区	房间名称	建筑面积（m^2）	数量	备注
一层	公共区	门厅	350	1	设开敞楼梯、上下自动扶梯、电梯各一部
		寄存处	30	1	观众自动存取
		厕所	160	2	一处 100m^2，一处 60m^2，其余男、女卫均分
	陈列区	序厅	500	1	
		遗址 1 号坑	960	1	在 1.2m 标高处，靠墙设 3m 之环廊，供参观者使用
		遗址 2 号坑	240	1	坑上 ±0.000 处，设一 2m 宽通长玻璃栈道，供参观者使用
		候场厅	340	1	设 100 人座椅
		演播厅	380	1	由前 ±0.000 处往后逐渐升高至 1.2m
	其他：楼梯、电梯、走道 440m^2				
	总计：3400m^2（允许误差在 ±5% 以内）				
二层	综合区	过厅	100	1	
		报告厅	250	1	
		咖啡厅	60	1	
		办公室	240	10	楼梯间在内，每间 24m^2，分两层布置，上下各 5 间，层高均为 2.7m
		厕所	160	2	要求同一层
	其他：楼梯、电梯、走道 470m^2				
	总计：1280m^2（允许误差在 ±5% 以内）				

参考答案（附图 14–3、附图 14–4）

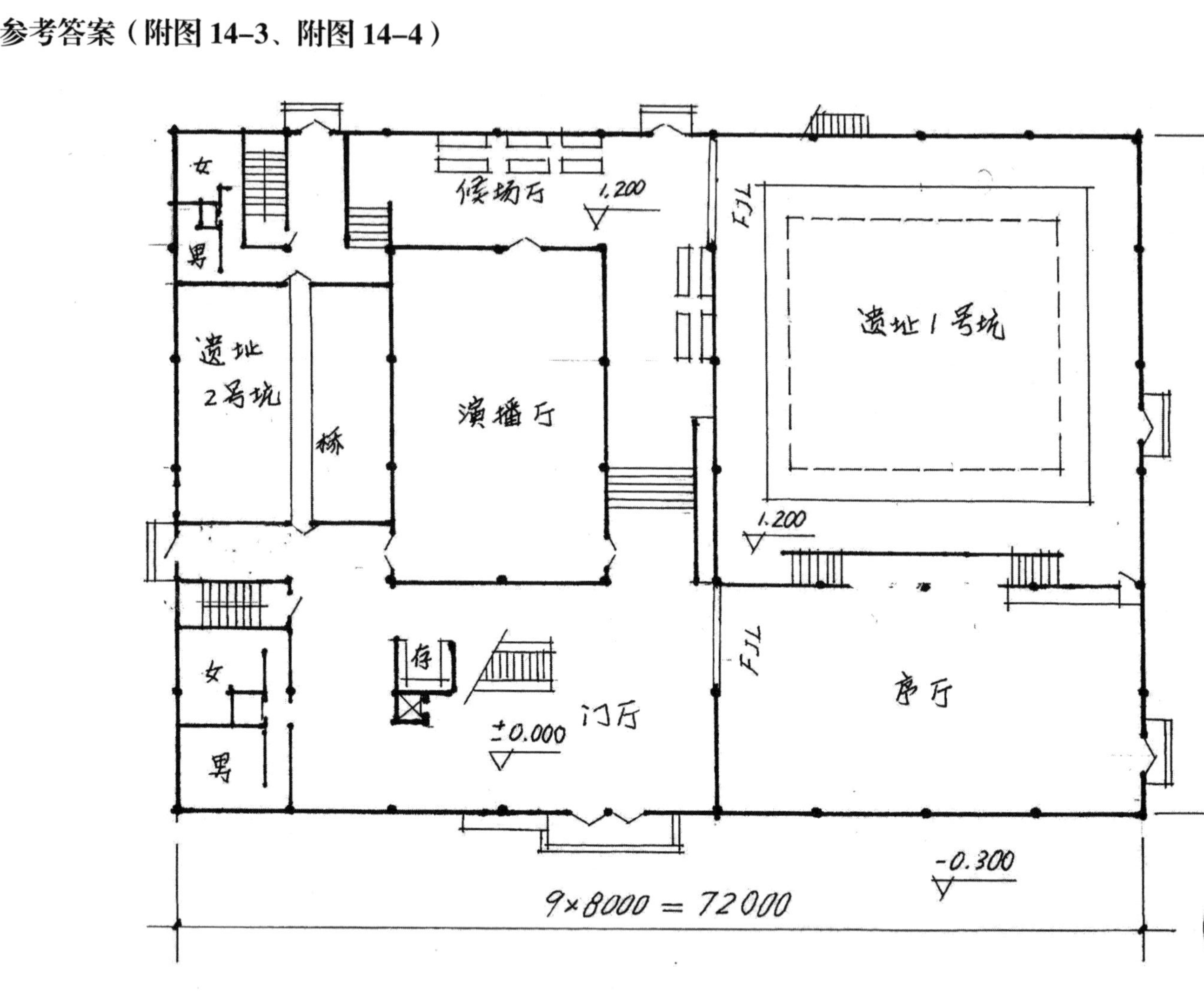

附图 14–3　一层平面图（建筑面积：3456m²）

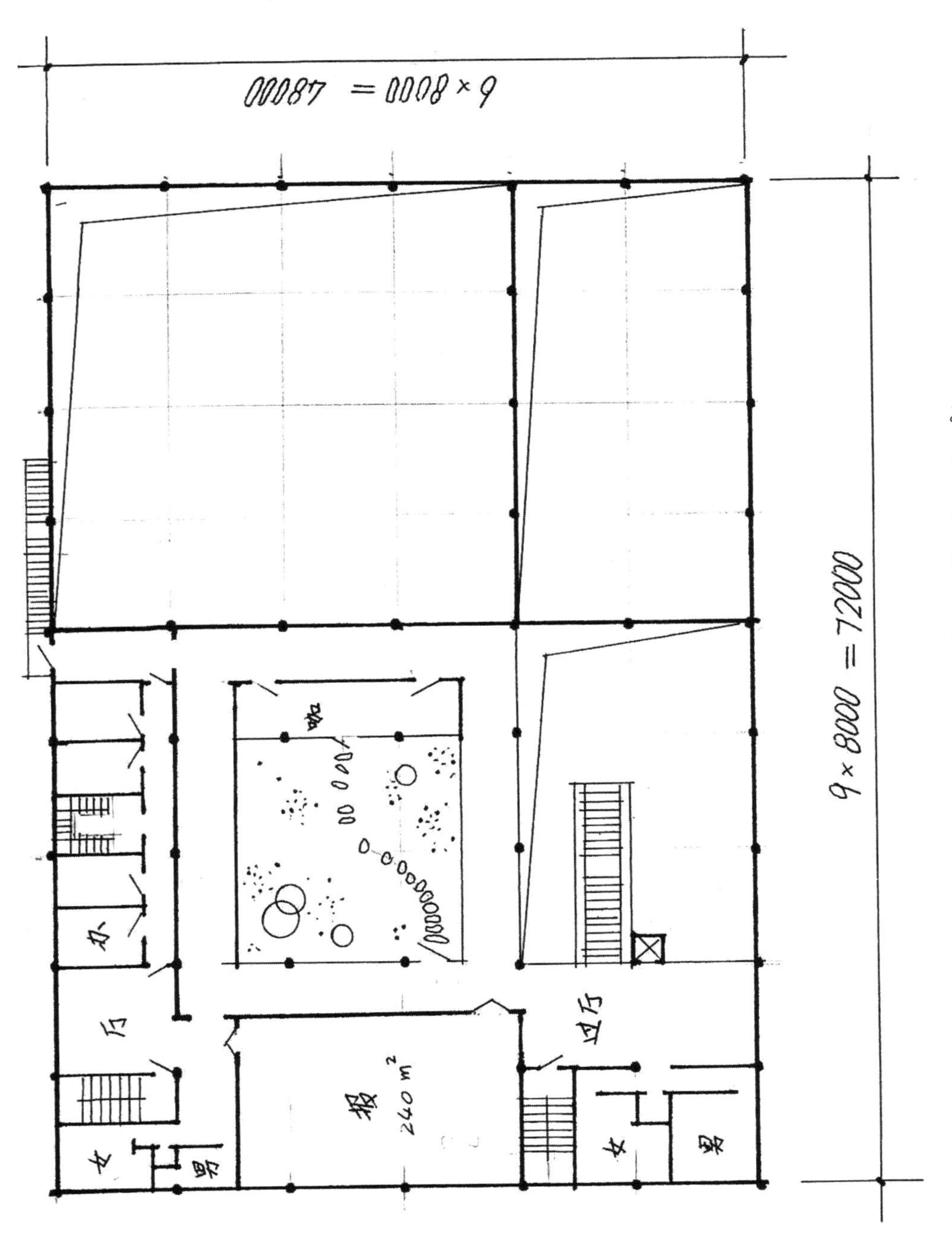

附图14-4　二层平面图（建筑面积：1400m²）